国家社会科学基金艺术学项目（14BG071）
河南省软科学项目 (182400410355)

现代建筑设计中的绿色技术与人文内涵研究

刘素芳　蔡家伟　著

电子科技大学出版社
University of Electronic Science and Technology of China Press
·成都·

图书在版编目(CIP)数据

现代建筑设计中的绿色技术与人文内涵研究 / 刘素芳, 蔡家伟著. -- 成都 : 电子科技大学出版社, 2019.5
ISBN 978-7-5647-6972-7

Ⅰ. ①现… Ⅱ. ①刘… ②蔡… Ⅲ. ①生态建筑-建筑设计-研究 Ⅳ. ①TU201.5

中国版本图书馆CIP数据核字(2019)第089292号

现代建筑设计中的绿色技术与人文内涵研究

刘素芳　蔡家伟　著

策划编辑　杜　倩　李述娜

责任编辑　兰　凯

出版发行　电子科技大学出版社

成都市一环路东一段159号电子信息产业大厦九楼　邮编　610051

主　　页　www.uestcp.com.cn

服务电话　028-83203399

邮购电话　028-83201495

印　　刷　定州启航印刷有限公司

成品尺寸　170mm × 240mm

印　　张　18.75

字　　数　370千字

版　　次　2019年5月第一版

印　　次　2019年5月第一次印刷

书　　号　ISBN 978-7-5647-6972-7

定　　价　85.00元

前言
PREFACE

建筑是人类物质文明和精神文明的集约体，它本身就代表了一种文化类型。作为人类劳动的最主要创造物之一的建筑，是构成文化的一个重要部分。建筑的文化价值，就是建筑的社会文明价值，是建筑的格调和素质，是一个社会总的生活模式、生活水平和生活情趣的写照。当今世界建筑已经进入一个缤纷绚烂的多元化时代，我们在全球化进程中，在学习吸收国外的先进科学技术，创造全球优秀文化的同时，对本土文化更要有一种文化自觉的意识、文化自尊的态度、文化自强的精神。科学和艺术在建筑上应是统一的，21 世纪建筑既需要科学的拓展，也需要寄托于艺术的创造。

我国传统建筑除了宫殿、署衙、高官富商的奢华建筑之外，绝大多数建筑是“准绿色”的，或者说是“浅绿色”的；传统建筑大多适应当地的自然生态环境与社会环境，具有造价低廉、施工简便、节地、节材、节能、节水和保护生态环境等多方面的优点，是我国各族人民数千年建筑实践积淀的生态智慧，是构建我国现代建筑人文内涵的民族“基因”；只有继承和发展这些宝贵的“基因”，我们才有可能构建出具有中国特色的建筑文化内涵。如何继承和汲取传统建筑文化的精华，创造出具有中国特色的现代建筑，是许多研究者探索、表现建筑的文化性所面临的一个重要课题。绿色建筑的实现程度，与每一个地域的独特的气候条件、自然资源、现存人类社会发展水平及文脉渊源有关。发展绿色建筑是人类实现可持续发展战略的重要举措，是大力推进生态文明建设的重要内容，是切实转变城乡建设模式和建筑业发展方式的迫切需要。

本书内容共分为八章。第一章概述了现代建筑的发展历程及其与自然环境、历史文化的关系。第二章从建筑围护构件节能技术、可再生能源利用技术和雨污再利用技术三个方面阐述了现代建筑中的绿色技术。第三章介绍了国内外的绿色建筑评估体系。第四、五章分别分析了不同气候区域、不同类型建筑的绿色营建经验。第六章探讨了现代建筑中的材料语言，提出了现代建筑中的材料表达策略。第七、八章则分别论述了现代建筑对传统建筑文化的传承以及现代建筑人文内涵的原则、理念及实践。

本书的写作任务分配详情：刘素芳老师负责编写第一章至第四章内容，共计约19万字；蔡家伟老师负责编写第五章至第八章内容，共计约18万字。由于作者水平有限，书中的疏漏之处在所难免，希望广大专家学者和读者朋友批评指正。

著者

2019年3月

目录 CONTENTS

第一章　现代建筑：工业文明的产物

第一节　现代建筑的发展历程

一、新中国成立前的西风东渐

在20世纪初期这段时间里，西方各国现代建筑还处于萌芽状态。沿海城市的租界和列强势力范围内，由西方传教士、商人及建筑师将当时欧洲盛行的折中主义和各国自己的传统建筑样式传到了中国。这些建筑文化的传输导致了今天我国南北城市中大量保留下来的近代建筑多彩的状况，也影响着今天城市的风貌，如有“万国建筑博览会”之称的上海，“东方莫斯科”之称的哈尔滨，德国风格的青岛，浪漫之都大连，充满激情的广州，等等。

中外建筑师运用中国传统建筑不同的文化价值观设计的仿中国传统形式的建筑，大致有三种方式：① 各种类型传统大屋顶、大柱廊的运用，按传统宫殿式样进行修建。② 撷取某些建筑符号加以引用，如须弥座、斗拱、马头墙、飞檐、门窗套及入口重点部位运用传统构件装饰，有的加以简化、创新。③ 以传统细部的纹饰作适当的点缀。这些“有形”的搬用、仿效，还未来得及对中国传统建筑的理论做深入研究，传统的建筑形式与现代功能、技术的需要以及施工技术等方面产生了很大的矛盾。以“复古为更新为使命”“纯采中国式样、建筑费过高、且不尽实用”的复古建筑风潮以其不可克服的历史局限性而逐步偃旗息鼓。

随着后来现代建筑的发展，欧洲现代派建筑在中国表现为“混合式”“实用式”以至“国际式”建筑，使中国现代建筑的创作迈出了新的一步。在商业建筑与其他公共建筑的类型上，上述形式较容易适应现代功能，工程造价较经济，同时适合时代审美要求，因此很快得到发展与推广。如南京新都大戏院、上海百乐门舞厅、大上海戏院、大华大戏院、大光明电影院等。

20世纪初期，世界各国城市无不以高层建筑的综合性、复杂性、标志性竞相表现各自的特色。我国上海、天津、广州、武汉等城市高层建筑的兴建以上海为最。

二、改革开放前的持续探索

中华人民共和国成立后，工业与民用建筑的建设在全国各地蓬勃展开。一大批注重功能、经济适用、造型简洁的各种类型公共建筑相继建成，建筑风格上，沿袭了20世纪30年代以来的现代建筑设计的创作思路与手法，还有一些以运用传统形式为主的建筑，如北京中央民族学院和重庆人民大会堂等等。1953年，以批判结构主义为名，在“社会主义内容、民族形式”的口号下，掀起了以“大屋顶”为标签、对传统古典形式的仿制热潮。如北京西郊宾馆、地安门宿舍。从“反浪费”的角度批判“大屋顶”之后，出现一些适当地运用传统构件和装饰纹样加以点缀的实例，成为探索新民族形式的一种尝试，如北京饭店西楼、首都剧场、北京天文馆等等。

一些公共建筑在标准较低、规模不大、低造价的情况下，建筑师们在探索地方性，提高建筑艺术品位方面仍有不少代表性的作品，如上海虹口公园鲁迅纪念馆、新疆乌鲁木齐剧场、呼和浩特内蒙古博物馆，等等。一些沿袭国外建筑艺术特征的建筑，如哈尔滨工人文化宫、北京展览馆，等等，从另一侧面反映了20世纪50年代初多种建筑风貌。

“大跃进”时期，北京兴建以十大建筑为代表的国庆工程，包括人民大会堂、中国革命博物馆和中国历史博物馆、北京火车站、中国革命军事博物馆、北京华侨饭店（已拆除）、民族文化宫、北京民族饭店、全国农业展览馆、北京工人体育场、中国美术馆等。这批建筑功能技术的复杂、建筑形式的丰富、艺术的探索都标志我国建筑事业总体达到新的水平。但建筑平面、室内的布局仍沿用传统轴线对称的手法，追求的是体型的严谨与气势。

20世纪70年代，一些较早开放的地区，吸收外来文化与传统结合进行建筑创作，一批为外事服务的建筑与体育建筑是这一时期的主要成果。如北京饭店东楼、北京的友谊商店、国际俱乐部和外交公寓、使馆建筑，杭州机场候机楼、长沙火车站等，以及浙江人民体育馆、南京五台山体育馆、上海体育馆等。这批建筑在平面类型、结构选型、细部装饰上均有不同程度的新意与突破。在一些风景旅游城市，体现悠久历史文化，一批有特色的风景建筑、名人纪念性建筑，成为当地优美的人文景观，如桂林芦笛岩风景建筑、杭州西湖花港观鱼等等。

三、全面开放的时代演变

改革开放以来，经济的繁荣，政治环境的宽松，思想束缚的解脱，国外国内的交流，建筑师面临着前所未有的创作机遇，发挥着极大的创作活力。

我国对古典建筑、传统园林、地方民居等丰富遗产的挖掘、研究，从形式、风格，到空间、布局特征的认识以及规律性的探索逐步深化。中西文化的比较研究，使建筑师面对多元的传统文化、多元的外来文化，作出多样的选择、集成与创新。立足新的角度，运用新的眼光，使传统的形式、内容与现代化功能技术相融合，给传统审美意识赋予时代的气息。20 世纪后期的建筑创作主要倾向和成就如下所述。

（一）全面提高，多元并存

在高层建筑中，旅馆建筑捷足先登，以其功能的多样、空间组合的丰富、造型的独特个性为城市带来风采，如北京国际饭店、上海宾馆、广州白天鹅宾馆、深圳南海大酒店等等。在各个城市纷纷建起的步行街、商业城等，标志着城市经济的繁荣，人民生活水平的提高，如上海的新世界商场、八佰伴，北京的城乡贸易中心、西单商场、新东安市场等等。集中投资、统一规划、统一建设了一批高等院校，例如，中国矿业大学、深圳大学、烟台大学等等。清华大学图书馆的再次扩建，因融合环境、尊重历史、注重现代功能而获得好评。新一代的体育建筑、展览建筑、交通建筑融合了高科技的成果和时代最新信息，在造型上充分体现了时代感，如上海体育场、北京亚运会体育场馆、深圳体育馆，北京、哈尔滨等地的滑冰馆等等。建筑不断向高度延伸，深圳 54 层国贸大厦、深圳 68 层地王商业大厦、上海 88 层金茂大厦，展现新的城市标志。

（二）立足创新，兼收并蓄

建筑界在中西方的传统里寻求“有形”与“未形”、“神似”与“形似”，“符号”与“元素”通过“解构”与“重组”，“冲撞”与“融合”，在各个城市涌现出“新古典主义”“新乡土主义”“新民族主义”“新现代主义”的代表作品，如阙里宾舍、北京图书馆新馆、陕西历史博物馆等作品，力求传递中国古典建筑文化的底蕴。但是，20 世纪 80 年代后期，北京在“夺回古都风貌”的口号下，把形形色色的、传统的亭、阁修建在高层建筑的屋顶上，欠缺尺度、造型方面的推敲，无助于丰富城市的天际轮廓线。北京国际展览中心，以简洁的平面组合，在造型上对体型、体块的切、割、加、减，给予人们现代建筑的时代感、雕塑感。杭州黄龙饭店以分散的体量，围绕庭院，组合客房单元，内外空间渗透、层次丰富，具有传统江南民居韵味。一批外资、合资与大型项目吸引了海外著名建筑师参与中国的建设，例如，北京建国饭店、长城饭店、香山饭店、国际贸易中心、南京金陵饭店、上海商城，其创作赋予了作品的时代感，给予中国建筑师以新的启迪。

（三）融合环境、持续发展

一批作品着眼于地方特色，以现代功能、生活为基础，完善建筑设计，优化环境，汇合乡土风情，创造新的地域建筑文化。武夷山庄、黄山云谷山庄使建筑与自然融合一体。南京大屠杀死难同胞纪念馆的创作构思，“再现”历史场面，把建筑与环境的融合推向一个新的高度。在少数民族地区，以当地传统建筑的语汇，运用现代构成手法，注重突出特有的形、体、线的造型与细部，使建筑既具新意，又富民族特色。如新疆迎宾馆、新疆人民会堂、西藏拉萨饭店、云南楚雄州民族博物馆等等。一些大型公共建筑处理好建筑与街道，建筑与广场、公共空间的关系，进行了新设计手法的创造，如上海商城、第一商厦、深圳华夏艺术中心。上海、西安的下沉式广场、地下商场，以及地铁站地下公共建筑等等，使城市建设向地下、高空立体发展，建筑城市与公共交通网络的结合，从而把城市的持续发展作为建筑创作、构思的出发点。

四、建筑现代化历程的反思

现代建筑是工业文明的产物，为人类的栖居做出了巨大的贡献，但它同时也承载着工业文明的种种弊端。

（一）现代建筑的工业技术本质

1.现代建筑的形式风格与工业技术

现代建筑师认为，以装饰为主的传统风格形式，从希腊式、罗马式、文艺复兴古典式、哥特式、巴洛克式、洛可可式到各种各样的折中式，都不应附着在现代主义的建筑之上，因为“装饰即罪恶”，必须把它们彻底抛弃。新建筑呼唤着非装饰性的新形式。但是这种新的形式从何而来？ 19世纪，探索现代建筑的先驱们正是为此而感到困扰。20世纪的现代建筑大师们从新建筑本身的结构、功能中找到了新形式的源泉，并且认为唯有从新建筑本身的空间、结构、功能中产生的形式，才是真实的、健康的、必然的形式。新的形式必然以表现空间、结构、功能的简单几何形体及其机械组合，必然以表现工业建筑材料的质感和色彩，以单一、冷漠、精确的方式显现出来。既然现代建筑的空间、结构、功能三个要素本质上源于现代技术，那么从这三个要素而来并表现着它们的形式，在本质上也同样源于工业技术。研究传统风格形式的建筑美学、艺术哲学转变成了机器美学、工程美学，即技术美学。格罗皮乌斯说：“在建筑表现中不能抹杀现代建筑技术，建筑表现要应用前所未有的形象。”

2. 现代建筑的功能与工业技术

在人与自然环境的关系中，建筑的基本功能是对环境进行控制，成为环境气候的“过滤器”，制造出适于人生产、生活的“人工空间”。在人与人的关系中，建筑的基本功能是为人的生产、生活以及各种社会活动提供空间。人的需要是随着社会历史的变迁而变化的，人类有史以来最大的变化是由科学革命、技术革命、工业革命和商业革命带来的，它们使传统社会转变为现代社会，封建社会转变为市民社会，农业社会转变为工业社会，因而要求传统建筑转变为现代建筑，要求现代建筑的功能产生满足现代生存方式多样化的效用。现代建筑思想对功能（尤其是物质功能）的注重与强调，使在传统建筑中被忽视的功能要素凸显出来，回归到建筑首要目的的本位上，并提倡为大众服务等等，都是符合社会发展的现实要求的。在工业技术与建筑功能的关系上，技术不仅在于让人们的生产、生活多样化而提出新的功能要求，更重要的是，渗透于建筑的功能之中，使其具有了前所未有的功效。彼得·柯林斯区分了建筑中的四种功能主义：比拟于生物；比拟于机械；比拟于烹调；比拟于语言。现代建筑思想中的功能无疑是比拟于机械的功能主义，房屋是“居住的机器”，勒·柯布西耶的这句话是技术功能主义最典型的宣言，他把从工业技术得到的教益归纳为三点：第一,一个明确规定的问题自然会找到它的解决办法；第二，因为所有的人都具有同样的生物组织，他们都具有同样的基本需要；第三，像机器一样，建筑必须成为一种适合于标准的通过竞争选拔出来的产品，而这种标准则必须由逻辑分析与实验来确定。既然建筑就是住人的机器，那么建筑的功能必然是机器的功能，也即是工业技术的功能。

3. 现代建筑的结构与工业技术

在传统建筑中，技术作为手段通过“坚固”这一要素与建筑相关联。当现代工业技术以结构力学、工程科学、计算机科学替代经验，以水泥、玻璃、钢材等工业建筑材料替代石、木、砖瓦这些传统自然材料，以钢筋混凝土结构、钢铁结构、悬索结构等现代结构替代传统建筑的石材、砖木结构，以采用大量预制件、现场组装和采用大型机械设备进行施工替代传统手工营造，水、暖、电、消防、空调、电梯等各种技术设备的发明应用……这些翻天覆地的变化都使得作为手段的技术显现出来，建造过程变成了工业化的生产过程，变成了工程科学管理的过程，结构变成了工业技术的集成。在反对传统建筑“为形式而形式”、以形式为目的的现代建筑师中，有人甚至要把结构当作建筑的目的，即要把技术当作目的，强调“忠实于结构来表现这些新材料”，申明钢和混凝土完美地代表着建筑的强度，是建筑的骨骼，玻璃闪烁的面纱，是骨骼外面的表皮。建筑要以结构来创造前所未有的空间和形式，要书写钢与混凝土的诗篇。

上述三种关系，十分清楚地表明了现代建筑的工业技术本质，也确凿地证明了现代建筑是工业文明的产物。

（二）现代建筑观的缺陷

从历史发展的角度来看，现代建筑观是具有时代性、反传统性的激进思想，对社会的发展做出了巨大贡献。但任何的建筑思潮都具有其历史时空的局限性，如同人类社会的发展一样，建筑思潮也总是在不断地变化发展中曲折前进的，即使最优秀的建筑大师的思想也不可能是永恒不变的绝对真理，也会被更能适应时代与社会发展的新的建筑思想代替。所以，在肯定现代建筑观巨大贡献的同时，也要运用辩证的思维方式来反思它所固有的思想缺陷，这些缺陷可总结为如下几个方面。

1. 割裂了建筑与历史和文化发展的脉络

人总是生活在传统和现实的环境之中，文化的传承是随着历史的发展潜移默化地进行下去，而建筑作为文化和历史重要的组成部分，与之具有不可分割的密切关系。但是，现代主义的建筑观坚决主张抛弃历史上的建筑风格与文化样式，认为它们是虚伪的、病态的、不健康的、保守的、落后的，只有放弃沉重的历史文化的包袱，割断历史与文脉，才能自由地进行建筑设计与创造。所以说，现代建筑与历史彻底决裂的决心，预示着现代建筑本质的缺憾性。

2. 过分推崇机器化的工业生产方式，造成对生态环境的极大破坏性

现代建筑理论虽然为人类解决了一系列现实问题，譬如城市人口剧增，战后重建等。但同时也带来了资源浪费、环境污染、生态平衡遭到破坏等对人类发展具有严重威胁的问题。人类中心主义的立场使得现代建筑观漠视人与自然的内在关系，仅把自然环境当作建筑的外在变量，建筑作为一种人工之物与自然之物相对立，人正是通过建筑的功能来与自然抗争。

3. 过分强调理性化的设计原则，忽视了人的主要因素

建筑师过分地强调了建筑的功能性和实用性，而缺乏对人文环境因素的考虑。特别是当现代主义成为国际主义后，进一步被浓厚的商业氛围取代，忽视人的因素。而由于社会多元化的形成，人们也越来越厌倦现代主义设计中简洁、充满理性的设计理念，人们期待设计中多元化的设计方向，如解构主义、地域主义、生态主义建筑的出现等。

4. 建筑师过于关心解决建筑普遍适用的共性问题，而忽视了地域化中的个性问题

处于机器大生产高速发展的时代，建筑师就像解决技术问题一样试图通过总结得出一种普遍适用的“居住机器”来解决人类生存的需要。柯布西耶曾尝试说明现代建

筑理论可以解决各地方普遍存在的问题，适用于任何环境之中，这虽为以后现代建筑的国际主义风格作了有力的理论推广和普及，但却忽视了建筑设计中的场所性和地域性的个性特色。

现代建筑是一个时代的产物，借助工业革命新材料、新工艺的机器化大生产，从而推进建筑的发展历程。使人们从数千年的传统建筑中解脱出来，享受着新建筑革命所带来的丰硕成果。但建筑的发展历程也是不断变化的，正如格罗皮乌斯在他的著作《全面建筑观》中所说："历史表明，美的观念随着思想和技术的进步而改变。谁要是以为自己发现了'永恒的美'，他就一定会陷于模仿和停滞不前。真正的传统是不断前进的产物，它的本质是运动的，不是静止的，传统应该推动人们不断前进。"所以，社会历史发展的必然性决定了现代建筑也必然经历由兴盛到衰败的整个过程。现代建筑的发展不是一帆风顺的，由于上述缺陷，早在20世纪60–70年代就开始遭受后现代主义者的猛烈批判，甚至在30年前，詹克斯就宣称：现代建筑已经死亡了！但是时至今日，人们依然是在现代建筑的基础之上进行不断的探索，由它派生而来的国际主义建筑、高技派建筑、新现代主义等，以及对它进行全面批判的后现代主义及其他流派的建筑都与之有着密不可分的关系。因此，指出它的缺陷，并不是要对它全盘否定，而是要更深入地理解它在世界建筑发展中的历史地位。

从根本上讲，现代建筑的主要缺陷可以归结为现代建筑与自然环境、历史文化这两方面的矛盾。

第二节　现代建筑与自然环境的关系

一、现代建筑与资源耗费问题

建筑的建造与运行在任何时代都会耗费资源与能源，但是，工业革命以后，特别是现代建筑兴起之后，现代建筑被视为一部巨大的机器，它建造与运行所耗费的资源与能源之多之大，是传统建筑根本无法相比的。首先，工业化、城市化以及人口剧增必然对建筑在数量和质量上的需要持续高涨；其次，建筑业以产业化、商业化的方式来大规模、标准化地进行建造与经营，成为追求经济增长的急先锋；第三，在物理功能上，传统建筑往往只起着"庇护所"或"过滤器"那样的简单功能，而现代建筑则通过集成各种技术设备产生多种多样的复杂功能，从而满足人的各种需要；第四，从建筑单体上讲，现代建筑的空间尺度与规模也是传统建筑无法相比的；第五，现代城市的道路、桥梁、广场等设施已经构成了复杂而庞大的系统。这些因素决定了现代建筑对土地资源、水资源，以及各种建筑材料、建筑设备、能源的巨大耗费，加剧了世界范围内的资源短缺和能源危机。

（一）土地资源的严重稀缺

众所周知，在地球 $5.1\times10^8km^2$ 的总面积中，大陆和岛屿面积只有 $1.494\times10^8km^2$，占地球总面积的29.2%，无冰雪覆盖的陆地面积仅为 $1.33\times10^8km^2$。其中，适于人类居住的“适居地”又仅有30%，面积为 $3.99\times10^7km^2$，按1987年世界人口50亿计算，人均占有量为 $0.9hm^2$（约合14.5亩），可耕地占60%～70%，用于住宅、工矿、交通、文教与军事用地等占30%～40%。我国适宜城镇发展的国土面积仅为22%，由于人口众多，人均占有量仅为 $0.22hm^2$，其中的耕地又占了60%，可以说，人地关系高度紧张。土地资源作为不可替代的稀缺资源，既是生产要素和生存生活的物质基础和来源，又是生态环境的基本要素。城市的过度扩张、建筑的过度开发，必然使原本稀缺的土地资源越发稀少，进而造成生态环境的严重恶化。

（二）水资源的严重浪费

水是生命之源。水是人类社会发展不可缺少的和不可替代的资源。水与其他资源不同，它具有相互竞争甚至是相互冲突的三重功能：作为环境要素，要维持生态环境平衡；作为生命要素，要维系人类生命安全；作为经济资源，要支撑社会经济发展。由于在工业化、城市化的进程中对水的竞争使用，一般形成城市用水和工业用水挤占农业用水，农业用水又挤占生态用水的格局。一个基本判断是，随着城市化进程的加速，城市人口的大幅度增长，城市需水量和污水排放量会同步增长。20世纪70年代以前，现代建筑占垄断地位的时期，几乎还没有节约用水的意识，城市规划、建筑设计都没有将节水作为一项重要的设计内容，更没有统筹、综合利用各种水资源，增加水资源循环利用率，减少市政供水量和污水排放量等思路。致使建筑在其建造与运行中，水资源浪费严重，建筑用水高达城市用水的48%。

然而，全球水资源状况迅速恶化，“水危机”日趋严重。据水文地理学家的估算，地球上的水资源总量约为 $1.38\times10^9km^3$，其中97.5%是海水（$1.345\times10^9km^3$）。淡水只占2.5%，其中绝大部分为极地冰雪冰川和地下水，适宜人类享用的仅为0.01%，我国是一个缺水严重的国家。我国的淡水资源总量为 $2.8\times10^{12}m^3$，占全球水资源的6%，仅次于巴西、俄罗斯和加拿大，名列世界第四位。但是，我国的人均水资源量只有 $2300m^3$，仅为世界平均水平的1/4，是全球人均水资源最贫乏的国家之一。然而，我国却是世界上用水量最多的国家。可见，加强水资源保护，改善生态环境已经刻不容缓。

（三）巨大的建筑物耗

由于建设数量的巨大，建筑单体的庞大，现代建筑的建造与运行必然耗费难以估量的原材料。现代建筑物大体上可分为结构系统和服务设施系统，结构系统从地基、建筑主体、门、窗到室内外装饰，需要大量使用钢材、水泥、砖、木材、铝材、玻璃、石材、塑料、各种装饰材料等原材料；而服务设施系统包括照明、电梯、空调、通风、供热、消防、安全监控、通信网络、各种功能设备等，它们的生产、制造、安装同样需要耗费大量的各种各样的原材料。这些现代建筑材料、建筑设备、建筑机械等的生产、制造与运输，都构成了经济社会的庞大产业链，每天都在消耗着巨量的各种自然资源和巨大的能源，人类从自然界所获得的 50% 以上的物质原料用来建造各类建筑及其附属设施，掠夺式的开采使得许多不可再生的矿产资源濒临枯竭，许多可再生的森林资源来不及再生。

我国建筑物耗水平与发达国家相比情况更为严重，比如，我国住宅建设用钢平均每平方米 55kg，比发达国家高出 10% ~ 25%，水泥用量为 221.5kg，每一立方米混凝土比发达国家要多消耗 80kg 水泥。从土地占用来看，发达国家城市人均用地 82.4m^2，发展中国家平均是 83.3m^2，我们城镇人均用地为 133m^2。同时，从住宅使用过程中的资源消耗看，与发达国家相比，住宅使用能耗为相同技术条件下发达国家的两到三倍。从水资源消耗来看，我国卫生洁具耗水量比发达国家高出 30% 以上。

（四）巨大的建筑能耗

建筑耗能与交通耗能、工业耗能已经成为全球耗能的三支主力军。尤其是建筑对能源的消耗逐渐成加速度势头上升，这主要源于人们对生活、居住环境舒适度的刚性需要，再加上建筑总量的不断增加，降低或者减缓建筑能耗已经刻不容缓。

建筑的能耗（包括建造能耗、生活能耗、采暖空调等）约占全社会总能耗的 30%，其中最主要的是采暖和空调，占到 20%。而这“30%”还仅仅是建筑物在建造和使用过程中消耗的能源比例，如果再加上建材生产过程中耗掉的能源（占全社会总能耗的 16.7%），和建筑相关的能耗将占到社会总能耗的 46.7%。目前，我国每年新建房屋 $2\times10^9 m^2$ 中，99% 以上是高能耗建筑；而既有的约 $4.3\times10^{10} m^2$ 建筑中，只有 4% 采取了能源效率措施，单位建筑面积采暖能耗为发达国家新建建筑的 3 倍以上。根据测算，如果不采取有力措施，到 2020 年，中国建筑能耗将是现在的 3 倍以上。中国的发展面临着环境恶化和资源、能源的限制，要实现可持续性发展的目标，推广节能建筑、减少建筑能耗是至关重要的。

在我国，有一个现象值得一说：“大型公共建筑的建筑面积占不到城镇建筑总量的 4%，但是却消耗了建筑能耗总量的 22%。”我国大型公共建筑单位建筑面积的耗电量为 70 ~ 300kW·h/（m^2·年），为住宅耗电量的 5 ~ 15 倍，是建筑能源消耗的高密度领域。原住房和城乡建设部副部长仇保兴曾用这样的词语来形容当下的大型公共建筑，“罩着玻璃罩子，套着钢铁的膀子，空着建筑身子”，在他看来，目前我国公共建筑追求新、奇、特，管理粗放，已经成为浪费能源的样板。江亿院士用“黑洞”来形容大型公共建筑造成的能源消耗。据其介绍：北京市一般家庭空调的平均电耗是每平方米两度，而大型公共建筑的电耗平均是每平方米 60 ~ 70 度；一般家庭的空调半年大约运行 400 个小时，而大型公共建筑的空调半年大约运行 1800 个小时。实际上，空调低温长时间运行所造成的能耗只是大型公共建筑能耗巨大的原因之一。可以说，更为根本的原因在很大程度上是由建筑设计上的缺陷造成的，在一些业内专家看来，很多大型公共建筑都搞大玻璃幕墙，完全不考虑避阳、绝热等措施，造成了巨大的能耗损失。一般建筑物窗与墙的单位能耗比例为 6 ∶ 1，而大面积采用玻璃幕墙，夏季室内超热，冬季又不挡寒。多数摩天大厦不得不加大功率，开启空调以调节室温，能源高消耗触目惊心。这些设计基本上是在现代建筑观的笼罩下进行的，上述现象正是这种建筑观忽视建筑与自然环境关系所造成的恶果。

我国目前在发展绿色建筑中提出的“节能、节材、节水、节地，四节二环保（保护生态环境和保护人民的健康生活）”的方针，就是针对现代建筑的种种弊端而采取的解决措施。

二、现代建筑与生态环境问题

生态环境问题一般可以分为两类：一是不合理的、掠夺式的开发利用自然资源所造成的生态环境破坏；二是城市化和工农业高度发展所引起的“三废”（废水、废气、废渣）污染、光污染、噪声污染、农药污染等环境污染。现代建筑的建造与运行，不仅要耗费大量的资源与能源，加剧全球性的资源与能源危机，而且还要向自然环境排放大量的废气、废物，造成环境污染和生态破坏，这两方面的原因必然进一步激化全球性的生态环境问题。

（一）现代建筑与全球气候变暖

全球的气候变化与空气有关，空气的主要成分是氮气、氧气和氩气，它们占 99% 以上。但引起气候变化的主要是二氧化碳，虽然它仅占空气总量的 0.036%。二氧化碳之所以非常重要，一方面是因为它能够吸收、反射能量，保持地球表面的温度，造成温室效应；另一方面，在地球的各种活动中起主要作用的碳就是来源于二氧化碳。全球气候变暖指的是在一段时间中，地球的大气和海洋温度上升的现象，主要是指人为因素造成的温度上升。原因就是由于温室气体（包含二氧化碳、甲烷、氯氟化碳、臭氧、氮的氧化物和水蒸气等）排放过多造成的。近百年来，全球平均气温总体上呈上升趋势。进入 20 世纪 80 年代后，全球气温上升更加明显。全球变暖的后果，会使全球降水量重新分配，冰川和冻土消融，海平面上升等，严重危害着自然生态系统的平衡，威胁着人类的食物供应和居住环境。

人类燃烧煤、石油、天然气和树木，产生大量二氧化碳和甲烷进入大气层后使地球升温，使碳循环失衡，改变了地球生物圈的能量转换形式。自工业革命以来，大气中二氧化碳含量增加了 25%，远远超过科学家可能勘测出来的过去 16 万年的全部历史纪录，而且目前尚无减缓的迹象。要遏制气候变暖的趋势，现在就必须将全球温室气体排放控制在极低的水平。

现代建筑在全球气候变暖的过程中扮演一个什么样的角色呢？据估计，在建筑的整个生命周期过程中，大约消耗了 50% 的能源、48% 的水资源，排放了 50% 的温室气体以及 40% 以上的固体废料。从建材的生产到建筑物的建造和使用，这一过程动用了最大份额的地球能源并产生了相应的废气、废料。可见，在当代的人类事务中，现代建筑的建造与运行使用是消耗资源、能源，排放二氧化碳等温室气体的真正大户。究其建筑本身的根本原因，还在于现代建筑严重忽视了人—建筑—自然之间内在的有机联系，把现代建筑当作一部“机器”来设计与建造，仅依靠各种工业建材和技术手段来实现多种多样的建筑功能所造成的。

（二）建筑垃圾的污染

废弃物，即生活垃圾和工业垃圾，指的是工业生产和居民生活向自然界排放的废气、废液、固体废物等，它们将产生严重污染空气、河流、湖泊、海洋和陆地环境以及危害人类健康的问题。目前，市场中有 7 万 ~ 8 万种化学产品，其中对人体健康和生态系统有危害的约有 3.5 万种，具有致癌、致畸和致灾的有 500 余种，城市垃圾的一个共同特点是或多或少地含有有毒或有害成分。比如，一节一号电池能污染 60L 水，能使十平方米的土地失去使用价值，其污染可持续 20 年之久。塑料袋在自然状态下能存在 450 年之久。城市垃圾的堆置与处理已日益成为工业化国家所面临的难题。一个国家或城市的经济水平越高，其废弃物的数量也越大。据统计，中国城市垃圾历年堆存量已达 60 多亿吨，侵占土地面积达 5 亿平方米，城市人均垃圾年产量达 440 千克。

建筑垃圾是城市垃圾的最大类，是建设施工过程中产生的垃圾。按照来源分类，建筑垃圾可分为土地开挖垃圾、道路开挖垃圾、旧建筑物拆除垃圾、建筑工地垃圾和建材生产垃圾五类，主要由渣土、砂石块、废砂浆、砖瓦碎块、混凝土块、沥青块、废塑料、废金属料、废竹木等组成。与其他城市垃圾相比，建筑垃圾具有量大、无毒无害和可资源化率高的特点。我国建筑垃圾产量一般为城市垃圾总量的30% ~ 40%，每年产生量达4000万 ~ 5000万吨。绝大多数建筑垃圾是可以作为再生资源重新利用的。但在国内，由于配套管理政策不完善，绝大部分建筑垃圾未经任何处理，便被施工单位运往郊外或乡村，采用露天堆放或填埋的方式进行处理，占用大量的土地，垃圾绕城的现象十分严重。同时清运和堆放过程中的遗撒和粉尘、灰砂飞扬等问题又造成了严重的环境污染。

（三）现代建筑的光污染

现代建筑设计尤其喜爱采用玻璃、钢材、不锈钢、抛光装饰石材、外墙瓷砖等现代工业建材，外立面采用大面积玻璃幕墙装饰几乎成为现代建筑的标志，这些年在发展中国家更是大为流行，成为现代化的象征。夜间，现代建筑又被各种各样外打灯、荧光灯、霓虹灯、黑光灯、广告灯等闪烁的彩色光源装扮得分外妖娆。殊不知这美丽的背后却隐藏着严重的白亮污染、彩光污染、视觉污染等光污染。

光污染一般泛指影响自然环境，对人类正常生活、工作、休息和娱乐带来不利影响，损害人们观察物体的能力，引起人体不舒适感和损害人体健康的各种光。从波长10nm ~ lmm的光辐射，即紫外辐射、可见光和红外辐射，在不同的条件下都可能成为光污染源。在日常生活中，人们常见的光污染类型多为由镜面建筑反光导致的行人与司机的眩晕感，以及夜晚不合理灯光给人体造成的不适。当太阳光照射强烈时，城市里建筑物的玻璃幕墙、釉面砖墙、磨光大理石和各种涂料等装饰反射光线，明晃白亮、炫眼夺目。镜面建筑物玻璃的反射光比阳光照射更强烈，其反射率高达82% ~ 90%，光几乎全被反射，大大超过了人体所能承受的范围。专家研究发现，长时间在白色光亮污染环境下工作和生活的人，视网膜和虹膜都会受到不同程度的损害，视力急剧下降，白内障的发病率高达45%。还使人头昏心烦，甚至发生失眠、食欲下降、情绪低落、身体乏力等类似神经衰弱的症状。城市中建筑的光污染已经引起了社会的强烈反应。

（四）建筑施工的噪声污染

噪声污染是指所产生的环境噪声超过国家规定的环境噪声排放标准，并干扰他人正常工作、学习、生活的现象。工业机器、建筑机械、汽车飞机等交通运输工具产生的高强度噪声，给人类的生存环境造成极大破坏，严重影响了人类身体的健康。

建筑施工噪声来源于施工机械作业时发出的响声，如打桩机、柴油发电机、挖土机、搅拌机、振动器、电锯、电钻等，最高声源可达145dB（距声源5m处），这些机械噪声到达施工场界时（距离以50m计），噪声的声压级仅衰减1/3左右。对建筑施工现场噪声监测结果表明：一般在建筑施工场地土石方阶段场界噪声可达80dB，基础阶段（指机械打桩）可达 90dB，结构阶段可达 75dB，均超过了规定的相应标准限值，夜间施工噪声超标幅度则更大。

低频的振动声、间断的撞击声、刺耳的锯木声等使周围居民无法入睡，身心健康遭到极大的损害。据美国学者观察，生活在嘈杂环境中的 8 个月大的婴儿，对大小、距离、方向的理解力均比正常儿童低；法国研究人员的试验也显示，噪声在 55dB 时，孩子的错误理解率为 4.3%，60dB 时上升至 15%。噪声的危害已逐渐被人们认识，因此，近年来公众对环境噪声污染的投诉率居高不下。

对于人类来说，建筑和自然缺一不可，这二者需要一个合适的“度”来相互依赖、相互镶嵌、相互影响，任何一方凌驾于另一方之上，将无法实现人类、建筑与生态的和谐并进。将自然过多地推崇于城市建筑之上，会使得建筑在设计、建造时过多地顾及对自然环境及生态平衡产生的负面作用而导致最终落成的建筑的很多功能无法满足现代人类日益提高的居住需求，从而使建筑从根本上丧失了其本身的意义；而反之，如若将城市建筑凌驾于自然环境和生态平衡之上，忽略了对大自然的尊重和保护，对大自然过度的开发挖掘，破坏了生态平衡，这不但违背了建筑基本功能的本意，也割裂分离了人与自然的关系，将使人类走向另一个极端。现代建筑师们基于主客体二元对立以及人类中心主义的立场，使得现代建筑观漠视人与自然的内在有机关系，仅把自然环境当作建筑的外在变量，把建筑作为一种人工物与自然界相互对立，力图通过建筑的功能来实现人类与自然的抗争。

第三节　现代建筑与历史文化的关系

一、现代建筑引发的历史断裂问题

现代建筑的一个显著特征，就是崇尚简洁，反对装饰，故而基于反对传统、反对历史的立场上，现代建筑认为装饰是民族素质低下的标志和罪恶。这些言辞虽然有失偏颇，但对于摆脱传统的桎梏、争得自由具有重要的历史意义，同时也为传统的建筑提供了现代化因素，给其发展注入了强大的生命力。但与此同时，由于现代建筑为了适应现代化的工业生产，而采用了新材料和新工艺，从而使建筑像工厂中的产品那样可以到处“复制”，于是，人类文化的激情被钢筋混凝土遮蔽，建筑中本来具有的历史感和时间性逐步消失，而日趋统一化和雷同化，在现代的建筑丛林中，很少看到古典建筑那种感动人心的历史文化的分量。在现代建筑的大潮中，文化的连续性被割裂了，现代和传统之间有了一道深深的裂痕。

概略地说，从古希腊、古罗马直至19世纪，西方的石材结构、工匠技术、源于罗马的建筑规范和建筑理论的美学体系，构成了西方建筑的传统。从历史上看，古希腊是一个人神“同形同性”的时代，所以建筑艺术向我们展示的是人与大自然的和谐相处，是人与神的融合，那些象征着人体美的柱式，实际上也暗喻着完美的自然力的神，它极为形象地表现出人与自然（神）走向融合的所谓“静穆的伟大”。中世纪文化对基督教的信仰统摄一切，人们怀着对上帝的虔诚和崇拜来审视周围的世界，建筑的形式也只不过是这种观念的表征。哥特式建筑艺术便是一个典型的范例，从它的外观造型设计到内部繁缛的装饰，使一切自然物质材料找到了非物质化的表现可能。建筑的语言凝固了神圣的宗教精神，精神的臆想远远地超越了物质的形式规定性。教堂内部的飞扶壁，柱子向上耸立伸展，在上方构成庞大的拱形顶，表现出一种自由地向遥远天国飞升的外貌：“方柱变成细瘦苗条，高到一眼不能看遍，眼睛就势必向上移动，左右巡视，一直等到看到两股拱相交形成微微倾斜的拱顶，才安息下来，就像心灵在虔诚的修炼中先动荡不安，然后超脱有限世界的纷纭扰攘，把自己提升到神那里，才得到安息。”从而达到人神交和的境界。而文艺复兴时期，人们认为人与自然必须在新的意识层面上重新走向和谐，只要人的平凡情感与自然和谐一致，就能创造出美的建筑形式，所以他们把探索的目光投向了古希腊、古罗马艺术，显示了回归传统的努力。

从文艺复兴开始，西方进入了长达四个多世纪的古典建筑时期。这一时期的建筑，其功能基本上是为宗教和皇室贵族服务的，故建筑的类型也相对单一，主要是教堂、宫殿、府邸和一些纪念性建筑，建筑的结构仍以石结构为主，内部空间的组合也不复杂。源于古希腊的美是和谐的理想和对形式美的追求，仍是建筑理论家们崇奉的观点，严谨的古典柱式又成为控制建筑布局和构图的基本要素，他们直接从古希腊、罗马建筑中汲取营养，重新肯定了比例、对称、均衡等形式美原则，并将之运用于建筑。阿尔伯蒂说：“我认为美就是各部分的和谐，不论是什么主题，这些部分都应该按这样的比例和关系协调起来，以致既不能再增加什么，也不能减少或改动什么，除非有意破坏它。”帕拉第奥也说：“美产生于形式，产生于整体和各个部分之间的协调，部分之间的协调，又是部分和整体之间的协调；建筑因而像个完整的、完全的躯体，它的每一个器官都和旁的相适应，而且对于你所要求的来说，都是必需的。”由于西方传统建筑建立在美是和谐和多样统一的思想基础之上，无论其具体风格如何随着时代而变，仍始终保持着某种历史的延续性。

然而，到了19世纪，现代主义观念开始流行到建筑界，一些具有前卫意识的有识之士，在工业革命带来的社会生产、生活方式急剧变化这一情形的感召下，开始反对传统，渴望新建筑。工业技术给西方建筑带来了全方位的根本性变革，工业化生产的发展促使建筑科学有了巨大的进步，新的建筑材料、结构技术、施工方法的出现，为建筑的发展开辟了广阔的前景。建筑的功能复杂了，类型增多了，厂房、车站、商店、宾馆、银行等工业性建筑和商业性建筑应运而生，古典建筑的简单空间形式已不能适应时代发展的要求，打破传统建筑的历史的延续性势在必行。经过几十年的发展，到 20 世纪初，现代建筑以全新的面貌登上了历史的舞台。

现代建筑一问世，就以科学与理性为逻辑的起点，把自己的审美观建立在理性主义基础之上，并将工业生产体系引入现代建筑之中，提倡建筑的工业化、标准化和机械化，确立了机械美学的地位。人们对建筑的认识也随之发生了重大的变化，形成了不同于此前任何时代的建筑观：彻底摒弃无用的装饰成分，强调功能至上、经济实用、合乎逻辑、概念清晰，追求简单、重复、明快、光亮、平直的视觉效果。这样，建筑的外观就像机器一样直接反映其功能，具有了某种工艺美的艺术特点。在这种观念支配下，功能成了建筑的主要目的，技术变成了人类的“图腾”，柯布西耶的“房屋是住人的机器”，路斯的“装饰即罪恶”，密斯的“少就是多”概括了他们对功能理性、技术至上、造型简洁、反对装饰等教条的狂热追求，标志着崇尚技术、功能主义的审美观的崛起。

现代建筑力图以工业化、技术化的形式，打倒传统建筑的古典形式，对历史上的古典建筑法则进行全然的否定。在现代建筑大师们看来，古典主义建筑所标榜的以和谐为理想的形式美的原则已远不能适应时代发展的需要，那些置建筑的功能于不顾，动辄以古典柱式、细部装饰、立面构图的设计手法，已完全割裂了建筑形式与功能、结构之间的内在联系，显得既牵强附会，又浪费大量的人力、物力和财力。现代建筑正是要“粉碎并且批判地抛弃古典原则，抛弃诸如柱式、先入为主的设想、细部之间的固定搭配，以及各种形式和种类的陈规旧习。”因而，崇尚工业技术，强调功能至上，并以此作为建筑设计的出发点，注重建筑使用时的方便和效率，几乎成为现代建筑大师的共同追求。

现代建筑以造型简朴、经济实惠的特色在满足战后西方大规模的房屋建设中发挥了重要作用，适应了大工业生产发展的需要，体现了新的时代精神，这是毋庸置疑的。但是，它所标榜的“形式服从功能”的功能主义，“少即是多”的简洁主义和构图设计上的几何原则，以功能实用替代了大众的审美情感，以设计手法的简洁替代了创作风格的丰富多样。这样，建筑就变成了方盒子式的居住机器，千篇一律而又冰冷无情，忽视了人的心理情感、历史文化和风俗习惯，割断了人类与历史的联系，最终迷失在功能主义和技术主义的教条之中，把建筑的发展引向了割断历史传统从而使其丧失了文化意义的境地。

这种断裂了历史传统的现代建筑观，乘着全球化的浪潮，以国际主义的风格形式，风靡世界。不仅在精神上改变了人们对建筑的认识与体验，而且现实地改变了西方发达国家以及追求工业化、现代化的发展中国家的城市面貌与建筑样式。置身于现代主义的城市建筑群中，人们将会丧失深厚的历史感！

中国传统建筑在数千年的历史发展过程中，虽历经多次的社会变革、朝代更替、民族融合以及不同程度的外来文化影响，但不同时代的建筑活动，无论是在建筑的用材上，还是在建筑的结构技术上，都没有发生根本性的变革，有的只是建筑形式的丰富与完善。以土木和砖石为材、木梁柱框架结构、庭院式组合布局为主的建筑模式一直是中国传统建筑的主要方式，数千年来一脉相承，持续发展，日臻完善，独树一帜，逐步形成鲜明而稳定的高度程式化发展特征，成为世界上延续时间最漫长的建筑体系。梁思成先生曾指出："历史上每一个民族的文化都产生了它自己的建筑，随着文化兴盛衰亡。世界上现有的文化中，除去我们的邻邦——印度的文化可算是约略同时诞生的弟兄外，中华民族的文化是最古老、最长寿的，我们的建筑同样也是最古老、最长寿的体系。在历史上，其他与中华文化约略同时，或先或后形成的文化，如埃及、巴比伦，稍后一点的古波斯、古希腊，以及更晚的古罗马，都已成为历史陈迹，而我们的中华文化则是血脉相承，蓬勃地滋长发展，四千余年，一气呵成。"这数千年的"一气呵成"，无论如何也能说明它那自律体系的稳定和顽强的生命力量。

然而，鸦片战争以来，西方建筑逐步打破了中国传统建筑一统天下的格局，西方风格的建筑式样也在中国本土日益增多。中国人对待西方建筑的态度由鄙夷、猎奇到接受、欣赏、推崇，在建筑审美观念上发生了重大变化。传统建筑的"中和之美""中庸之美"受到西方建筑审美趣味和形式的强烈冲击。近代社会的变化，尤其是近代工业、商业、经济的发展，中国传统建筑的木构架型制、大屋顶及合院布局型制已无法满足社会、生产和生活对建筑类型的功能性、多样化和灵活性的新要求。同时，西方工业文明带来的新的建筑技术和材料以及先进的施工方法，也对中国传统建筑所依赖的天然材料和手工操作方式造成了强烈的冲击。中国传统建筑在设计观念、建筑材料和施工技术等方面的现代转型也就成为历史的必然选择。

从根本上讲，近代中国建筑文化的转型，本质上是被动的适应性转化而不是主动的创造性转化。在实现工业化、现代化的历史进程中，现代建筑已经成为中国建筑发展的主要选择，中国传统建筑的历史被割断了。时至今日，这一状况依然没有得到根本性的改变。改革开放后，随着外来的后现代主义思潮的介入，历史主义、地域主义、文化多元主义等主张明显地影响了中国的建筑界，但由于现代主义的诸多观念更适合中国当下的高速发展，现代主义的建筑观仍将在相当长的时期内居于主导的地位。但是应该看到，历史和文化的民族性才是一个国家建筑精神的根本所在，这都要求我们以一种尊重历史的态度，重新审视那些正濒于消失的建筑历史和文化，从那些绵延已久的历史瑰宝中汲取面向未来创造的灵感。

二、现代建筑引发的文化单一问题

与现代建筑所引发的历史断裂密切相关的是其所造成的文化单一问题。所谓文化，是与风俗、历史和地理环境密切相关的，由于这些方面存在着差异，文化天然地也就存在着差异。可以说，文化多元是文化最初的存在特征。工业革命之后，工业化、现代化在世界范围内的推进，对文化的多元差异构成了巨大的挑战。全球化的进程，加剧着文化的趋同化与单一化。

文化相对于政治、经济、技术等“硬力量”是一种“软力量”，但是它对经济社会的影响力和渗透力却是持续不断的。在当前乃至相当一段时期内，国际化的交流形式是建立在不平衡的政治和经济基础之上的，从而产生了所谓的“强势文化”与“弱势文化”。全球化不平等的一面就表现为西方发达国家的“强势文化”对发展中国家“弱势文化”的冲击、侵略与渗透，“强势文化”将其自认为具有价值的文化模式强加给“弱势文化”，“弱势文化”往往只能被动接受、适应“强势文化”，并按“强势文化”模式来改造自己的文化模式，在这种文化“全球化”的过程中，必然存在不可阻挡的文化趋同化、单一化的过程。

由于国家、地区、民族的差异，人们在风俗、习惯、教育、审美、宗教等各方面必然存在极大的差异，所以必然形成多元的文化。丰富性和多元性应该是人类文化的根本特征，这也是人之为人的基本特征。建筑物作为人类的栖居之所，和动物的“居所”有着根本的不同，它既是承载生活的物质实体，又是文化的容器。建筑物因此也应该丰富多彩，风格迥异。从建筑发展的历史来看，最原始的栖居方式是人类在处理与自然关系的过程中产生的。早期的人类为了生存的需要，构筑遮风避雨的住所，他们从自然界中发现材料的属性，并且巧妙地使用它们，他们克服重力的作用，构筑起容纳生产生活的空间场所。在建造家园的过程中，逐步完善和积累了丰富多样的建筑风格、建造方法与法则，并将本民族的价值观念、思维方式、审美趣味、民族性格融入建造活动之中，形成特色鲜明的建筑文化，并在历史中传承、创新与发展。某一种建筑文化一旦形成，并不是以封闭、僵死的方式继续存在的，而是在不断地与其他建筑文化相互碰撞、接触、交流的过程中发展的。对于充满活力的、健康的建筑文化而言，不同建筑文化之间的交流不仅不会弱化其独特的性质，反而更加充实和完善了该建筑文化内部的结构、功能和形式，使其更具区别于他者的独立性。

但是，现代建筑的出现改变了这一切：（1）由于现代建筑本质上依赖于工业技术，它被认为可以超越其所在环境和文化的限制，甚至可以随心所欲地建造；（2）现代建筑观作为西方“强势文化”的组成部分，以其技术上的先进性，文化上的优越感，价值上的普及性，在全球化的进程中，成为各民族效仿的典范；（3）追求现代化、工业化的许多发展中国家在经济上对世界市场的依附，在技术上对工业技术的推崇，在文化上对自己民族文化的自卑以及对外来文化的崇拜心理等等，都推动着现代建筑在世界范围内的垄断发展。这些原因必然在相当长的时期中，在全球范围内，导致原本丰富多彩、风格各样的各国建筑文化日益朝着趋同、单一的方向发展。今天，无论人们在纽约、首尔、曼谷或是北京、上海，现代主义的建筑群将使人不知身处于何地！建筑文化的单一化必然导致越来越明显的“千城一面”的景观。

随着时间的推移，现代建筑日益暴露出了诸多的文化弊端：其“空间”概念的无地区性导致了与丰富多彩的地区环境之间越来越大的矛盾；功能至上的经济原则也忽视了人们对建筑复杂多样的需求；国际主义建筑的普适性越强，其自身的可识别性就越弱，城市的可识别性也随之降低，必然导致各城市空间与形态的趋同现象。一个美丽和富有生命力的城市必然是一个有个性、有可识别性、有内涵、有独特文化底蕴的城市，人们看到它今日的生机盎然与全面发展必然会联想到它过去的历史，并以此来臆想它明天发展的可能性。

建筑最终是为人服务的，而现代化运动却使现代建筑渐渐背离了这一最初的信念，它强迫人们去遵循工业技术及机器的法则，却失去了为人类生活服务的根本目标。这无疑将促使人们展开对于现代建筑观的批判性反思。的确，人的栖居不能仅仅归结于工业技术规定的物质功能，因为，人是有历史、有文化的存在者，除了最基本的物质功能需要之外，人还有审美的、习俗的、情感的、宗教的种种要求，仅仅以物质功能作为建筑的标准，无疑等于取消了建筑的文化功能，或者说，把原本具有丰富内涵的建筑文化挤压成为仅仅只具有物质性功能的文化。这种文化的单一性，从个人方面说，是对人性的多样性的扼杀和压制，从社会文化方面说，则是对各民族、各地区文化的差异性和多样性的消除，这显然不符合人类社会的健康和平等的发展。

本章小结

回顾西风东渐的历史，从时间进程看，中国早期现代建筑几乎与西方同步，然而由于根基的缺乏、文化的差异、国力的衰微、战乱的阻隔，中国建筑文化现代化举步维艰。国力的不足，人民的急需，成了呼唤现代建筑的巨大的时代要求，却压抑了建筑师对现代建筑文化多样性的理性思考，以及对中华民族优秀建筑的传统性、文化性、地域性的创造性探索向往。一些建筑师把在西方已经过时的建筑美学思潮片段捧为珠宝，一些城市的一些建筑师以模仿和拼凑为主要手段，在西方古典主义和现代建筑道路上踟蹰徘徊、东施效颦。现代建筑的形式、功能、结构被现代工业技术全面渗透，从某种意义上说，建筑物本身就是一部巨大的机器。随着全球化、工业化、城市化的快速推进，数量巨大的现代建筑在世界各地拔地而起，它们的建造与运行，一方面需要耗费大量的资源与能源，自然会加剧资源、能源的危机；另一方面，则会向自然环境排放大量的废气、废物，极可能造成环境污染和生态破坏。现代建筑是以强烈的反历史、反传统的姿态登上世界建筑舞台的。主张割断历史、割断文脉、放弃传统文化，沿着工业化的道路向前进，才能建造新建筑。这种对待历史文化的态度必然会引发建筑历史的断裂，造成建筑文化的单一化。

第二章　现代建筑中的绿色技术

第一节　建筑围护构件节能技术

建筑围护构件热工性能的优劣是直接影响建筑使用能耗大小的重要因素。我国根据一月份和七月份的平均气温划分为严寒地区、寒冷地区、夏热冬冷地区、夏热冬暖地区和温和地区等五个不同的建筑气候区，各地的气候差异很大，建筑围护结构的保温隔热设计应与建筑所处的气候环境相适应。在严寒地区、寒冷地区，保温是重点；在夏热冬冷地区，则既要考虑冬季保温性能，又要考虑夏季隔热性能；在夏热冬暖地区，隔热和遮阳是重点。绿色建筑围护结构的节能设计包括外墙节能技术、屋面节能技术、门窗节能技术及楼地面节能技术。

一、外墙节能技术

在建筑中，外围护结构的传热损耗较大，而且在外围护结构中墙体所占比例又较大，所以，外墙体材料改革与墙体节能保温技术的发展是绿色建筑技术的重要环节，也是建筑节能的主要实现方式。

我国曾经长期以实心黏土砖为主要墙体材料，用增加外墙砌筑厚度来满足保温要求，这对能源和土地资源是一种严重的浪费。一般单一墙体材料较难同时满足承重和保温隔热的要求，因而在节能的前提下，应进一步推广节能墙材、节能砌块墙及其复合保温墙体技术，外墙保温材料应具有更低的导热系数。

（一）外墙常见保温材料

1. EPS（Expanded Polystyrene）聚苯泡沫保温板

EPS 聚苯泡沫保温板（图 2-1）是由可发性聚苯乙烯珠粒经加热预发泡后在模具

中加热成型而制得的，具有闭孔结构的聚苯乙烯泡沫塑料板材。EPS 板常见的是白色，有 4 ~ 6mm 的泡沫颗粒，摩擦时颗粒会掉落。其强度较低，用力按压会略微变形。

图 2-1　EPS 聚苯泡沫保温板

（1）EPS 保温系统的优点。

优点：① 保温效果好；② 黏结层、保温层与饰面层可配套使用，其价格适中；③ 无复杂的施工工艺，便于技术推广。

（2）EPS 保温系统的缺点。

缺点：① EPS 板材的脆性特点。在粘贴面积较大时，外墙饰面层开裂的可能性高，尤其是涂料面层；且其强度不高，承重能力较低，外贴面砖时需要进行加强处理；② 板材出厂时要经过一段成熟期，需放置一段时间才可使用。如果熟化时间不足，施工后板材易收缩，使系统开裂。

（3）EPS 保温系统的适用范围。

EPS 是可发性聚苯乙烯，是一种热塑性塑料，价格较低，保温性能、整体黏结强度一般。EPS 保温系统适合节能标准较低，抗风压小的低层建筑外墙外保温。该系统施工效率较低，工人技术要求不高，工程造价最低。

（4）新型掺石墨 EPS 板。

在传统 EPS 板中掺加石墨的技术，在欧洲已经广泛应用，目前也开始进入我国市场并广泛应用。热的传导主要有辐射、对流、传导三种方式。传统白色 EPS 板不能阻止红外线透过，而石墨 EPS 板内包含红外线吸收物，可减少红外线辐射，降低导热系数，同时提高 EPS 板的燃烧性能。目前市场上的石墨 EPS 板的导热系数可降至 0.033W/（m·K）以下，燃烧性能可达到 B1 级。

2. XPS（Extruded Polystyrene）挤塑式聚苯乙烯隔热保温板

XPS 挤塑式聚苯乙烯隔热保温板，是以聚苯乙烯树脂为原料加其他原辅料与聚合物，通过加热混合同时注入催化剂，然后挤塑压出成型而制造的硬质泡沫塑料板，如图 2-2 所示。

图 2-2　XPS 挤塑式聚苯乙烯隔热保温板

（1）XPS 保温系统的优点。

优点：① XPS 具有完美的闭孔蜂窝结构，具有极低的吸水性、低热导系数、高抗压性、抗老化性（正常使用几乎无老化分解现象）；② 其颗粒细小，可以做成各种颜色，强度较高，可以站人而略微变形；③ 对同样的建筑物外墙，其使用厚度可小于其他类型的保温材料；④ 与 EPS 板相比，XPS 板强度要高，但 EPS 的柔韧性优于 XPS。

（2）XPS 保温系统的缺点。

缺点：① XPS 板板材较脆，板上存在应力集中时，容易使板材损坏、开裂；② XPS 板透气性差，如果板两侧的温差较大，且湿度高时很容易结露；③ 其结构的伸缩性差，受温度及湿度的变化影响而变形、起鼓导致保温层脱落；④ XPS 板吸胶性差，黏结后破坏面为 XPS 板表面，黏结强度不够；⑤ XPS 板防火等级较低，可燃，存在安全隐患；⑥ XPS 板价格与 EPS 系统相比较高。

（3）XPS 保温系统的适用范围。

XPS 板材具有优越的保温隔热性能、良好的抗湿防潮性能，同时具有很高的抗压性能，广泛应用于节能标准较高的多层及高层建筑。可用于建筑物屋面保温、钢结构屋面、建筑物墙体保温、建筑物地面保温、广场地面、地面冻胀控制、中央空调通风管道等。由于内层为闭孔结构，因此，它具有良好的抗湿性和保温隔热性能，也适用于冷库等对保温有特殊要求的建筑。

3. 聚氨酯 PU 硬泡保温板

聚氨基甲酸酯（Polyurethane），简称聚氨酯，是一种新型有机高分子材料，被誉为“第五大塑料”，因其卓越的性能而被广泛应用于轻工、化工、电子、纺织、医疗、建材、汽车、国防、航天等国民经济众多领域。在建筑业主要作为密封胶、黏合剂、屋顶防水保温层、冷库保温、内外墙涂料、地板漆、合成木材、跑道防水堵漏剂、塑胶地板等。

聚氨酯主要分为软泡和硬泡两种：聚氨酯 PU 软泡和聚氨酯 PU 硬泡。聚氨酯 PU 软泡主要用于垫材（如座椅、沙发、床垫等）、室内吸音、隔音材料和织物复合材料（垫肩、文胸海绵、化妆棉、玩具等）；聚氨酯 PU 硬泡主要用于冷冻冷藏设备（如冰箱、冰柜、冷库、冷藏车等）的绝热材料、工业设备保温（如储罐、管道等）、建筑材料，如图 2–3 所示。

图 2–3　聚氨酯硬泡保温板

一般在建筑保温方面主要指的是硬泡，用于外墙外保温的聚氨酯硬泡喷涂是一项新型建筑节能技术，经过在工程实例中的运用，虽然还有不少需要改进的地方，但这项技术的优势是很明显的。

（1）聚氨酯硬泡保温系统的优良性能。

优良性能包括：① 导热系数小，保温效能好。硬泡体喷涂聚氨酯是一种高分子热固型聚合物，每厘米厚度相当于 40cm 红砖保温效果；当硬质聚氨酯密度为 35 ~ 40kg/m^3 时，导热系数仅为 0.018 ~ 0.024W/（m · K），相当于 EPS 的一半，是目前所有保温材料中导热系数最低的。② 黏结力极强、抗风性好。硬泡聚氨酯能在混凝土、木材、钢材、沥青、橡胶等表面黏结牢固。可承受外饰面 30kg/m^2 的重量而不会脱落。③ 稳定性、耐久性好。硬泡聚氨酯喷涂与基层墙体结合牢固，且抗冻融、吸声性也好。硬泡聚氨酯化学稳定性好，耐酸碱；耐久性满足 25 年要求。④ 防水性能好，抗湿热性能优良；水密性好，墙内不会结露。⑤有较好的防火性能，阻燃性好。性能稳定，火灾时低烟、低毒，危害小，在外墙保温特别是既有建筑改造中已广泛应用。⑥耐撞击性能优于 EPS 等保温材料。对主体结构变形适应能力强，抗裂性能好。⑦具有良好的施工性能、易于维修；环保性能较好。

（2）聚氨酯硬泡保温系统的适用范围。

现场喷涂聚氨酯泡沫塑料使用温度高，压缩性能高，较 EPS 板更适用于屋面保温；其次还广泛应用于冰箱、冷库、喷涂、太阳能、热力管线、建筑等其他领域。PU 系统适合节能标准较高、结构较为复杂的多层和高层建筑，但其综合造价为最高。

4. EPS、XPS、PU 的防火性能对比

EPS、XPS 及 PU 属有机保温材料，燃烧性能一般为 B 级。根据民用建筑外保温系统及外墙装饰防火规定，在中、高层和高层建筑保温系统应用中受到限制。对此，近年来出现了新型材料“发泡陶瓷保温板”，由于发泡陶瓷保温材料的燃烧性能达到 A 级，是用作外墙外保温层及配合 EPS、XPS、PU 外保温层防火隔离带的理想材料。

（二）常见外墙保温技术的构造做法

外墙保温技术一般按保温层所在的位置分为外墙外保温、外墙内保温、外墙夹心保温、单一墙体保温和建筑幕墙保温等。

1. 外墙外保温

外墙外保温，是指在外墙的外侧粘贴保温层，再做饰面层。该外墙可以用砖石、各种节能砖或混凝土等材料建造。外墙外保温做法可用于新建墙体，也可用于既有建筑节能改造，能有效地抑制外墙和室外的热交换，是目前较为成熟的节能技术措施。

（1）外墙外保温的优点。

优点：① 由于构造形式的合理性，它能使主体结构所受的温差作用大幅度下降，对结构墙体起到保护作用，并能有效消除或减弱部分“热桥”的影响，有利于结构寿命的延长；② 外墙外贴面的保温形式使墙体内侧的热稳定性也随之增大；③ 有利于提高墙体的防水性和气密性；④ 便于对既有建筑物的节能改造；⑤ 避免室内二次装修对保温层的破坏；⑥ 不占用室内使用面积，与外墙内保温相比，每户使用面积增加 1.3 ~ 1.8m²。

（2）常用外墙保温系统的类型。

① 胶粉 EPS 聚苯颗粒保温浆料外墙外保温系统。由界面层（黏结层）、胶粉 EPS 颗粒保温浆料保温层、抗裂砂浆薄抹面层和饰面层组合。胶粉 EPS 颗粒保温浆料经现场拌和后，喷涂或涂抹在基层上形成保温层，薄抹面层中铺玻纤网格布。

② EPS 板外墙外保温系统。

a. EPS 板薄抹灰外墙外保温系统：由 EPS 板保温层、薄抹面层和饰面涂层构成。EPS 板用胶粘剂固定在基层上，薄抹面层中铺玻纤网格布。

b. EPS 板现浇混凝土外保温系统：是以现浇混凝土为基层，EPS 板为保温层的外保温系统。

③ 喷涂聚氨酯硬泡外墙保温系统。用聚氨酯现场发泡工艺将聚氨酯保温材料喷涂在基层外墙体上，聚氨酯保温材料面层用轻质找平材料进行找平，饰面层可采用涂料或面砖。这是一项新型建筑节能技术，其具有不吸水、不透水的功能，同时具有优良的保温功效，广泛应用于屋顶和墙体保温。但聚氨酯在墙面现场喷涂材料的厚度和垂直度不易控制，一般可用预制好的聚氨酯板块在现场粘贴、固定，上加玻纤网格布或钢丝网，再做防水面层和抗裂处理，上做涂料等。聚氨酯外墙保温隔热层对墙体基层要求较低，墙体表面无油污无浮灰即可，抹灰或者不抹灰均可施工，如不抹灰，抗剪能力更佳。

2. 外墙内保温

外墙内保温体系也是一种传统的保温方式，目前在欧洲一些国家应用较多，它本身做法简单，造价较低，但是在热桥的处理上容易出现问题。近年来由于外保温的飞速发展和国家的政策导向，其在我国的应用有所减少。

（1）外墙内保温的优点。

优点：主要是通过与外保温的对比得来，主要是由于在室内使用，对饰面和保温材料的防水和耐候性等技术的要求没有外墙外侧应用那么严格，施工简便，造价较低，而且升温（降温）比较快，适合于间歇性采暖的房间使用。

（2）外墙内保温的缺点。

缺点：① 内保温做法会使内、外墙体分别处于两个温度场，建筑物结构受热应力影响较大，结构寿命缩短，保温层易出现裂缝等；② 保温难以避免热桥，使墙体的保温性能有所降低，在热桥部位的外墙内表面容易产生结露、潮湿甚至霉变现象；③ 采用内保温占用室内使用面积，不便于用户二次装修和在墙上吊挂饰物；④ 既有建筑进行内保温节能改造时，对居民生活干扰较大；⑤ XPS 板、EPS 板均属于有机材料与可燃性材料，故在室内墙上使用受到限制；⑥ 严寒和寒冷地区如处理不当，在实墙和保温层的交界面容易出现水蒸气冷凝。

3. 外墙夹心保温

一般以 240mm 砖墙为外侧墙，以 120mm 砖墙为内侧墙，内外之间留有空腔，边砌墙边填充保温材料；内外侧墙也可采用混凝土空心砌块，做法为内侧墙 190mm 厚，外侧墙 90mm 厚，两侧墙的空腹中同样填充保温材料。保温材料的选择有聚苯板（EPS 板）、挤塑聚苯板（XPS 板）、岩棉、散装或袋装膨胀珍珠岩等。两侧墙之间可采用砖拉接或钢筋拉接，并设钢筋混凝土构造柱和圈梁连接内外侧墙。夹心保温墙对施工季节和施工条件的要求不高，不影响冬季施工。

4. 墙体自保温系统

墙体自保温系统，是指按照一定的建筑构造，采用节能型墙体材料及配套专用砂浆使墙体热工性能等物理性能指标符合相应标准的建筑墙体保温隔热系统。该技术体系具有工序简单、施工方便、安全性能好、便于维修改造和可与建筑物同寿命等特点，工程实践证明应用该技术体系不仅可降低建筑节能增量成本，而且对提高建筑节能工程质量具有十分重要的现实意义。

墙体自保温体系多用混凝土空心砌块、蒸压砂加气混凝土、陶粒加气砌块、节能型烧结页岩空心砌块等与保温隔热材料合为一体形成墙体自保温系统，起到自保温隔热作用。其特点是保温隔热材料填充在砌块的空心部分，使混凝土空心砌块具有保温隔热的功能。由于砌块强度的限制，自保温墙体一般用作低层、多层承重外墙或高层建筑、框架结构的填充外墙。

5. 建筑幕墙保温

目前，国内很多既有和新建公共建筑大量使用建筑幕墙，但建筑幕墙的保温性能较为薄弱，应在设计中采取相应的保温措施。因建筑主体结构和幕墙板之间有一定距离，因此其节能构造做法，可以通过在幕墙板和主体结构之间的空气间层中设置保温层来实现；也可以通过改善幕墙板材料自身的保温性能来实现，如在幕墙板的内部设置保温材料，或者选用幕墙保温复合板。

二、屋面节能技术

随着建筑层数的增加，屋顶在建筑围护结构中所占面积的比例逐渐减少，加强屋顶保温及隔热对建筑造价影响不大，但屋顶保温节能设计，能减少屋顶的热能损失，改善顶层的热环境。因此，屋顶节能设计是建筑节能设计的重要方面。屋顶节能设计主要包括保温设计、通风隔热设计、种植屋顶设计及太阳能集热屋顶设计等。

（一）屋面保温设计

1. 常用屋面保温材料

屋面保温材料应具有吸水率低、导热系数较小的特点。常用的有：

（1）松散保温材料。如膨胀蛭石（粒径 3 ~ 15mm，堆积密度小于 300kN/m^3；导热系数应小于 0.14W/（m·K））、膨胀珍珠岩、炉渣和水渣（粒径为 5 ~ 40mm）、矿棉等。松散保温材料的保温层做法，是在散料内部掺入少量水泥或石灰等胶结材料，形成轻混凝土层；待散料保温层铺设完成后，上部应先做水泥砂浆找平，再做防水层。

（2）板块保温材料。如加气混凝土板、泡沫混凝土板、膨胀珍珠岩板、膨胀蛭石板、矿棉板、岩棉板、泡沫塑料板、木丝板、刨花板、甘蔗板等，其中最常用的是加气混凝土板和泡沫混凝土板。泡沫塑料板价格较贵，只在高级工程中采用；挤塑聚苯板，因其卓越的耐水气渗透能力和隔热保温功能，是倒置式屋面（保温层在防水层之上）的理想建材，也是应用在单层金属屋面的最佳选择；植物纤维板只有在通风条件良好、不易腐烂的情况下采用才比较适宜。板块保温材料的保温层做法，应注意在板块中间的缝隙处用膨胀珍珠岩填实，以防形成冷桥；待板块保温层铺设完成后，上部先用水泥砂浆找平，再做防水层。

（3）保温涂料。如常用的节能隔热保温涂料，这种涂料采用陶瓷空心颗粒为填料，由中空陶粒多组合排列制得的涂膜构成，导热系数为 0.03W/（m·K），对室内热量可保持 70% 不散失。

2. 平屋面的保温设计

在冬冷夏热地区的民用建筑、装有空调设备及寒冷地区的建筑中，屋顶应做保温设计。在屋顶中设置能提高热阻的保温层，能降低屋顶的热传导，提高屋顶的节能水平。

（1）按保温层与屋面板的位置关系分类。

分为屋面外保温、屋面内保温、保温层与结构层组合复合板材三种。

① 屋面外保温。即将保温层铺设在屋面板结构层之上的做法。

② 屋面内保温。即将保温层铺设在屋面板结构层之下的做法。

③ 保温层与结构层组合成复合板材。这种板材既是结构构件又是保温构件。一般有两种做法：

a. 在槽板内设置保温层。这种做法可以减少施工工序，提高工业化施工水平，但成本偏高。

b. 保温材料与结构层融为一体。如加气的配筋混凝土屋面板，这种复合板材构件既能承重，又能达到保温效果，简化施工，降低成本。但其板的承载力较小，耐久性较差，因此适用于标准较低且不上人的屋顶中。

（2）按结构层、保温层与防水层的位置关系分类。

分为正置式、倒置式和设有空气间层的保温屋面，其中，正置式和倒置式屋面应用最广泛。

① 正置式保温屋面。这是一种传统平屋面的保温做法，即将保温层放在屋面防水层之下、结构层以上的做法。大部分不具备自防水性能的保温材料都可以用这种构造做法。其所用的保温材料，如水泥膨胀珍珠岩、水泥蛭石、矿棉、岩棉等非憎水性材料。这种做法易吸湿导致导热系数大增，所以需要在保温层上下分别做防水层和隔

气层来防水。正置式保温屋面容易出现屋面开裂、起鼓、保温效果差等问题。

② 倒置式保温屋面。即保温层设在防水层之上，其构造层次自上而下为保温层、防水层、结构层。该屋面不可使用普通的模塑聚苯板，应使用如挤塑聚苯板和硬质聚氨酯泡沫塑料板等，这些保温材料一般自带防水层。该屋面的优点是工艺简单，施工方便，保温和防水性好，不需设排气孔，抗老化性能好。

倒置式保温屋面常见构造做法类型有：a. 采用挤塑聚苯乙烯保温隔热板直接铺设在防水层上，再在其上做配筋细石混凝土，如需美观效果，还可做水泥砂浆粉光、粘贴缸砖或广场砖。此做法适用于住人屋面，经久耐用；缺点是施工不当易组成防水层破坏，且屋面漏水时不易维修。B. 采用现场喷涂硬质发泡聚氨酯保温层，然后抹 20 厚 1：20 水泥砂浆或涂刷一层防水、耐紫外线的涂料。优点是施工简便，经久耐用，方便维修。c. 采用憎水性膨胀珍珠岩板块直接铺设在防水层上，其他做法同 a，但缺点是不易维修。

（二）平屋面的通风、隔热设计

在南方炎热地区，屋顶的通风隔热层可以起到为屋顶降温的作用。通风屋顶是指在屋顶设置通风的空气间层，利用间层中空气的流动带走热量，降低屋顶表面温度的屋顶；隔热屋顶主要是在屋顶铺设或粉刷各种保温绝热及反射材料来达到保温节能效果的屋顶。

通风、隔热屋顶的类型有以下几种。

1. 架空屋面

架空屋面，是采用防止直接照射屋面上表面的隔热措施的一种平屋面。其基本构造做法是在卷材、涂膜防水屋面或倒置式屋面上做支墩（或支架）和架空板。架空屋面宜在通风条件较好的建筑物上使用，适用于夏季炎热和较炎热的地区。

架空屋面的构造层次。架空屋面自上而下的基本构造层次是：架空隔热层、保护层、防水层、找平层、找坡层、保温层和结构层。

架空屋面的构造要点包括：① 架空屋面的屋面坡度不宜大于 5%，一般在 2% ~ 5%。② 架空层的层间高度一般为 180 ~ 300mm，可视屋面的宽度和坡度大小由工程设计确定。一般混凝土砌块架空 190mm；砖墩架空 240mm 或 180mm；纤维水泥架空板凳架空 200mm。③ 当屋面深度方向宽度大于 10m 时，在架空隔热层的中部应设通风屋脊（即通风桥）。④ 架空屋面的架空层应有无阻滞的通风进出口，架空层的进风口应设置在当地炎热季节最大频率风向的正压区并应设置带通风篦子的格栅板，出风口应设置在负压区。⑤ 架空板与女儿墙之间应留出不小于架空层空间高度的空隙，一般不小于 250mm；考虑到靠近女儿墙处的屋面排水反坡与清扫，建议架空板与女儿墙之间空隙加大至 450 ~ 550mm。⑥ 支墩、架空板等架空隔热制品的质量应符合有关材料标准要求。

2. 通风顶棚隔热屋顶

通风顶棚隔热屋顶，即在结构层下做吊顶棚，利用顶棚与结构层之间的空气作通风隔热层，并在檐墙上设一定数量的通风孔来换气、散热。

3. 反射隔热降温屋顶

在太阳辐射最强的中午时间，深暗色平屋面仅反射 30% 的日照，而非金属浅色的坡屋面至少能反射 65% 的日照。据有关资料提供，反射率高的屋面节省 20% ~ 30% 的能源消耗。反射隔热降温屋顶，又称为“冷屋顶”“白色反光屋顶”，是指日射反射率高的屋顶，即通过对普通屋顶涂上浅色的、高反射率的涂料，提高屋顶的日射反射率，减少太阳热量的吸收，从而达到减少空调冷负荷、控制“热岛”现象、保护“臭氧层”的作用。其常见类型包括：① 屋顶反射降温隔热屋顶。屋顶刷铝银粉或采用表面带有铝箔的卷材。② 绝热反射膜屋顶。屋顶铺设铝钛合金气垫膜，可阻止 80% 以上的可见光。③ 降温涂料屋顶。通过热塑性树脂或热固性树脂与高反射率的透明无机材料制成热反射涂料来降温。

（三）种植屋面

建筑绿化包括屋顶绿化与墙面垂直绿化。资料表明，植物可以吸收 60% 的太阳辐射能，反射 27% 的阳光，13% 则通过基质传到屋面中。绿化屋面对空气的平均增温量的总量为普通屋面的 1/4 左右。

在城市建筑实行屋顶绿化和种植屋面，可增加建筑的绿地面积，既美观又可改善城市气候环境。在夏季极端气候下，改善顶层房间室内热环境，缓解城市的空气温度热岛效应，大幅度降低建筑能耗。另外，屋面在其建筑表面用植物覆盖可以减轻阳光曝晒引起的材料热胀冷缩，对柔性防水层和涂膜防水层减缓老化、延长寿命十分有利，同时也有效避免刚性防水干缩开裂。

1. 屋顶绿化与种植屋面的概念

（1）屋顶绿化：国际上的通俗定义是一切脱离了地面的种植技术，它的涵盖面不单单是屋顶种植，还包括露台、天台、阳台、墙体、地下车库顶部、立交桥等一切不与地面自然土壤相连接的各类建筑物和构筑物的特殊空间的绿化。这种通过一定技艺，在建筑物顶部及一切特殊空间建造绿色景观的形式，是当代园林发展的新亮点、新阶段。

（2）种植屋面：特指人们根据建筑屋顶的结构特点、荷载和屋顶上的生态环境条件，选择生长习性与之相适应的绿色植被或花草，种植或覆盖在屋面防水层上，并配有排水设施，起到隔热及保护环境作用的屋面。它既可使屋面具备冬季保温、夏季隔热的作用，又可净化空气、阻噪吸尘、增加氧气，还可以营造出休闲娱乐、高雅舒适的休闲空间，提高人居生活品质。

2.种植屋面的分类

（1）按种植介质，分为有土种植和无土种植（蛭石、珍珠岩、锯末）。

（2）按种植的植物种类与复合层次，分为简单式种植屋面和花园式种植屋面两大类。

① 简单式种植屋面。也叫草坪式屋顶绿化或轻型屋顶绿化，是以草坪为主，配置多种地被和花、灌木等植物，结合步道砖铺装出图案。轻型屋顶绿化对屋顶负荷要求低、管理简便、养护费用低廉；讲求景观色彩，能同时达到生态和景观两个效果；没有渗水烦恼，对原有防水层起到保护和延长使用寿命的作用，因而是目前采用面积最大的屋顶绿化方式。

简单式种植屋面以草毯种植屋面为多。草毯种植屋面，是利用带有草籽和营养土的草毯覆盖在屋面上形成生态植被的一种种植屋面。草毯是以稻、麦秸、椰纤维、棕榈纤维为原料制成的循环经济产品，用于屋面绿化具有重量轻，蓄水力强，可降解，施工方便等特点。

② 花园式种植屋面。种植以乔灌花草、地被植物绿化、假山石水，并与亭台廊榭合理搭配组合，点缀以园艺小品、园路和水池、小溪等。它是近似地面园林绿地的复合型屋顶绿化，可提供人们进行休闲活动。花园式种植屋面应采用先进的防水阻隔根、蓄排水新技术，使用较少的硬铺装，且要严守建筑设计荷载的允许原则。

（四）种植坡屋顶

坡屋顶建筑包括从屋顶延伸到地面的倾斜式屋面建筑和传统坡屋顶建筑。相对于平屋顶种植屋面，坡屋顶种植屋面具有增大绿化面积、延伸景观、丰富建筑形态、美化城市环境等特点。坡屋面绿化还可以与平屋顶绿化一样，调节屋顶温度和空气湿度、提高建筑保温效能、降低能耗、减尘降噪、缓解城市热岛效应。

（五）“太阳能与建筑一体化”节能屋顶

目前，利用智能技术、生态技术来实现建筑节能的愿望，向屋顶要能源已成为趋势，太阳能与建筑一体化是未来太阳能技术发展的方向，从多层建筑到高层建筑，从整体式、分体式到联集式，太阳能技术与建筑的完美结合逐步趋于成熟，应用范围逐步增大。

1.“太阳能与建筑一体化”的概念

“太阳能与建筑一体化”属于一项综合性技术，其实施方式主要有：（1）太阳墙、光伏组件与建筑墙体一体化；（2）光伏组件与市政供电系统并网；（3）太阳能热泵集热装置与建筑屋顶一体化；（4）太阳能一体化设计中与之相配合的建筑保温设计。

太阳能建筑一体化光热技术之一“太阳能集热屋顶”，是利用太阳能集热器替代屋顶覆盖层或替代屋顶保温层，既消除了太阳能对建筑物形象的影响，又避免了重复投资，降低了成本。可用于平屋顶或斜屋顶，一般对平屋顶用覆盖式，对斜屋顶用镶嵌式。

2.“太阳能集热屋顶”的常用材料

“太阳能集热屋顶”一般采用以下两种太阳电池组件：

（1）普通太阳电池组件。可以在普通流水线上大批量生产，成本低、价格便宜，既可以同建筑结合起来使用，又可以安装在大型支架上形成大规模太阳能发电站。施工时通过装配件把它同周围建筑材料结合起来，组件之间和组件与建材之间的间隙需要另行处理。其缺点是无法直接代替建筑材料使用，太阳电池组件与建材重叠使用造成浪费，施工成本高。

（2）建材型太阳电池组件。是生产厂把太阳电池芯片直接封装在特殊建材上的组件，设计有防雨结构，施工时按模块方式拼装，集发电功能与建材功能于一体，施工成本低。但由于须适应不同的建筑尺寸，很难在同一条流水线上大规模生产，有时甚至需要手工操作生产，以至于生产成本较高。

三、门窗节能技术

一般建筑的门窗面积只占建筑外围护结构面积的 1/3 ~ 1/5，但传热损失占建筑外围护结构热损失的 40% 左右。为了增大采光通风面积或立面的设计需要，现代建筑的门窗、玻璃幕墙面积越来越大，因此增强外门窗的保温性、气密性、隔热性能，是改善室内热环境质量和提高建筑节能水平的重要环节。

节能型建筑门窗，是指能达到现行节能建筑设计标准的门窗，即门窗的保温隔热性能（传热系数）和空气渗透性能（气密性）两项物理性能指标达到或高于所在地区《民用建筑节能设计标准（采暖居部分）》及其各省、市、区实施细则的技术要求。

（一）节能门窗的材料及做法

门窗节能水平与所采用的门窗材料及做法有关。节能门窗主要体现在节能型框材设计、节能玻璃的选择及节能窗户的层数设计、密封材料的选择等方面。

节能外门应选用隔热保温门；节能外窗应选用具有保温隔热性能的窗，如中空玻璃窗、真空玻璃窗和低辐射玻璃窗等；节能窗框的型材主要选用断热铝合金、塑钢和铝木复合等。目前，新型节能门窗有木塑、铝塑复合门窗和钢塑复合共挤节能保温窗及隔热保温型喷塑铝合金门窗等。

1. 节能门窗的框材

门窗框一般占窗面积的 20% ~ 30%，门窗框型材的热工性能和断面形式是影响门窗保温性能的重要因素之一。框是门窗的支撑体系，由金属型材、非金属型材和复合型材加工而成，金属与非金属的热工特性差别很大，应优先选用热阻大的型材。

从保温角度看，型材断面最好设计为多腔框体，多道腔壁对通过的热流起到多重阻隔作用。但金属型材（如铝型材）虽然也是多腔，保温性能并不理想。为了减少金属框的传热，可采用铝窗框作断桥处理，并采用导热性能低的密封条等措施，以降低窗框的传热，提高窗的密封性能。

目前常用铝合金断热型材、铝木复合型材、钢塑整体挤出型材以及 UPVC 塑料型材等一些技术含量较高的节能产品，其中使用较广的是 UPVC 塑料型材，它所使用的原料是高分子材料——硬质聚氯乙烯。

2. 节能门窗的玻璃

为了解决大面积玻璃造成能量损失过大的问题，外窗透明部分可选择中空玻璃、真空玻璃、镀膜玻璃、高强度 Low-E 防火玻璃及特别的智能玻璃等。其中 Low-E 玻璃的镀膜对阳光和室内物体所受辐射的热射线起到有效阻挡，因而，使夏季室内凉爽，冬季则室内温暖，总体节能效果明显。

（1）中空玻璃。其单片玻璃 4 ~ 6mm 厚，中间空气层的厚度一般以 12 ~ 16mm 为宜。在玻璃间层内填充导热性能低的气体，因而能极大地提高中空玻璃的热阻性能，控制窗户失热，以降低整窗的传热系数值。中空玻璃与普通玻璃相比，其传热系数至少可以降低 50%，所以中空玻璃目前是一种比较理想的节能玻璃。

（2）热反射镀膜中空玻璃。是在玻璃表面镀上一层或多层金属、非金属及其氧化物薄膜，具有将其反射回大气中而阻挡其进入室内的目的，从而降低玻璃的遮阳系数。热反射玻璃的透过率要小于普通玻璃，6mm 厚的热反射镀膜玻璃遮挡住的太阳能比同样厚度的透明玻璃高出一倍。所以，在夏季白天和光照强的地区，热反射玻璃的隔热作用十分明显。

（3）Low-E 玻璃，即低辐射镀膜玻璃，是利用真空沉积等技术，在玻璃表面沉积一层低辐射涂层，一般由若干金属或金属氧化物和衬底层组成。与热反射镀膜玻璃一样，Low-E 玻璃的阳光遮挡效果也有多种选择，而且在同样可见光透过率情况下，它比热反射镀膜玻璃多阻隔太阳热辐射 30% 以上；与此同时，Low-E 玻璃具有很低的 U 值（传热系数），故无论白天或夜晚，它同样可阻止室外热量传入室内，或室内的热量传到室外。

（4）真空玻璃。是将两片平板玻璃四周密封起来，将其间隙抽成真空并密封排气口，其工作原理与玻璃保温瓶的保温隔热原理相同。标准真空玻璃夹层内的气压一般只有几帕，因此，中间的真空层将传导和对流传递的热量降至很低，以至于可以忽略不计，因此，这种玻璃具有比中空玻璃更好的隔热保温性能。标准真空玻璃的传热系数可降至 1.4W/（m·K），是中空玻璃的 2 倍，但目前真空玻璃的价格是中空玻璃的 3 ~ 4 倍。

3. 节能窗户的层数

节能窗可以是单层窗也可以是双层窗，在高纬度严寒地区甚至可能采用三层窗。

4. 提高门窗的气密性

从建筑节能的角度讲，在满足室内换气的条件下，通过窗户缝隙的空气渗透量过大，就会导致热耗增加，因此必须做好窗扇与窗扇、窗扇与窗框之间，窗框与窗洞之间的接缝处理。另外，在窗框与窗洞之间的密封性应重视，两者接缝处除采用水泥砂浆填塞，还应在连接部位填充保温性能良好的发泡材料，表面使用密封膏，以保证结合部位的严密无缝。

窗户的气密性与开启方式、产品质量和安装质量相关，窗型选择尽量考虑“固定窗→平开窗→推拉窗”的顺序。平开窗的通风面积大，由于工艺要求，型材设计接缝严密，气密性能远优于推拉窗。其次应选用合格的型材和优质配件，减小开启缝的宽度达到减少空气渗透的目的。

为提高外门窗气密水平，全周边应采用高性能密封技术，以降低空气渗透热损失，提高气密、水密、隔声、保温和隔热等性能，要重点考虑密封材料、密封结构及室内换气构造。密封条和密封毛条应考虑耐老化性。如以往的普通铝合金门窗选用的是一般的 PVC 密封条，一到两年就会脱落，铝合金节能门窗选用三元乙丙橡胶或热塑性三元乙丙橡胶密封条，以此保证它的密封性能和使用寿命。

（二）常见节能门窗的类型

1. 铝塑共挤门窗

铝塑共挤门窗具有良好的保温隔热节能性能，传热系数仅为钢材的 1/357，铝材的 1/1250，门窗的隔热、保温效果显著，对具有暖气、空调设备的现代建筑物更加适用。

使用铝塑共挤门窗的房间比使用木门窗的房间冬季室内温度可提高 4℃ ~ 5℃；铝塑共挤门窗将美观性与实用性融为一体，颜色多样、价位合理，开启功能多样，节能保温性能好，使用寿命长、门窗性能远非其他门窗可比，具有良好的性价比，适合现代家庭装饰和不同消费群体，值得大力推广应用。

2. 断桥隔热铝合金节能门窗

是在铝型材中间穿入隔热条，将铝型材室内外两面隔开形成断桥，所以又称其为“断桥隔热铝合金”门窗。其型材表面的内外两侧可做成不同颜色，装饰色彩丰富，适用范围广泛。

3. 铝木（或木铝）复合节能门窗

是在保留纯实木门窗特性和功能的前提下，将经过精心设计的隔热（断桥）铝合金型材和实木通过特殊工艺、机械方法复合而成的框体。两种材料通过高分子尼龙件连接，充分照顾了木材和金属收缩系数不同的属性。

铝木复合节能门窗强度高、色彩丰富、装饰效果好、耐候性好。适合于各种天气条件和不同的建筑风格，使建筑物外立面风格与室内装饰风格得到了完美的统一。

四、楼地面节能技术

楼地面的热工性能不仅对室内气温有很大的影响，而且与人体的健康密切相关。人们在室内的大部分时间脚部都与地面接触，地面温度过低不但使人脚部感到寒冷不适，而且容易患上风湿、关节炎等疾病。良好的建筑楼地面构造设计，不但可以提高室内热舒适度，而且有利于建筑的保温节能，同时也可提高楼层间的隔声效果。楼地面按位置不同可以分为层间楼板和底层地面。

（一）层间楼板节能设计

层间楼板节能设计，可以采用保温层直接设置在楼板表面上或者楼板底面。保温层宜采用硬质挤塑聚苯板、泡沫玻璃等板材，或强度符合要求的保温砂浆；也可以采取铺设木龙骨（空铺）或无木龙骨的实铺木地板来达到保温效果。

（二）底层地面节能设计

底层地面的构造层包括面层、垫层和地基。当其基本构造不能满足节能要求时，可增设结合层、保温层等其他构造层。保温地面主要增设保温填充层，厚度应根据选用的填充材料经热工计算后确定。

1. 一般保温地面的类型

（1）不采暖地下室上部地面。应在地下室上部设计吊顶铺岩棉保温板，可满足节能要求，而且防水性能也较好。

（2）接触室外自然的地面。应做松散的保温板材、板状或整体保温材料，如焦砟（烟煤或煤球等燃烧后凝结的块状物）、硬质聚氨酯泡沫板及憎水珍珠岩板、聚苯板等微孔复合砌块等。位置包括：① 接触室外空气的地面，如外挑部分、过街楼、底层架空的楼面；② 直接接触土壤的周边地面，从外墙内侧算起 2.0m 范围内的地面。

2. 低温辐射地板采暖系统

低温辐射地板采暖系统近几年在很多建筑中开始应用，这种采暖方式具有舒适、节能、环保等优点，有利于提高室内舒适度以及改善楼板保温隔热性能。低温辐射地板采暖系统室内地表温度均匀，室温由下而上随着高度的增加温度逐步下降，这种温度曲线正好符合人的生理需求，给人以脚暖头凉的舒适感受。

第二节　可再生能源利用技术

我国太阳能、浅层地能和生物能等资源十分丰富，在建筑用能中应用前景广泛。目前，虽然我国太阳能光热利用、浅层地能热泵技术及产品发展比较迅速，但与建筑结合的程度、应用范围和系统优化设计水平不高，需要大力扶持、引导，使其尽快达到规模化应用。本节主要介绍太阳能建筑及利用技术、空调冷热源技术和地源热泵技术。

一、太阳能建筑及技术

太阳能建筑是指用太阳能代替部分常规能源为建筑物提供采暖、热水、空调、照明、通风、动力等一系列功能，以满足或部分满足人们生活和生产需要的建筑。

太阳能建筑的发展大致可分为三个阶段：

第一阶段：被动式太阳能建筑。它是一种不采用太阳能集热设备和任何其他机械动力，完全通过建筑朝向、周围环境的合理布置、内部空间和外部形体的巧妙处理、建筑材料和结构的恰当选择、集取蓄存分配太阳能的建筑。

第二阶段：主动式太阳能建筑。它是一种以太阳能集热器、管道、风机、水泵、散热器及贮热装置等组成的太阳能采暖系统或与吸收式制冷机组组成的太阳能采暖和空调的建筑。工作介质由风机或水泵输送。

第三阶段：零能耗房屋。利用太阳能电池等光电转换设备提供建筑所需的全部能源，完全用太阳能满足建筑采暖、空调、照明、用电等一系列功能要求的建筑。近年来，发达国家已有相当发展水平的零能耗房屋，真正做到清洁、无污染。零能耗房屋是 21 世纪太阳能建筑的发展趋势。

（一）被动式太阳能建筑及技术

1. 被动式太阳能建筑设计的基本原则

（1）合理的选址。被动式太阳能利用不只限于太阳能充足的地区。虽然不同地区太阳能年辐射总量不同，对太阳能利用的要求也不同，但只要建筑设计和太阳能保证率选取合理，大多地区都能起到明显的节能环保作用和经济效果。在太阳能年辐射总量一定的条件下，建筑的选址也对太阳能利用产生很大影响。建筑选址应遵循争取冬季最大日照原则；结合当地气候条件，合理布局建筑群，在建筑周边形成良好的风环境；并通过改造建筑周边自然环境如植被和水体以改善建筑周边微气候。

（2）合理的朝向。建筑朝向选择的原则是冬季尽量增加得热量，夏季尽量减少得热量，因此一般选取正南 ±15° 以内。

（3）通过遮阳调节太阳得热量。冬季尽量多获取阳光和夏季减少阳光的照射是个矛盾的问题，因此，可设计合理的遮阳设施加以解决。

（4）在适当位置设置蓄热体。蓄热体的作用是减小室内温度波动，提高环境舒适性。例如，冬季可在中午阳光强烈时吸收并储存部分热量，使室内温度不至于过高，到夜间将热量缓慢释放回房间，维持房间温度稳定。蓄热体可分为原有蓄热体和附加蓄热体两类。原有蓄热体指墙、地板、家具等建筑原有组成部分；附加蓄热体可以是附加的结构墙，也可以是放置于特殊结构内的卵石、水等非建筑材料。

（5）墙体、屋面、地板和门窗的保温。保温材料在冬季可以减少热量的损失，夏季又可以减少热量的吸收。在被动式太阳能建筑中，是减少室内负荷、提高太阳能保证率的重要措施。保温材料应采取防潮隔潮措施以保持保温性能。

（6）封闭空间应有一定的空气流通。提高房间的密封性来减少空气渗透，是重要的节能手段，但同时也会造成室内空气质量的下降。从空气调节的角度讲，按建筑用途应保持一定的新风量，在被动式太阳能建筑的设计阶段不可忽视此部分的设计工作。

（7）提供高效、适当规模、适应环境的辅助加热系统。太阳能的特点之一是不稳定性。因此，一般不宜选用 100% 的太阳能保证率，否则不但造成投资的巨大浪费，也会造成经常性的能源过剩导致的浪费。通常的做法是按一定的太阳能保证率进行太阳能利用系统的设计，然后加以辅助加热装置，可以寻求到投资和资源利用的平衡点。而辅助加热系统可以有多种选择，可根据工程实际情况和当地能源状况综合选定。

2. 被动式太阳能建筑基本集热方式

被动式太阳能建筑集热方式很多。目前主要有两类分类方式：按传热过程分类和集热方式分类。按传热过程可分为直接受益式和间接受益式。直接受益式是指阳光透过窗户直接射入房间转化为室内得热；间接受益式是指阳光不直接进入房间，而是先照射到集热部件上，再通过空气循环将热量带入室内。

按集热方式分类，被动式太阳建筑可被分为五类：直接受益式、集热蓄热式、附加阳光间式、屋顶蓄热池式和对流环路式。

（1）直接受益式。

如图 2–4 所示，阳光射入室内后，首先使地面和墙体温度升高，进而以对流和热辐射作用加热室内空气和其他围护结构，另外一部分热量被储存在地面和墙体中，待夜间缓慢释放出来维持室内空气温度。此种方式利用南立面的单层或多层玻璃作为直接受益窗，利用建筑围护结构进行蓄热。该方法系统结构简单，与建筑窗结构和功能结合紧密，易于设计和施工，不会对建筑外观造成不良影响。但室温随光照条件波动性较大，且白天室内光线较强，室内舒适性稍差。该结构在设计过程中，受到限制条件较大，且需要解决夜间室内保温及夏季减小室内得热的问题，较适合于冬季晴天较多的地区。

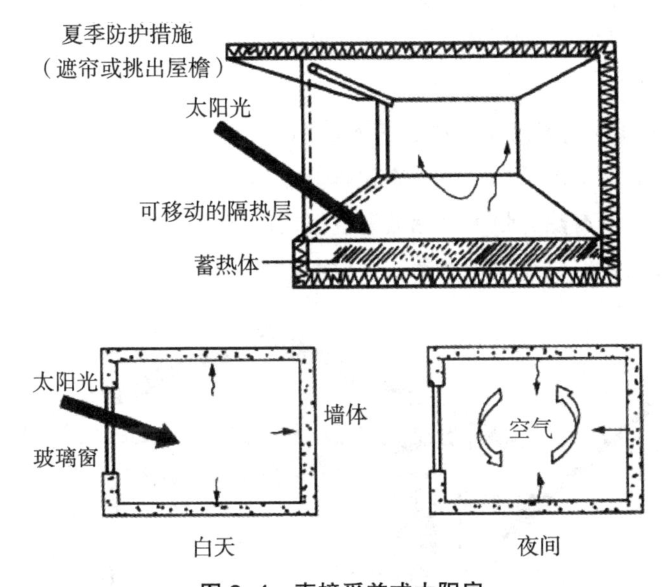

图 2–4　直接受益式太阳房

采用该方式需要注意以下几方面的问题：首先，建筑朝向在正南 ±30° 以内，以利于冬季集热；其次，需要充分考虑所处地区的气候条件，根据建筑热工条件选择适宜的窗口面积、玻璃层数、玻璃种类、窗框材料和结构参数；再次，为减小夜间通过窗结构引起的对流和辐射损失，需要采用保温帘等做好夜间保温措施；最后，为避免引起夏季室内过热或增加制冷负荷，该方式宜与遮阳板配合使用。

（2）集热蓄热墙式。

1956 年，法国学者中文名（Trombe）等提出 Trombe 墙的概念，Trombe 墙由玻璃盖板和集热墙两部分组成，集热墙的表面涂有吸收涂层以增强吸热能力，集热墙的上方和下方以及玻璃墙的顶端设有可开启的通风孔（图 2-5）。如图 2-6 所示，冬季时集热墙上下通风孔打开，玻璃盖板顶端通风孔关闭，空气只能在 Trombe 墙与室内循环流动。集热墙吸收太阳辐射后温度上升，加热玻璃盖板与集热墙之间的空气，被加热后的空气密度降低，经集热墙顶部的通风孔流入室内，同时室内被冷却的空气由底部通风孔流入 Trombe 墙。空气通过自然对流的作用将集热墙吸收的热量源源不断地送入室内房间。夜间将所有通风孔关闭，减小热量向室外散发。夏季时集热墙上方通风孔闭合，集热墙下方与玻璃盖板顶端通风孔打开，玻璃墙与蓄热墙之间的空气被加热后由玻璃盖板顶端通风孔流向室外，房间因此形成负压，并在此作用下不断吸入房间北侧温度较低的空气，起到自然通风的作用。与直接受益式相比，该集热方式显然属于间接受益式，集热蓄热墙式加热方式使室温波动幅度较小，冬夏均可发挥作用。

集热蓄热墙易与建筑结构相结合，不占用室内可用面积。与直接受益窗结合，可充分利用南墙集热。

集热墙墙体可选用混凝土、砖、石料等材料，起到蓄热作用，减小室内温差波动幅度，提高室内环境舒适性。近年来化学能储热和相变材料蓄热的应用日益得到重视。相变蓄热材料具有热容量大、相变温度恒定的优点，可减轻蓄热墙体的重量，减小室内温度的波动，但存在造价偏高、性质不稳定的缺陷。

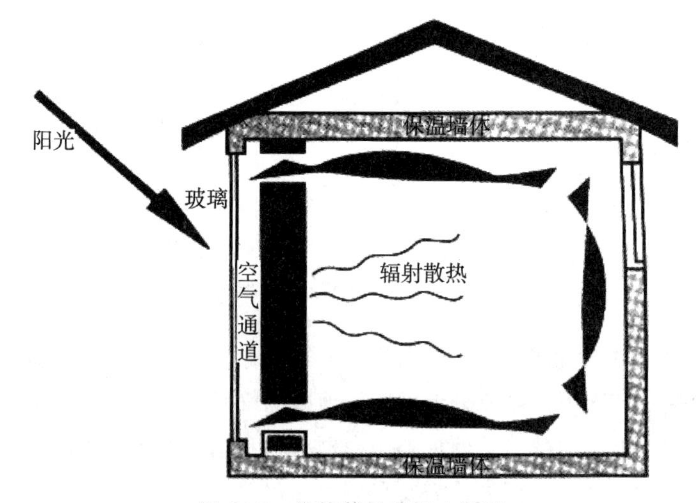

图 2-5　集热蓄热墙式太阳房

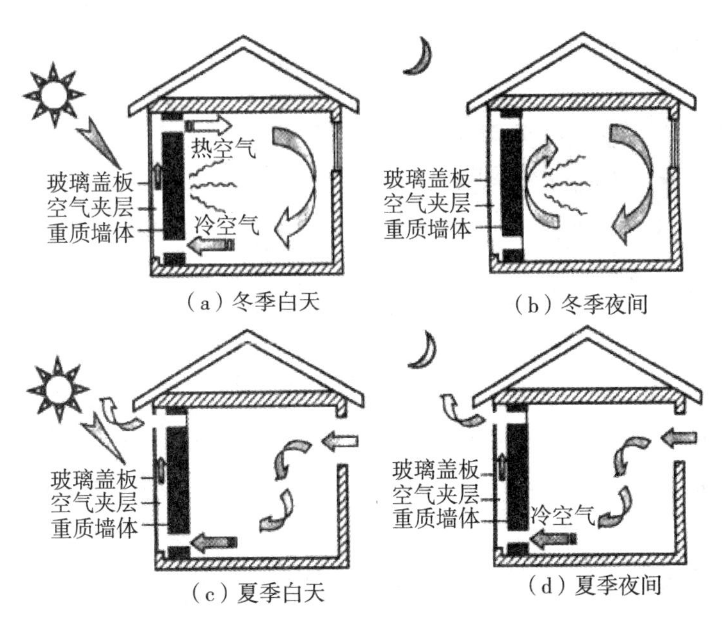

图 2-6　集热蓄热墙式太阳房在冬夏季的白天与夜间的工作情况

集热蓄热墙在设计时，需要注意以下几方面的问题：第一，需要综合考虑建筑性质和结构特点，选择合适的立面组合形式；第二，根据性能、成本、使用环境的条件，选择适宜的玻璃墙材料和层数，以及选择性吸收涂层的材料；第三，综合功能性和经济性分析，选择合理的蓄热墙材料和厚度；第四，选择适宜的空气间层厚度与通风孔位置及开口面积，确保空气流通顺畅；第五，合理确定隔热墙体的厚度，避免夏季增加过多的空调负荷，或冬季保温性能差的问题；第六，集热蓄热墙应该便于操作，方便安装和维修。

（3）附加阳光间式。

如图 2-7 所示，用墙或窗将室内空间隔开，向阳侧与玻璃幕墙组成附加阳光间，其结构类似于被横向拉伸的集热蓄热墙。附加阳光间可以结合南廊、入口门厅、封装阳台等设置，增加了美观性与实用性。由于可用面积较大，可用于栽培花卉或植物，因此也被称为“附加温室式太阳房”。该种结构具有集热面积大、升温快的特点，在阳光充足时甚至可能出现过热的现象，因此要合理设置与室内连接的门或窗结构并适时开启，使得热及时流向室内。而在夜间，由于玻璃幕墙面积较大，辐射散热较多，因此要及时阻断与室内的空气流通。夏季为避免温室效应，需要进行遮阳或打开幕墙做好通风。若阳光间栽种了植物，则晚间由于湿度较大可能出现结露现象，因此也需要适时进行通风。

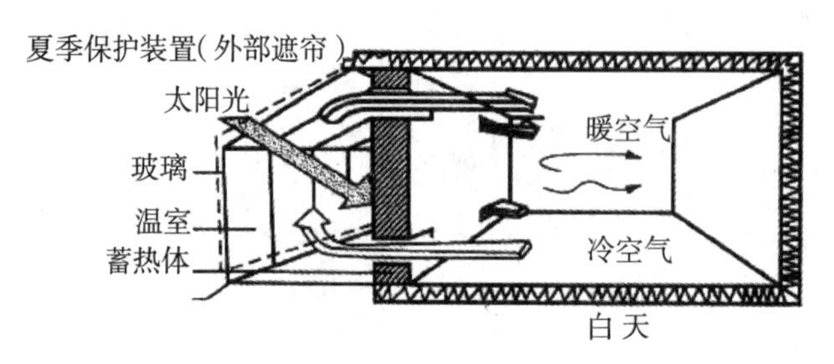

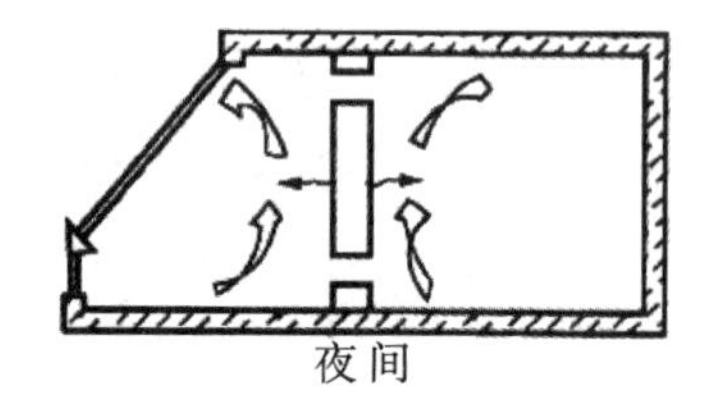

图 2-7　附加阳光间式太阳房

在多层建筑中，还可以利用附加阳光间与置于屋顶和地面的风管结合向非阳光间供暖。南向阳光间空气受热后上升进入置于屋顶的风管，流入北侧或其他非阳光间，加热室内的空气。非阳光间的空气在热压作用下经地面风管流向阳光间被加热。空气如此循环流动便可使其他非朝阳房间得到供热，其机理类似于 Trombe 集热蓄热墙。

附加阳光间在设计时，需要注意以下几方面的问题。首先，合理确定玻璃幕墙的面积和层数，以充分利用太阳能资源，夜间需做好保温工作；其次，夏季应该采取有效的遮阳与通风措施，减少室内空调负荷；最后，合理组织附加阳光间与室内空气循环流动，防止在阳光间顶部出现“死角”。

（4）屋顶蓄热池式。

如图 2-8 所示，在屋顶安设吸热蓄热材料作为蓄热池，冬季时白天蓄热材料吸收太阳辐射并蓄热，通过屋顶结构以类似辐射采暖的方式将热量传向室内，夜间需要盖上保温盖板，减少蓄热体向周围环境的辐射和对流换热，靠蓄热向室内供热。夏季时，夜晚使蓄热池暴露于空气中，将热量散发于环境中，白天盖上保温盖板，屋顶结构就可以以辐射供冷的方式降低室内温度。此种结构冬夏都可起到调节室内温度的作用，适用于冬季不太冷、夏季较为炎热的低纬度地区。蓄热材料可用贮水塑料或相变材料，因要放置于屋顶，此方法适用建筑类型有限，同时需要频繁操作屋顶的保温盖板，因此，实际应用较少。

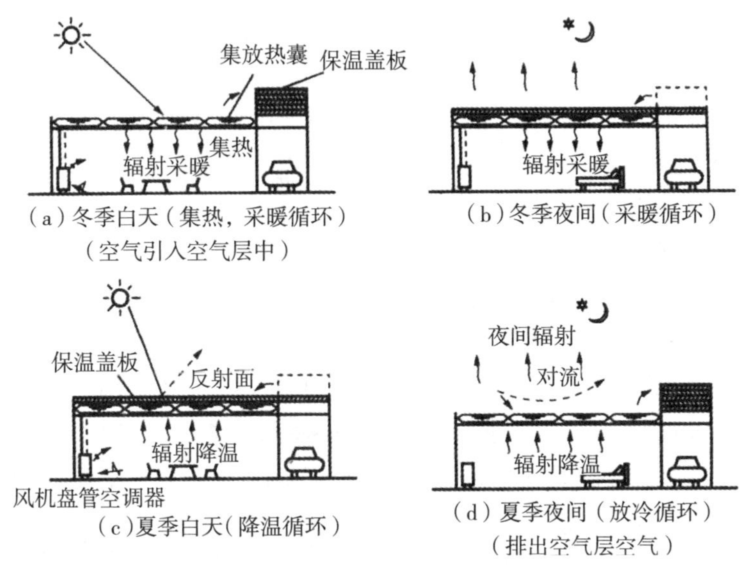

图 2-8　屋顶蓄热池式太阳房

(5)对流环路式。

如图 2-9 所示，集热器通过风道与室内房间及蓄热床相通，被加热的空气可直接送入室内房间或通过蓄热床储存，以便需要时再进行放热。由于结构特性，空气集热器安装高度低于蓄热结构，而蓄热床一般布置在房间地面下方，因此，集热器一般安装于南墙下方，比较适合存在一定斜度的南向坡地上的建筑使用。此种结构蓄热体位置合理，应用效果较好，但系统结构复杂，成本较高。

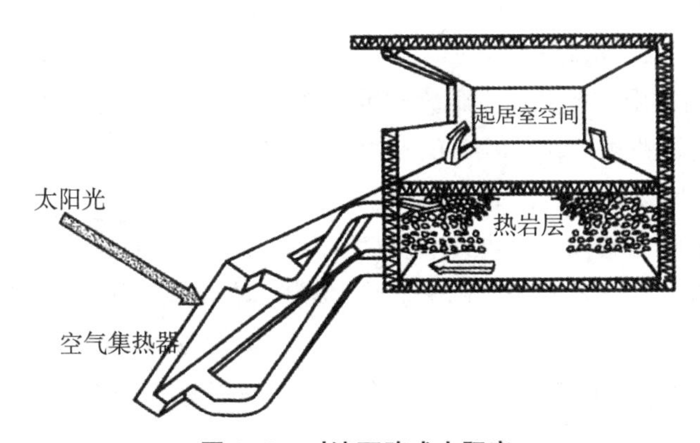

图 2-9　对流环路式太阳房

以上五种被动式太阳能建筑集热方式各有其优缺点及适用条件，需要在设计过程中综合考虑气候、地理位置、光照条件、建筑结构等进行选择，也可选用两种或更多集热方式组成混合系统，更加充分地利用太阳能资源。此外，主被动相结合的太阳能建筑也得到越来越多的发展和应用。

3. 被动式太阳能建筑集热方式的选择

在建筑设计阶段，设计者需要综合多方面因素选择适宜的太阳能利用方式，其主要影响因素有如下几点。

（1）房间的用途。房间的用途直接影响太阳能利用的时间参数。对于白天使用的房间，例如办公室、教室等场所，应优先选择直接受益窗或附加阳光间式，使太阳能可以直接得到有效利用。为减小辐照变化对室内湿度波动的影响，宜配合蓄热墙一同使用。对于卧室一类夜间使用的房间，可选用集热蓄热墙式、对流环路式结构，白天以集热蓄热为主，可以不使热空气向室内流通以减少不必要的浪费，夜间再使蓄热体与房间之间的空气流通，通过空气将热量转移至所需要的房间。

（2）气象因素。气象因素与纬度、海拔高度、太阳年辐照量等因素有关。一般来讲，低纬度地区太阳高度角常年较高，天气晴好时光照条件较好，室外年平均气温较高，对保温有利，但这类地区对采暖要求一般较低。高纬度地区冬季太阳能高度角较低，相应太阳辐照量也较低，环境气温也较低，对保温和防冻有严格的要求。另外，沿海地区湿度较大，阴雨天气较多，也会对太阳能利用造成不利影响。因此在建筑设计过程中，要充分考虑不同集热器的适用条件并加以选择。例如，在北方可使用双层窗或双层玻璃集热器，以提高集热器工作温度，保证集热性能。对于采暖期阴雨天较少的地区，可优先采取直接受益窗、附加阳光间的结构，对于阴雨天气稍多的地区，可以选用热损失相对较小的集热蓄热墙的方式。

（3）经济因素。经济性指标是工程应用中的重要指标。被动式太阳能建筑的目标之一就是通过太阳能的利用降低常规能源的消耗，节约长期运行情况下的能耗开支，但会增加建筑的初投资。集热方式要综合考虑经济能力、初投资与长期回报的关系，以及未来技术发展趋势，做出合理选择。

（4）其他影响因素。被动式太阳能建筑的设计还受许多其他因素的影响，例如，法规政策方面的影响。某些地区政府对太阳能利用有特殊的补助或鼓励政策，可能有助于降低太阳能利用成本。指导性的规范或政策将对设计提供指导，降低设计的难度。直接受益式建筑的开窗面积通常需要考虑建筑抗震方面的设计要求，往往不可过大。

4. 被动式降温设计

和被动式采暖一样，太阳能建筑的夏季冷负荷也可通过被动式降温设计加以解决。通过精良的建筑设计、良好的建筑施工以及合适的材料选择，可以使所有地区的建筑实现通风降温，大幅度减小夏季的空调冷负荷，起到明显的节能效果。

被动式降温方法主要有以下几种方式：减少内部热量的产生、抑制外部热量的进入和释放建筑内部积蓄的热量。

（1）减少内部热量的产生。

减少白炽灯的使用，尽量利用自然采光等方法可以减少照明引起的室内热负荷，在建筑节能领域是通常的做法。使用高效的设备，可能的话使设备在早上或晚上使用而避开中午使用，将在室内使用的设备移至室外等方法也是控制室内热负荷的有效手段。

（2）控制外部热量的进入。

在制冷季节，房间的热量主要来自室外，故在被动式降温设计中控制外部热量的进入是非常有效的。

① 避免使用两层通窗和天窗。窗地比过大会导致过多热量进入室内，两层通窗和天窗的作用尤为突出。夏季应尽可能地采用遮挡的方法减少室内的直射辐射的热，百叶窗、遮阳板、挑檐等都是实用的选择。通过植物进行自然遮阳也是很好的选择，并且植物的蒸腾作用还可以降低建筑周围的空气温度，也有助于减少向室内的传热。通过植物遮阳，落叶树是最好的选择，夏季它们枝繁叶茂能使屋面和南墙处于荫凉中，冬季则叶落枝零，太阳辐射可以照进室内提供热量。

② 墙面和屋面颜色。浅色墙面能反射阳光，从而降低得热量。屋面结构产生的影响较屋面颜色的影响大得多，保温良好的屋面对减少室内夏季热负荷作用明显。在夏季炎热地区，在屋面安装抗辐射材料能有效阻挡从屋面渗入室内的热量。

③ 选用 Low-E 玻璃。Low-E 玻璃具有对可见光的高透过性和对红外辐射的高反射性，能有效降低玻璃的总传热系数，减少通过玻璃的热传导。

④ 减少空气渗透。从外围护结构缝隙进入室内的热量在外部得热量中占很大比例，而控制空气渗透的成本低且能通过每年节省的费用得到补偿。低空气渗透率同样也对冬季保温有积极作用。

（3）排除建筑蓄热。

① 自然通风。

自然通风的原理是利用建筑内部空气温度差所形成的热压和室外风力在建筑外表面所形成的风压，在建筑内部产生空气流动，进行通风换气。建筑中自然通风方式主要有三种：一是穿越式通风，即我们常说的“穿堂风”。它是利用风压进行通风的，如图 2-10（a）所示。室外空气从建筑一侧的开口（如门窗）流入，从另一侧的开口流出。穿越式通风方式一般应用于建筑进深较小的部位，否则建筑内空气流动阻力过大，会造成通风不畅。二是烟囱式通风，即我们常说的“垂直拔风”。如图 2-10（b）所示，烟囱式通风主要利用热压进行通风，可以有效解决建筑进深较大、无穿堂风时的通风问题。三是单侧局部通风。如图 2-10（c）所示，空气的流动是由于房间内的热压效应、微小的风压差和湍流。单侧局部通风一般应用于房间通风。

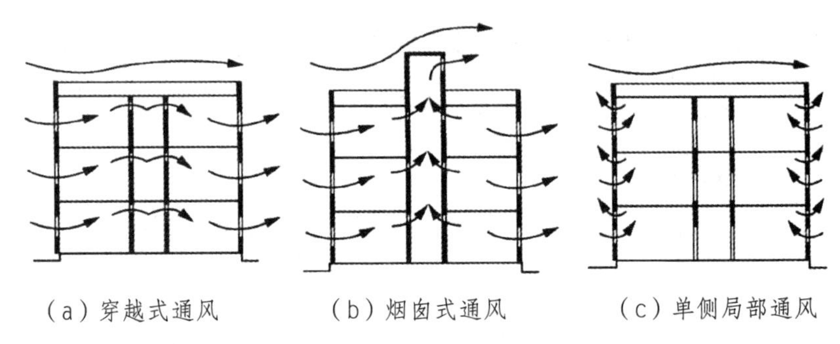

图 2-10 建筑中自然通风方式

自然通风是使用非常广泛的一种通风方式，可以有效带走室内的部分热量，而无须任何化石能源的消耗和能源费用的支出，故在建筑设计阶段应尽可能地采用。

② 太阳能烟囱（风塔）。

太阳能烟囱既可由重质材料，如混凝土或土坯建造而成（重质材料制成的太阳能烟囱通常被称为“风塔”），也可由轻薄的金属板材制成，烟囱上部凸出屋面一定高度。如图 2-11 所示，在室外有风的情况下，太阳能烟囱（风塔）能捕捉高于地面 l0m 以上的风，这些风比流经地面的风更凉爽，并将这些更凉爽的风送入室内，以改善室内环境。如图 2-12 所示，在中东地区，如埃及在风塔中设置装水的陶壶和活性炭格栅制成的蒸发降温设施，可实现对室内空气的降温加湿，改善室内环境。

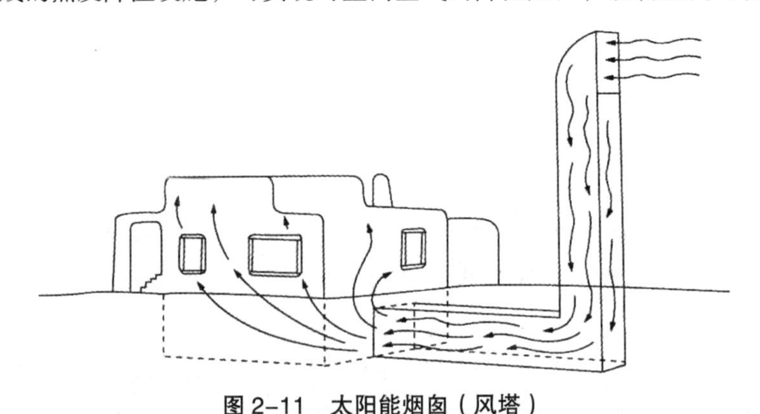

图 2-11 太阳能烟囱（风塔）

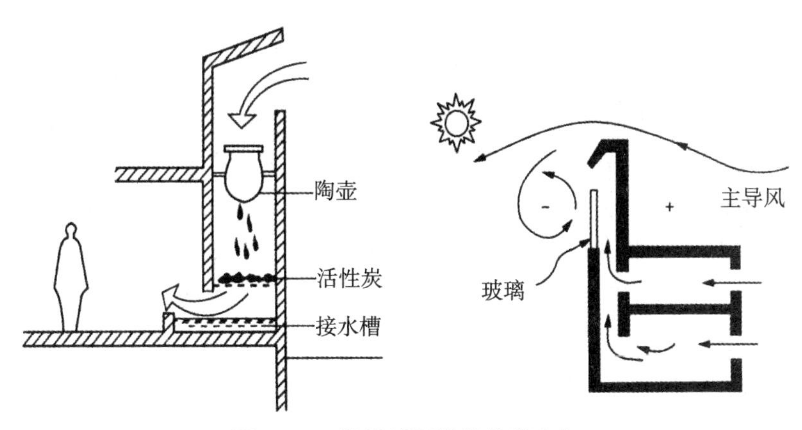

图 2-12　埃及捕风塔的蒸发冷却

在室外无风情况下，太阳能烟囱（风塔）利用合理的风帽设计和捕风口朝向在烟囱口形成负压，可将室内热气及时排出。如图 2-13 所示，太阳光晒热太阳能烟囱上部的结构，蓄存在烟囱上部的热量加热烟囱内的空气，空气受热上升，形成热虹吸；在热虹吸的作用下，热空气被抽到顶部排向室外，凉爽的空气从房屋冷侧的开口流进补充。到了夜晚，白天烟囱吸收并蓄存的热量继续促成这种排风，将室内热空气排向室外。为加强太阳能烟囱的热虹吸作用，太阳能烟囱上部面向太阳的部位是透明的，可让阳光透射到烟囱内，加热烟囱，但要避免透射入建筑内部的太阳光线过多，以免增加制冷负荷。此外，太阳能烟囱通常还设有可以开闭的风门，在无须通风，如冬季采暖季节时可以关闭。

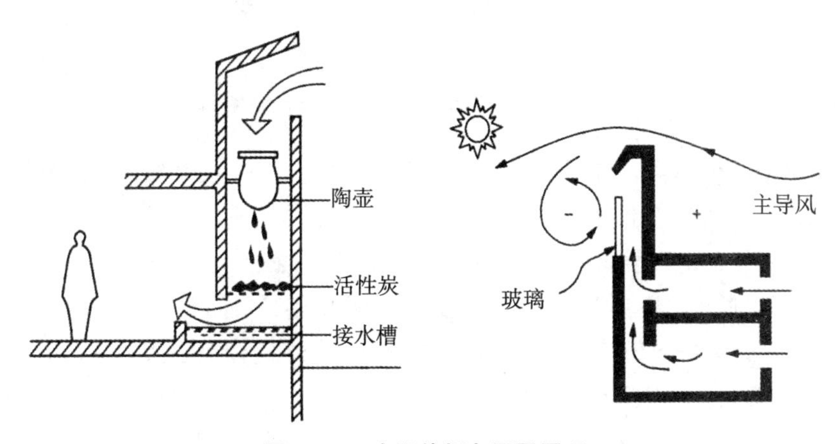

图 2-13　太阳能烟囱通风原理

③ 双层玻璃幕墙。

双层玻璃幕墙根据幕墙面层封闭形式可分为封闭式和开放式两种，封闭式幕墙面层具有阻止空气渗透和雨水渗漏的功能，而开放式幕墙面层与之相反。封闭式双层玻璃幕墙根据通风方式又可分为内循环和外循环体系，实质都是在双层玻璃之间形成温室效应，夏季将温室内的过热空气排出室外，冬季把太阳热能有控制地排入室内，使冬夏两季节约大量能源。在夏季为防紫外线和强热辐射需要设置遮阳设施。与其他传统幕墙体系相比，双层玻璃幕墙的最大特点在于其独特的结构，具有环境舒适、通风换气的功能，保温隔热和隔声效果非常明显。

内循环双层玻璃幕墙构造如图 2-14 所示，外层幕墙封闭，内层幕墙与室内有进、出风口连通，使得双层幕墙通道内的空气可与室内空气进行循环。外层幕墙采用断热型材，玻璃常用中空玻璃或 Low-E 中空玻璃，内层幕墙玻璃常用单片玻璃，空气腔宽度通常在 150 ~ 300mm。

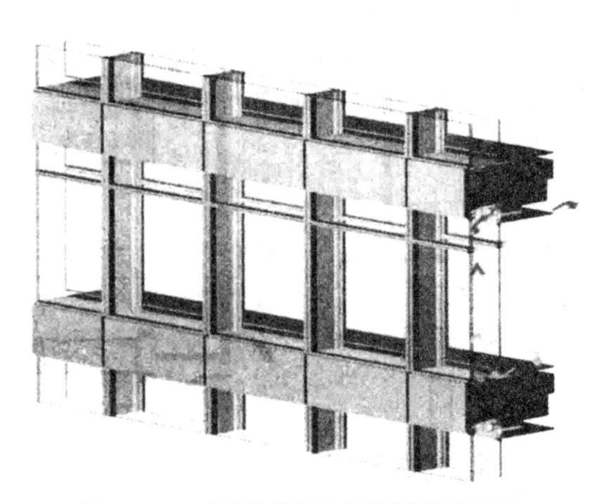

图 2-14　内循环双层玻璃幕墙示意图

外循环双层玻璃幕墙通常可分为整体式、廊道式、通道式和箱体式。整体式：空气从底部进入、顶部排出，空气在通道中没有分隔，气流方向为从底部到顶部。廊道式：每层设置通风道，层间水平有分隔，无垂直换气通道。通道式：空气从开启窗进入，从风道中排出，幕墙透气窗与通风道可交替使用，层间共用一个通风道。箱体式：每个箱体设置开启窗，水平及垂直均有分隔，每个箱体都能独立完成换气功能。

④ 地下新风预冷管道。

地下新风预冷管道被埋在地下，可被动利用，也可用风机将室外空气引入室内，空气流过地下经土壤自然冷却后送入室内，提供自然通风和被动式降温，如图 2-15 所示。地下预冷管有开放式和封闭式两种形式。开放式的空气引入室内后通过窗户排向室外；封闭式系统中，空气引入室内后，又由风机送入地下经冷却后重新送回室内。

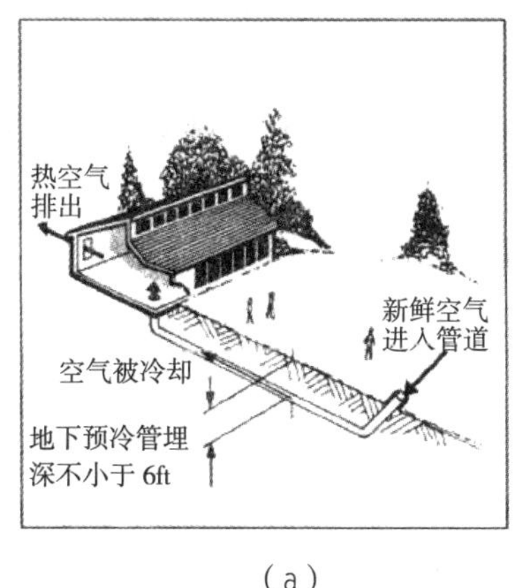

(a)

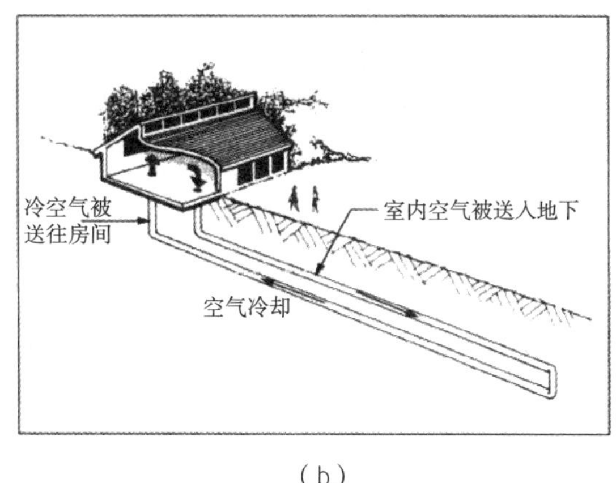

(b)

图 2-15 地下新风预冷管道

⑤ 阁楼和整体式风机。

设有通风设施的阁楼能降低顶棚进入室内的热量，从而降低室内的制冷负荷。阁楼的通风可采取被动式，也可以采取主动式。更为有效的是整体式风机，它造价低廉易于安装，适用于室外空气温度低于室内时，通常用于夜间降温。冬季则需要进行密闭和保温处理，以防止室内热量流失。

⑥ 蓄热体。

在某些情况下，蓄热体也有助于被动式降温，当室内气温高于蓄热体温度时蓄热体吸热，反之放热，这一性能有助于冬季采暖和夏季降温。在制冷季节，建筑内的蓄热体将来自内部和外部的热量吸收和储存起来，在夜间开窗，白天被蓄热体吸收的热量被室外进来的凉爽空气带走。在干热气候区，例如沙漠，内部蓄热体效果非常明显，因为这类地区中午气温非常高，而夜间气温会骤降。

5. 蓄热体设计

在被动式太阳能建筑中，蓄热体是非常重要的组成部分，所起的作用也非常明显。太阳能的特点之一是辐照量每天都在变化，每天的不同时刻也不同。蓄热体在稳定室内温度，提高建筑热舒适性方面起着不可替代的作用。

（1）蓄热体的作用与要求。

在被动式太阳能建筑中，蓄热体的作用是吸收太阳辐射的热并将部分热量储存起来，白天起到减小室温随太阳辐照波动，稳定室温的作用，夜间可起到释放白天吸收的热量向室内供热，起到延迟放热的作用。蓄热体应具备以下条件：单位质量或体积蓄热量大、有较高的换热系数、材料及容器成本低、对容器无腐蚀、易于获取和加工、持久耐用。

（2）蓄热材料的分类。

蓄热材料按材料在吸热释热前后是否发生相变可分为显热蓄热材料和相变蓄热材料两类。

显热蓄热是指通过物质温度的上升或下降来吸收或释放热量，在此过程中物质的形态没有发生变化。建筑设计中常用的显热蓄热材料有水、混凝土、砂、砖、卵石等。其中，以水为蓄热材料在太阳能利用领域中最为常见。水的比热容较大，且无毒无腐蚀，价格最为低廉，与生活联系紧密，但需要容器和管路，以及考虑容器和管路的布置。混凝土、砂、砖、卵石等材料的比热容比水小很多，但这些材料通常可作为建筑构件承载建筑结构上的功能，且不需要容器，方便进行建筑整合设计。

相变蓄热材料是指通过物质的相态变化来吸收或释放热量的材料。在太阳能利用领域，一般用固—液相变或固—固相变储存热量。相变蓄热材料的优点主要有以下两个方面：首先，大多数相变蓄热材料相变温度比较稳定或波动范围较小，可使流通介质温度在较小范围内波动，提高环境舒适度；其次，物质发生相变时相变潜热较大，因此只需要较少的相变蓄热材料即可储存大量的热，有利于减轻蓄热材料引起的重量负荷。其缺点在于，多数材料具有一定的腐蚀性，对容器的耐腐要求较高；相变材料通常价格较高，使系统成本增加。

（3）相变蓄热材料的种类。

无机相变材料，主要有结晶水合盐、熔融盐、金属或合金。结晶水合盐是中、低温相变蓄热材料中常用的材料，它的特点是体积蓄热密度大、相变潜热大、熔点稳定、价格便宜、热导率通常大于有机相变材料。常见材料有 K_2CO_3–Na_2CO_3 熔盐、$CaC_{12}\cdot 6H_2O$、$Na_2HPO_4\cdot 12H_2O$ 等。无机相变材料在使用过程中可能会出现过冷、相分离等现象而影响正常使用，通常可通过加入少量成核添加剂加以解决。

有机相变材料，主要有石蜡、脂肪酸、某些高级脂肪烃、醇、羧酸、某些聚合物等有机物。这些相变材料发生相变时体积变化小，过冷度轻，无腐蚀，热效率高，近年来得到了广泛的研究。

复合相变蓄热材料是指相变材料和高熔点支撑材料组成的混合蓄热材料。与普通单一成分的蓄热材料相比，它不需要封装容器，减少了封装的成本和难度，减小了容器的传热热阻，有利于相变材料与传热流体之间的换热。因此，研制复合相变蓄热材料是近年来材料科学的热门课题。但复合相变蓄热材料在使用过程中存在相变潜热下降、在长期使用过程中容易变性等缺点，制约了目前的应用。

（4）相变蓄热材料的选用原则。

相变材料以其优异的储热密度和恒温性能，得到人们越来越多的关注。理想的相变蓄热材料应具备以下性质：

① 热力学性能。有适当的相变湿度；具有较大的相变潜热；具有较大的导热和换热系数；相变过程中体积变化小。

② 动力学性能。凝固过程中过冷度没有或很小，或很容易通过添加成核添加剂得以解决；有良好的相平衡特性，不会产生相分离。

③ 化学性能。化学性质稳定，以保证蓄热材料较长的使用寿命；对容器无腐蚀作用；无毒、不易燃易爆、对环境无污染。

④ 经济性能。制取方便，来源广泛，价格便宜。

在被动式太阳能建筑中，寻找能满足上述所有条件的材质存在一定困难。因此，在相变蓄热材料的选择上首先考虑具有适宜相变温度和较大相变潜热的材料。

相变材料与建筑材料的结合工艺主要有：a. 将相变蓄热材料用容器封装后置于建筑材料中；b. 将相变蓄热材料渗入多孔介质建筑材料中使用（例如水泥混凝土试块等）；c. 将相变材料混入建筑材料中使用；d. 将有机相变蓄热材料乳化后添加到建筑材料中。

（5）蓄热体设计要点。

① 墙、地面等蓄热体应采用比热容较大的物质，如石、混凝土等，或采用相变蓄热材料或水墙。蓄热体表面不应铺设地毯、壁毯等附着物，以免蓄热结构失效。

② 直接接受太阳能辐射的墙或地面应采用蓄热体。蓄热体位置如图 2-16 所示。蓄热体地面宜采用黑色表面，以利于增大对可见光的吸收率。

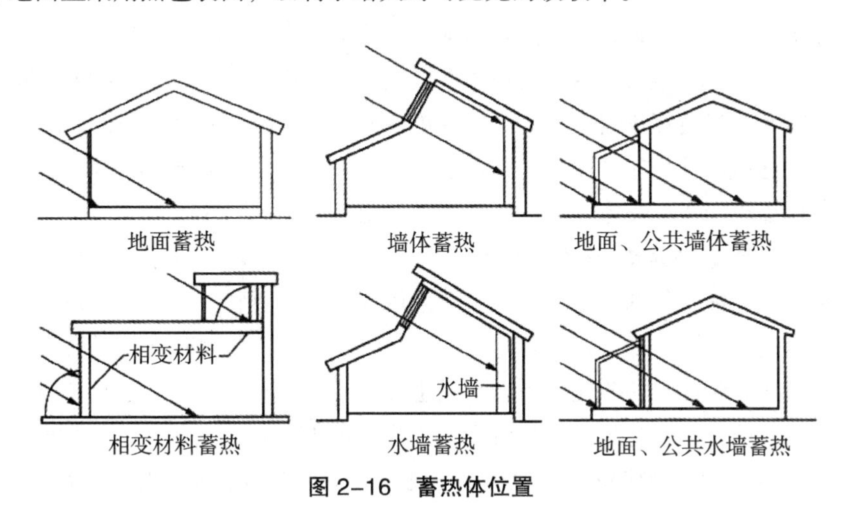

图 2-16 蓄热体位置

③ 利用砖石材料作为蓄热材料的墙体或地面，其厚度宜在 100 ~ 200mm。以水墙为蓄热体时，应尽量增大其换热面积。

④ 对于不同的被动式太阳能建筑，需要采取不同的保温方式用于夜间保温，减少蓄热体的对流和辐射损失。

6. 被动式太阳能建筑的热工设计

根据应用条件和精度要求的不同，被动式太阳能建筑的热工设计方法可分为精确法和概算法两种。

精确法是基于房间热平衡建立起来的动态被动式太阳能建筑传热数学模型，对其进行逐时模拟计算以分析热工性能的方法。动态数学模型可以根据具体建筑的结构和部件参数进行耦合分析，找出影响建筑热工性能的主要和次要因素，预测其长期节能效应，并在此基础上对结构进行优化设计，帮助设计者确定最适合的设计参数及良好的整体性能。精确法适用于任何类型的结构，尤其对于结构复杂或参考条件不全导致无法应用概算法进行计算的建筑，可通过精确法进行分析。但精确法需要对每个建筑或结构分别建立数学模型，建模和计算工作量大。精确法适合利用计算机进行编程求解，或利用已有的商业模拟软件进行分析，以减少设计人员的工作量，提高设计工作效率。

概算法是根据已知条件，将常用结构及参数绘制成由不同参数控制的曲线图或表格，设计人员在使用时可直接通过图或表查出所需的数值的方法。例如，可以通过查表的方式查得建筑所在地区的太阳能辐照值、采暖期室外计算温度、保温结构参数，再结合选定的太阳能集热方式、集热器面积、蓄热体特性等参数，即可通过查图、表，然后进行简单计算得出所需要的集热器面积，或者在给定集热器面积条件下，得出该建筑的节能率，或采暖期所需要的辅助供热量。概算法的特点是简便易行，计算结果存在一定误差，但由于数据是根据大量经验和计算得出，因此，结果一般可满足工程设计需要。但概算法仅适用于结构简单或相关部件数据充足的条件。对于建筑结构复杂，或选用部件为非常用部件，参数不方便查到的情况下则无法应用。常用的概算法是负荷集热比法，具体过程可参考《太阳能建筑设计》等文献。

（二）太阳能与建筑一体化技术

主动式太阳能建筑和零能耗房屋主要采用太阳能利用装置，并采取一定的技术措施来为建筑提供能源。通过与建筑同步设计、同步施工，使太阳能利用系统完美地融入建筑，做到美观性和功能性统一，实现建筑节能。

太阳能与建筑一体化结合，具有很多优势和重要意义。首先，把太阳能的利用纳入环境的总体设计，把建筑、技术和美学融为一体，太阳能设施成为建筑的一部分，相互间有机结合，取代了传统太阳能的结构所造成的对建筑外观形象的影响；其次，太阳能设施安装在建筑屋顶、阳台、南立面墙上，不需要额外占地，节省了大量的土地资源；再次，太阳能与建筑一体化结合，就地安装，就地发电上网和供应热水，节省了系统成本；最后，太阳能产品噪声小，没有污染物排放，不消耗常规能源，是清洁的绿色能源。

1.光热建筑一体化技术

（1）太阳能集热器的安全性要求。

① 充分考虑建筑结构特点，确保所选安装位置有足够的荷载承受能力，预埋件有合理的结构和足够的强度。集热器在使用过程中，若发生脱落甚至高空跌落事件，可能造成非常严重的灾难性后果。因此，在建筑设计阶段应合理安排预埋件的位置，确保安装稳定牢固，同时尽量减小风荷载、雪荷载对集热器产生的不良影响。预埋件本身应选用优质材料，保证足够的强度和使用寿命，同时做好防水和防腐处理。

② 太阳能集热器有避雷保护。太阳能集热器中使用了大量的金属材料，且位于室外使用，若没有防雷保护措施，则雷电可能会沿管路进入室内，威胁用户的人身安全。因此，集热器及与其连接的金属管路也应接入建筑防雷系统中。

③ 集热器与屋面结合时，需要结合排水进行设计，以保证屋面正常排水，避免积水对集热器和屋面造成不良影响。

④ 集热器周围应尽量留出一定的维修空间，方便进行养护和维修。

（2）太阳能与建筑的具体结合方式。

① 太阳能集热器与平屋顶结合。在平屋顶上安装太阳能集热器是最简单的一种方式，太阳能集热部件与建筑结构相关性较小，设计难度最低，一般不对建筑外观构成不良影响。太阳能集热器通过支架或基座固定于屋面上，设计时要着重考虑屋面的防水、保温结构。集热器无须或较少考虑其他建筑构件遮光的影响，只需设置合理间距，集热器间无相互遮挡即可。

② 太阳能集热器与坡屋顶相结合。将太阳能集热器安装于南向坡屋顶上，在设计时就要充分考虑太阳能组件的安装需要，倾角可由集热器倾角决定，以减小设计和安装的难度，提高建筑外观美感。与平屋顶安装方式相比，坡屋顶一般可用面积要小于前者，设计和安装难度加大，对屋顶防水、保温、布瓦等提出更高要求。

③ 太阳能集热器与遮阳板相结合。我国南方部分地区习惯使用遮阳板以减少夏季室内负荷，若用太阳能集热器代替遮阳板，则可在遮阳的同时回收利用太阳能，同时保留原地区的建筑风格。采用此种方法时需要注意，集热器尺寸的计算和选择要兼

顾冬季采光的要求，一般集热面积不大，管路在屋顶布置时还需要考虑室内美观方面的要求。

④ 太阳能集热器与墙面结合。此种方法可解决屋顶可用采光面积不足的问题，适合高层建筑用户使用，一般安装于建筑南立面的窗间、窗下等位置。但由于南立面通常有窗、阳台等结构，可用面积较为零散，需要进行合理的设计来为集热器预留充足的空间，同时合理选择阳台等结构的位置以避免遮挡的问题出现。结构施工时需要预埋固定锚件和管路，并对管路做好防水和保温。

2. 光伏建筑一体化技术

光伏建筑一体化是指将太阳能光伏电池组件与建筑外围护结构相结合，以充分利用建筑表面进行光伏发电，为建筑自身或其他用电场合提供电力供应。光伏与建筑结合通常有两种方式，一种是光伏附着设计（BAPV），即将光伏组件通过支架等结构使其附着于建筑构件外表面，以进行太阳能光伏利用的方法。一种是光伏集成设计（BIPV），即将太阳能光伏组件与建筑构件有机结合成为复合构件，使复合构件兼具光伏电池与建筑构件的作用并分别满足相应的性能要求。

太阳能建筑一体化设计与传统意义上的建筑表面光伏利用的区别在于：首先，太阳能建筑一体化设计要求光伏系统与建筑结构同步设计、同步施工、同步投入使用，在设计阶段即将光伏组件与建筑作为整体考虑，做到建筑、技术、美学的统一，综合考虑建筑整体的美观、光伏组件的安装位置与预埋结合件、利用光伏组件代替部分外装饰材料以及整体的保温和防水等功能。传统的后安装方式虽然也可起到一定的节能减排作用，但其对建筑整体外观影响较大，还会出现破坏外墙结构、安装和维修不便、安全隐患大等问题，在一定程度上制约了太阳能光伏利用的发展。太阳能光伏建筑一体化则有望从根本上解决上述问题，推动太阳能建筑的发展和普及。

（1）太阳能光伏建筑一体化的优点。

① 充分利用城市太阳能资源。电能是最高品质的能源，充分利用太阳能发电技术可提高太阳能利用的品质和效率，缓解越来越突出的城市用电紧张状况；

② 削峰填谷作用。我国大部分地区用电情况为白天高夜间低，目前城市供电公司用峰谷分时电价的计费方案鼓励分时用电维持供电平稳，但无法从根本上解决问题。采用太阳能光伏发电作为补充供电，则有很强的时间匹配性，可以进一步降低白天电网的供电压力，尤其在夏季空调用电量大时光伏发电量也较高，起到降低供电峰值的作用，具有可观的社会效益；

③ 减少电力损失。光伏建筑一体化，可使光伏发电实现原地发电原地使用，大大减少了输送过程中的电力损失，降低能源利用成本，提高能源利用效率；

④ 代替部分建筑结构，降低综合投资。将太阳能光伏组件与建筑进行一体化设计，可利用光伏组件代替部分建筑外围结构，例如利用太阳能瓦代替传统瓦片，或利用光伏遮阳板代替常规遮阳板，或减小部分外墙装饰等，与后安装方式相比，降低了建筑与太阳能光伏组件的综合投资。

（2）太阳能光伏建筑一体化的设计要点。

太阳能光伏与建筑一体化设计过程中，除要考虑光伏性能与建筑性能以外，还需要进行综合分析与整体规划，以充分发挥一体化设计的优势。其内容主要表现在以下几个方面：

① 建筑所处的地理位置和气象条件。这些参数是建筑设计和太阳能利用系统都需要考虑的原始资料，因此在一体化设计过程中，需要针对特定的自然条件分别进行建筑结构和太阳能光伏组件的设计，然后将建筑作为整体，分别校核建筑结构与光伏组件是否满足相应的设计要求，若不满足则需要返回进行修正并重新校核。对于高度较高的建筑，要特别注意风压对光伏组件安全性的影响。

② 建筑朝向及周边环境。光伏一体化设计的建筑宜采取朝南或南偏东的方向。处于建筑群中的建筑，应根据周围建筑的高低、间距等计算适宜布置光伏组件的最低位置，并在最低位置以上设计和安装光伏组件。对于较低处易于被建筑、绿化等遮挡或日照时数较少的位置则不适合布置光伏组件。

③ 建筑的功能、外形和负荷要求。建筑一体化设计的任务之一就是将光伏系统与建筑外表面进行综合考虑和设计，提高建筑整体的协调性与视觉效果，做到功能与外观的协调与统一，并尽量做到避免产生遮挡光伏组件的情况。同时，还要了解负载的类型、功率大小、运行时间等，对负载做出准确的估算。

④ 光伏组件的计算与安装。综合考虑建筑的外观、结构等因素，选择适宜的安装位置与角度。光伏组件发生很小的遮挡也会对整体性能产生很大的影响，因此在设计阶段要特别注意光伏组件的安装位置和角度的选择，并据此设计支架或固定结构。

⑤ 配套的专业设计。太阳能光伏电池组件除需要满足自身性能及安全性要求外，在进行光伏建筑一体化设计过程中，还需要结合建筑整体进行建筑结构安全、建筑电气安全的分析和设计，满足建筑整体上的防火、防雷等安全要求，实现真正意义的光伏建筑一体化。

（3）光伏建筑一体化的建筑设计规划原则。

① 与太阳能利用一体化的建筑，其主要朝向宜朝南（以北半球为例），不同朝向的系统发电效率不同，因此要结合当地纬度条件和建筑体型及空间组合，为充分利用太阳能创造有利条件。

② 与太阳能光伏一体化设计的建筑群，建筑间距应满足该地区的日照间距的要求，在规划中建筑体的不同方位、体型、间距、高低及道路网的布置，广场绿地的分布等都会影响到该地区的微气候，影响建筑的日照、通风和能耗。为合理地规划小区，确保每栋建筑的有效日照和最大程度地接收太阳能，可利用“太阳能围合体”对建筑形态进行控制。“太阳能围合体”方法是对特定的区域空间，通过调整围合建筑各方面的法线方向，使建筑在不遮挡邻近建筑物日照的情况下达到最大的体积容积。

③ 在光伏一体化建筑周围设计景观设施及周围环境配置绿化时，应避免对投射到光伏组件上的阳光造成遮挡。

④ 建筑规划时要综合考虑建筑的地理位置、气候、平均气温、降雨量、风力大小等因素，建筑物本身和所在地的特点共同决定光伏组件的安装位置与方式，及对系统的性能和经济性产生影响。

（4）光伏建筑一体化的建筑美学设计。

太阳能光伏建筑一体化并非简单机械地将光伏组件安装于建筑外表面，而是在建筑的方案设计阶段就将光伏系统作为建筑的重要组成部分纳入设计中来，根据光伏组件的颜色、结构等特征与建筑进行整合设计，使光伏系统与建筑无论功能还是形态，都形成完整统一协调的整体。所谓建筑一体化设计，不仅仅指结构上的一体化设计，还需要考虑建筑美学因素，从而实现功能与外观的完美统一。

太阳能一体化设计涉及太阳能光伏利用、建筑等多个技术领域，因此在进行一体化设计的时候，需要多学科人员的协作与跨学科的设计方法。太阳能光伏建筑一体化的中心问题是解决太阳能光伏组件与现代建筑设计之间的矛盾。在进行光伏系统设计时，主要的目标是让光伏组件有最佳的朝向，使光伏效率最大化。但结合建筑设计考虑，因为受到建筑造价、适宜的楼层面积、日光的控制和美观等方面的问题影响，实际上很难做到光伏效率最大化。要想在光伏建筑一体化、结构和技术的问题之间寻找出一个平衡点是很困难的，因为这种平衡会因不同项目的不同情况而有所差异，如气候、预算、美学等方面的因素。下面主要探讨光伏系统在建筑外表面的设计中需要考虑的一些因素。

① 与建筑的有机结合。要使光伏组件与建筑有机结合在一起，需要在建筑设计的开始阶段，就把光伏组件作为建筑的一个有机组成部分进行共同设计。将光伏组件融入建筑设计中，从色彩和风格等方面做到完美的统一。

② 增加建筑的美感。光伏组件通常被安装在建筑外表面的突出部分，以避免建筑结构在其上产生阴影，因此它们是最容易被看到的。在光伏组件的选择上，单晶硅、多晶硅和非晶硅在视觉上产生不同的效果，光伏组件的几何特性、颜色和装框系

统等美学特点也会影响建筑的整体外观。通过变换太阳能电池的种类和位置，可以获得不同颜色、光影、反射度和透明度等令人惊奇的效果。建筑师可以根据实际情况，充分动用不同组合实现多样的艺术效果，使建筑获得常规材料难以达到的美感。

③ 合适的比例和尺度。光伏组件的比例和尺度应符合建筑的比例和尺度特性，这将对光伏单体组件的尺寸选择产生影响。

④ 文脉。建筑文脉强调单体建筑是群体建筑的一部分，注重建筑在视觉、心理、环境上的沿承性。在光伏建筑一体化设计方面，文脉就体现在光伏组件与建筑性格的吻合上。建筑性格是一种表达建筑物的同类性的特性，一个建筑的性格，是建筑物中那些显而易见的所有特点综合起来形成的。例如，在现代风格的建筑上，光伏组件更能体现现代感和科技感。而在一个历史建筑中，瓦片状的光伏组件比大尺度的光伏组件更能保留建筑的风格。

二、空调冷热源技术和地源热泵

绿色建筑力求在全生命周期内最大限度地节约资源和保护环境，同时为人们提供健康、舒适和高效的使用空间，是与自然和谐共生的建筑形式。其中，能源系统的形式决定了建筑在运行期间的能源消耗和环境影响。

（一）空调冷热源技术

夏季空调、冬季采暖与供热所消耗的能量已是一般民用建筑物能源消费的主要部分。空调系统的冷源包括天然冷源和人工冷源。天然冷源包括地下水（深井水）、地道风、山涧水等自然存在的温度低于环境温度的冷源；人工冷源是指利用制冷设备和制冷剂制取冷量，可满足所需要的任何空气环境，但需要专门设备，运行费用较高。空调系统的热源有集中供热、自备燃油（煤、气）锅炉、直燃式溴化锂吸收式冷热水机组、各种热泵机组和其他可直接利用余热（工厂余热、垃圾焚烧热能或空气、水、太阳能、地热）等。

1. 常用冷热源方式的选择

常用的冷热源方式主要有电动式制冷机组加锅炉、溴化锂吸收式制冷机加锅炉、水源热泵式机组、直燃式溴化锂吸收式制冷机组、电动式制冷机组加锅炉加冰蓄冷系统。在不同环境条件下如何合理选择空调冷热源，可以分别从系统性能、能耗、初投资和运行费用、技术先进程度、环境友好性、适用条件等方面进行分析比较，达到经济合理、技术先进、减少能耗的目的。

2. 绿色建筑能源系统

绿色建筑能源系统设计应在能满足建筑功能需求的前提下，充分考虑围护结构以及外界气候条件等因素，充分利用自然能源和低品位能源以满足建筑内部对于节能和舒适方面的需求。

除了优化围护结构体系等节能措施外，绿色建筑设计很重要的一个环节便是主动式设计，主要围绕暖通空调、照明和自动控制等建筑能源系统开展工作。在暖通空调技术方面，实际工程中广泛应用的常规技术普遍存在一些不足，如：高品位能源消耗比例较高、低品位能源利用不足、环境友好性较差的工质使用等。这就促使绿色建筑能源系统设计向更加节能和环保的方向发展，具体有以下特点：

（1）尽可能地利用可再生能源、废热能等低品位能源，减少消耗煤、石油、天然气等不可再生资源。

（2）尽可能提高系统效率，实现能量的高效利用，同时满足较高的室内舒适度。

（3）较大程度上实现能源自供给和能量的梯级利用。

绿色建筑的能源系统设计是一项复杂的系统工程，需要建筑设计师和设备工程师通力合作，才能创造出各种类型的各具特色的绿色建筑。

4. 空调冷热源新技术

目前，空调冷热源技术解决的核心已经集中在新能源的开发和利用、冷热电联产、热泵技术和蓄冷技术这四个方面。

（1）新能源的开发和利用。

随着社会经济发展水平的提高，空调的能耗需求越来越大，新能源在空调冷热源中的应用是冷热源研究的一个重要方面。目前，新能源应用研究主要集中在太阳能、地热能、天然气、燃料电池、核能和水电等方面。相对于煤炭和石油等化石能源来说，天然气还处于刚刚被开发利用的阶段，今后有很好的发展前景，天然气的燃烧效率比煤炭和石油都高，热值大，其 CO_2 和 NO_3（氮氧化物）等污染物排放标准比煤炭和石油要低得多，是一种相对很清洁的能源。目前以天然气为燃料的锅炉和制冷机组早已投入使用并产生了良好的经济效益。核能也是一种清洁高效的能源，能量密度很高，目前主要用于发电和区域供热。天然气和核能都是不可再生能源，其储藏量有限；太阳能和地热能是真正清洁的可再生能源，蕴藏量无限，卫生环保，有很大的开发利用价值。

① 太阳能。作为一种清洁无污染、取之不尽用之不竭的可再生能源，太阳能在建筑能源系统中有广泛的应用并且历史悠久。除了太阳能热水技术以外，太阳能利用在建筑能源系统中主要有太阳能采暖和太阳能制冷。此外，近年来利用太阳能的热驱动强化过渡季节室内通风的降温形式也引起人们的关注。

太阳能供暖和制冷在节约能源和保护环境方面有广阔的市场前景和发展潜力。从

20 世纪 40 年代开始，太阳能供热技术便开始出现在一些示范建筑中。随着各种太阳能集热器新产品的问世，更高温度的太阳能热水制取成为现实，太阳能驱动的制冷系统也开始出现。

20 世纪 70 年代以来，能源危机和环境恶化在客观上加速了太阳能技术的进步。时至今日，研究者已在这一领域进行了大量工作，提出多种技术，如：太阳能直接供热系统、太阳能辅助供热技术等，而实现太阳能制冷有以下两条途径：一是太阳能光电转换，以电制冷，如光电制冷、热电制冷；二是光热转换，以热制冷，如吸收式制冷、喷射式制冷、吸附式制冷；光电转换的制冷方法由于成本较高，所以研究较多，实际推广应用较少，而以热制冷由于备受青睐，详见方式有：太阳能吸收式制冷、太阳能喷射式制冷和太阳能吸附式制冷。

a. 太阳能直接供热系统利用集热器蓄积的热量满足建筑热负荷，系统主要包括集热器、蓄热水箱、循环水泵末端设备等部件，如图 2–16 所示。蓄热水箱可以储存太阳能，同时将室内采暖系统的进水温度稳定在一个较小的波动范围内。

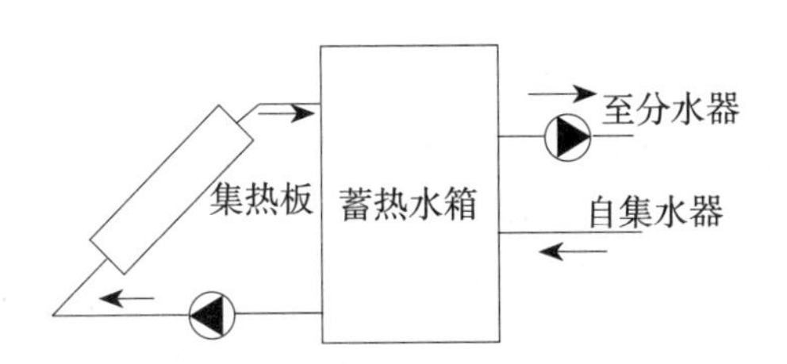

图 2–16　太阳能采暖系统示意图

由于太阳能能流密度较低，并且太阳能不确定性较大，太阳能直接供热系统很难保证供热的连续性。所以，结合了热泵等技术的太阳能辅助供热系统应运而生。太阳能辅助热泵供热系统可以为建筑提供热水和采暖用热，对集热器出水温度要求较低，同时具有灵活多样的系统实现方式，应用前景更加广阔。

b. 太阳能吸收式制冷。吸收式制冷是利用溶液浓度的变化来获取冷量的装置，即制冷剂在一定压力下蒸发吸热，再利用吸收剂吸收制冷剂蒸汽。自蒸发器出来的低压蒸汽进入吸收器并被吸收剂强烈吸收，吸收过程中放出的热量被冷却水带走，形成的浓溶液由泵送入发生器中被热源加热后蒸发产生高压蒸汽进入冷凝器冷却，而稀溶液减压回流到吸收器完成一个循环，如图 2–17 所示。它相当于用吸收器和发生器代替压缩机，消耗的是热能。热源可以利用太阳能、低压蒸汽、热水、燃气等多种形式。

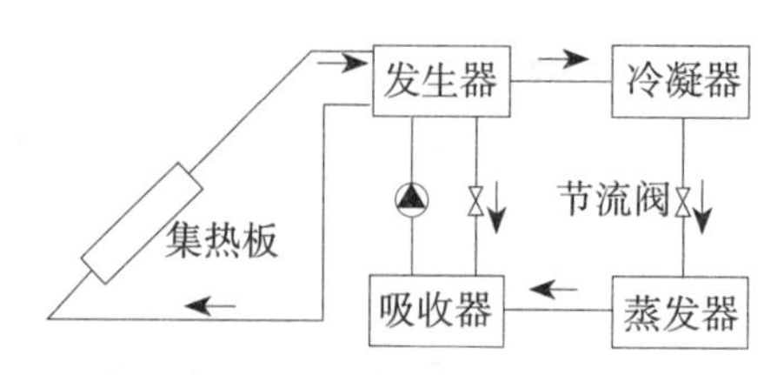

图 2-17　太阳能吸收式制冷原理

吸收式制冷系统的特点与所使用的制冷剂有关，常用于吸收式制冷机中的制冷剂大致可分为水系、氨系、乙醇系和氟利昂系四个大类。水系工质现今大量生产的商用 LiBr 吸收式制冷机依然存在易结晶、腐蚀性强及蒸发温度只能在零度以上等缺陷。氨系工质对中包括了氨水工质对和甲氨为制冷剂的工质对，由于氨水工质对具有互溶极强、液氨蒸发潜热大等优点，它至今仍被广泛用于各类吸收式制冷机。

人们对氨水工质对的研究主要是针对它的一些致命的缺陷，如：COP 较溴化锂小、工作压力高、具有一定的危险性、有毒、氨和水之间沸点相差不够大、需要精馏等。吸收式空调采用溴化锂或氨水制冷机方案，虽然技术相对成熟，但系统成本比压缩式高，主要用于大型空调，如中央空调等。

c. 太阳能吸附式制冷。吸附式制冷系统由吸附床、冷凝器、蒸发器和节流阀等构成，工作过程由热解吸和冷却吸附组成，基本循环过程是利用太阳能或者其他热源，使吸附剂和吸附质形成的混合物（或络合物）在吸附床中发生解吸，放出高温高压的制冷剂气体进入冷凝器，冷凝出来的制冷剂液体由节流阀进入蒸发器。制冷剂蒸发时吸收热量，产生制冷效果，蒸发出来的制冷剂气体进入吸附发生器，被吸附后形成新的混合物（或络合物），从而完成一次吸附制冷循环过程。基本循环是一个间歇式的过程，循环周期长，COP 值低，一般可以用两个吸附床实现交替连续制冷，通过切换集热器的工作状态及相应的外部加热冷却状态来实现循环连续工作。

d. 太阳能喷射式制冷。喷射式制冷系统制冷剂在换热器中吸热后汽化、增压，产生饱和蒸汽，蒸汽进入喷射器，经过喷嘴高速喷出膨胀，在喷嘴附近产生真空，将蒸发器中的低压蒸汽吸入喷射器，经过喷射器出来的混合气体进入冷凝器放热、凝结，然后冷凝液的一部分通过节流阀进入蒸发器吸收热量后汽化，这部分工质完成的循环是制冷循环。另一部分通过循环泵升压后进入换热器，重新吸热汽化，所完成的循环称为喷射式制冷循环，系统中循环泵是运动部件，系统设置比吸收式制冷系统简单，运行稳定，可靠性较高。缺点是性能系数较低。

另外把吸附与喷射相结合，又可得到太阳能吸附—喷射联合制冷系统。它利用了吸附制冷和喷射制冷对太阳能需求的时间差而实现系统的连续制冷，并且对吸附热的有效回收和制冷系数的提高有一定作用。

②地热是来自地球深处的可再生热能。通过地下水循环和岩浆侵入，把热量带至近表层。地热资源是指在当前技术经济和地质环境条件下，地壳内能够科学、合理地开发出来的岩石中的热能量和地热流体中的热能量及其伴生的有用部分。

当前，地热空调技术的研究和应用已经取得了一定的进展，大多数是利用地球表面浅层包括地下水、土壤和地表水等地热资源，驱动可采暖又可供冷的高效节能环保空调系统：

a. 通过打井找到正在上喷的天然高温热水流，利用蒸汽动力发电。这样把热能转化为电能，用二次能源来驱动空调制冷设备。

b. 地热的直接应用，热水流直接供给，用于采暖、空调、生活热水等综合利用。

地热空调系统，根据利用地热温度不同，分为：利用低温段地热，采用电能驱动的地热热泵空调系统；利用中高温段地热，采用热能驱动的吸收式制冷。由于现阶段地热主要以地下水为载体，因此地热空调的缺点是主要受地区地下水资源的限制。

典型的地热热泵空调系统由压缩机、地热热交换器（制冷剂—水热交换器）、水泵、室内热交换器（制冷剂—水或制冷剂—空气热交换器）、节流装置和电气控制设备等部件组成。虽然其结构类型多样，但基本部件是这三大部分：室外地热能换热器系统、水源热泵机组和室内空调末端系统。其中水源热泵是利用水作为冷热源的热泵，而地热空调系统则是通过水这一介质与地热资源进行冷热交换后作为水源热泵的冷热源，其中与建筑物空调末端系统的换热介质是水或者空气。

（2）冷热电联产（CCHP）。

冷热电联产（Combined Cooling Heating and Power，CCHP）是一种建立在能量梯级利用概念基础上，把制冷、供热（采暖和卫生热水）和发电等设备构成一体化的联产能源转换系统，其目的是为了提高能源利用率，减少需求侧能耗，减少碳、氮和硫氧化合物等有害气体的排放，它是在分布式发电技术和热能动力工程技术发展的基础上产生的，具有能源利用率高和对环境影响小的特点。典型 CCHP 系统一般包括动力系统和发电机（供电），余热回收装置（供热），制冷系统（供冷）等。针对不同的用户需求，系统方案的可选择范围很大，与之有关的动力设备包括微型燃气轮机、内燃机、小型燃气轮机、燃料电池。CCHP 机组形式灵活，适应范围广，使用时可灵活调配，优化建筑的能源利用率与利用方式。

（3）楼宇冷热电联产（BCHP）。

楼宇冷热电联产（Building Cooling Heating Power，BCHP），是由一套系统解决建筑物电、冷、热等全部需要的建筑能源系统。BCHP 可以是为单个建筑提供能源的较小型系统，也可以是为区域内多个建筑提供能源的分布式能源系统。

楼宇热电冷联产系统中余热型吸收式冷温水机组使得冷热电联产系统大大简化，与燃气发电机组进行“无接缝”组合，大幅度提高了能源利用率。被认为是未来能源应用的方向，其显著特点如下：

① BCHP 是发电机与吸收式冷温水机组的技术整合，吸收式冷温水机组直接回收发电机烟气和缸套冷却水热量，不经过中间二次换热，系统能源效率比传统热电联供提高 20% 以上。过去人们研究节能的努力都主要着眼于设备本身，而 BCHP 则将发电和空调系统作为一个整体来考虑，在供热和制冷时充分利用了发电设备排放的低品位热量，实现终端能源的梯级利用和高效转换，以避免远距离输电和分配损失，使得能源利用总效率由发电 30% ~ 35%，提高到 70% ~ 90%，大幅度降低了建筑能耗，提高了供能系统的经济性。

② BCHP 机组可多种能源并用，控制上采用“余热利用优先”的原则，余热不足或发电机不运行时，采用燃烧机补燃方法，为用户提供了多样化的能源选择，确保了系统运行的经济性和可靠性。

③ BCHP 系统可利用楼宇闲置的备用发电机组安装在用户附近，它不仅提供了低成本的电力，克服了集中式供电输送距离远、能源形式单一、大量热能无法利用、能源浪费严重的弊端，同时满足了冷、热负荷的需求，极大地缓解集中电网建设的投资压力。

④ BCHP 使能源得到高效利用，大幅度降低了温室气体及污染物的排放，使治理污染投资降低，具有极高的环境效益。

⑤ BCHP 解决了空调与电网争电的问题，有效改善了电网负荷的不均衡性，提高了发电厂设备的负荷率；BCHP 利用燃气或发电余热制冷和制热，填补了夏季燃气用量的严重不足，改善了电力和燃气不合理的能源结构状况。

⑥ BCHP 的大型化和集中化管理，促进了区域空调的迅速发展，可大幅度降低机组装机总容量，减少设备总投资，提高制冷制热设备系统效率，同时确保了对燃料的集中管理，获得廉价的燃料、最少的人员配置等，可以有效地降低系统运营成本。

以天然气为能源的冷热电联供系统，为发达地区的城市中心区域、商业区和居民区提供多种形式的能量，不仅可以有效消耗天然气，还减轻了环保压力，从客观上起到了稳定电价、提高电网安全的作用，因此，燃气热气机的能源岛系统运用是现有条件下天然气高效利用的最佳技术路线之一。

（3）热泵技术。

热泵就是靠高位能驱动，使热能从低温热源流向高温热源，将不能直接利用的低品位热能转换为可利用的高品位热能，是直接燃烧一次能源而获取热量的主要替代方式。热泵分为空气源热泵和地源热泵。

① 空气源热泵利用空气作为冷热源，直接从室外空气中提取热量为建筑供热，应是住宅和其他小规模民用建筑供热的最佳方式，但它运行条件受气候影响很大，目前空气源热泵仍存在两大技术难点：一是当室外温度在 0℃左右时，蒸发器的结霜问题；二是为适应外温在 -10℃ ~ 5℃范围内的变化，需要压缩机在很大压缩比的范围内都具有良好的性能。

国内外大量的研究攻关都集中在这两个难点上，前者通过优化的化霜循环、智能化霜控制、智能化探测结霜厚度传感器，特殊的空气换热器形式设计以及不结霜表面材料的研制等，正在陆续得到开发。后者通过热泵循环方式，如中间补气、压缩机串联和并联转换等来尝试解决。有文献报道一种大型离心式压缩机配盐水冷却塔的热泵方式，通过同时调整压缩机转速和压缩机入口导向叶片，可以使压缩机在较大的压缩范围内都具有较高的效率，而采用盐水冷却塔则避免了蒸发器结霜，其样机的全冬季平均电热转换率已接近 4，这将成为大型建筑和区域供热供冷的最佳冷热源方案。

利用低位再生热能的热泵技术在暖通空调领域的应用具有以下特点：

a. 热泵空调系统用能遵循了能量循环利用原则，与常规空调的单向性用能不同。所谓单向性用能是指“消耗高位能（电能、化学能等）——向建筑物提供低位热能——向环境排放废物（废水、废气、废渣、废热等）”的单向用能模式。热泵空调系统的用能模式是仿效自然生态过程物质循环模式的部分热量循环使用的用能模式，实现热能的级别提升。

b. 热泵空调系统是合理利用高位能的模范。热泵空调系统利用高位能作为驱动能源，推动工作机（制冷机、喷射器等）运行。工作机在循环过程中充当“泵”的角色，将低位热能提升至高位热能向用户供热，实现了能源品质的科学配置。通过热泵技术可以将贮存于地下水、地表水、土壤和空气中的自然低品位能源以及生产生活中人为排放的废热，用于建筑物的采暖和热水供应。

c. 暖通空调系统用热一般都是低温热源。如风机盘管只需要 50℃ ~ 60℃热水，地板辐射采暖水温一般要求提供的热水温度低于 50℃。这为暖通空调热泵使用提高性能系数创造了条件。因此，暖通空调系统是热泵技术的理想用户之一。

对建筑物的热泵系统来说，理想的热源 / 热汇应具有以下特点：在供热季有较高且稳定的温度，可大量获得，不具有腐蚀性或污染性，有理想的热力学特性，投资和运行费用较低。在大多数情况下，热源 / 热汇的性质是决定其使用的关键。

② 地源热泵，是一种利用地下浅层地热资源的既可以供热又可以制冷的高效节能环保型空调系统。按天然资源形式主要可以分为地下水热泵、地表水热泵和土壤源热泵。

a. 地下水热泵分为开式、闭式两种。开式是将地下水直接供到热泵机组，再将井水回灌到地下；闭式是将地下水输送到板式换热器，需要二次换热。

b. 地表水热泵与土壤源热泵相似，用潜在水下并联的塑料管组成的地下水换热器替代土壤换热器。虽然采用地下水、地表水的热泵的换热性能好，能耗低，性能系数高于土壤源热泵，但由于地下水、地表水并非到处可得，且水质也不一定能满足要求，所以其使用范围受到一定限制。国内外对地热源热泵的理论和试验研究均集中在土壤源热泵上。

c. 土壤源热泵，是一种利用可再生能源、经济有效的节能技术，它通过换热介质和大地地表浅层（通常深度小于 400m）换热。地表浅层是一个巨大的太阳能集热器，收集了 47% 的太阳能，相当于人类每年利用能量的 500 多倍，且不受地域、资源等限制，是清洁的可再生能源。另外，土壤温度较恒定的特性，使热泵机组运行更可靠、稳定，也保证了系统的高效性和经济性。

土壤源热泵的污染物排放，与空气源热泵相比，减少 40% 以上，与电供暖相比，减少 70% 以上。制冷剂充灌量比常规空调装置减少 25%，而且制冷剂泄漏概率大大减少。土壤源热泵的核心是土壤耦合地热换热器。目前，地下埋管式土壤源热泵已成为低密度建筑供暖空调冷热源的主要方式。

d. 海水源热泵空调系统，是一种新兴的集供暖、制冷于一体的空调系统。由于海水温度一般都十分稳定，以海水作为提取和储存能量的基本“源体”，借助热泵循环系统，以消耗少量电能为代价，把海水中的低品位冷量（夏季）/ 热量（冬季）“提取”出来，对建筑物进行制冷或供暖，达到调节室内温度的目的。若在系统中耦合热回收技术，则可以同时“免费”为用户加热部分生活热水。

e. 污水源热泵，采用污水作为水源热泵的热源 / 热汇，根据污水夏季温度低于室外温度，冬季高于室外温度的特点，用热泵利用污水冷热能。与空气源热泵和以地下水为热源 / 热汇的水源热泵相比，污水源热泵在技术和经济性上更具优势。废水和污水全年保持相对较高且恒定的温度。在这个范畴中，可能的热源 / 热汇包括各类污水（处理过的和未处理过的）、工业废水、工业和电力生产过程的冷却水、制冷厂的冷却水等。

（4）蓄冷空调技术。

蓄冷空调就是利用夜间电网低谷时的电力来制冷，并以冰 / 冷水的形式把冷量储存起来，在白天用电高峰时释放冷量提供给空调负荷。蓄冷空调技术是转移高峰电力，开发低谷用电，优化资源配置，保护生态环境的一项重要技术措施。

蓄冷空调系统的技术路线有两条：全负荷蓄冷和部分负荷蓄冷。全负荷蓄冷是将用电高峰期的冷负荷全部转移至电力低谷期，全天冷负荷均由蓄冷冷量供给，用电高峰期不开制冷机。全负荷蓄冷系统所需的蓄冷介质的体积很大，设备投资高昂且占地面积大，一般用在体育场、剧场等需要在瞬间放出大量冷量和供冷负荷变化相当大的地方。部分负荷蓄冷是只蓄存全天所需冷量的一部分，用电高峰期间由制冷机组和蓄冷装置联合供冷，这种方法所需的制冷机组和蓄冷装置的容量小，设备投资少。

① 水蓄冷是利用冷水储存在储槽内的显热进行蓄冷，即夜间制出4℃ ~ 7℃的低温水供白天空调用，温度适合于大多数常规冷水机组直接制取冷水。水蓄冷的容量和效率取决于储槽的供回水温差，以及供回水温度有效的分层间隔。在实际应用中，供回水温差为8℃左右。为防止储槽内冷水与温水相混合，引起冷量损失，可在储槽内采取分层化、迷宫曲板和复合储槽等措施。因水的比热容远小于冰的溶解热，故水蓄冷的蓄冷密度低，需要体积较大的蓄水池，且冷损耗大，保温及防水处理烦琐。但水蓄冷具有投资省、技术要求低、维修费用少等优点。

水蓄冷系统可按以下几种模式运行：制冷机单独供冷；制冷机单独充冷；蓄冷槽单独供冷；制冷机、蓄冷槽联合供冷。

② 冰蓄冷系统常见的形式有：外融式冰盘管蓄冷系统、内融式冰盘管蓄冷系统、封装式冰蓄冷系统、冰片滑落式动态蓄冷系统和冰晶式动态蓄冷系统。

a. 外融式冰盘管蓄冷系统充冷时，制冷剂或乙二醇水溶液在盘管内循环，吸收储槽中水的热量，直至盘管外形成冰层。盘管外蓄冷过程中，开始时管外冰层很薄，其传热过程很快，随着冰层厚度的增加，冰的导热热阻增大，结冰速度将逐渐降低，到蓄冰后期基本上处于饱和状态，这时控制系统将自动停止蓄冰过程，以保护制冷机组安全运行。

b. 内融式冰盘管蓄冷系统，蓄冰过程与外融式冰盘管蓄冷系统相同。盘管形状有蛇形管、圆筒形管和U形管等。盘管材料一般为钢或塑料。储槽为钢制、玻璃钢或钢筋混凝土结构。融冰时，从空调流回的载冷剂通过盘管内循环，由管壁将热量传给冰层，使盘管表面的冰层自内向外融化释冷，将载冷剂冷却到需要的温度。内融冰时，由于冰层与管壁表面之间的水层厚度逐渐增加，对融冰的传热速率影响较大。为此，应选择合适的管径和恰当的结冰厚度。该蓄冷方式的充冷温度一般为-3℃ ~ -6℃，释冷温度为1℃ ~ 3℃。

c. 封装式冰蓄冷系统。封装式冰蓄冷，是将封闭在一定形状的塑料容器内的水制成冰的过程。按容器形状可分为球形、板形和表面有多处凹窝的椭圆形。充注于容器内的是水或凝固热较高的溶液。容器沉浸在充满乙二醇溶液的储槽内，容器内的水随着乙二醇溶液的温度变化而结冰或融冰。封装式冰蓄冷的充冷温度为 -3℃ ~ -6℃，释冷温度为 1℃ ~ 3℃。储槽多为钢制且为密闭式。

d. 冰片滑落式动态蓄冷系统，由蓄冰槽和位于其上方的若干片平行板状蒸发器组成。循环水泵不断将水从蒸发器上方喷洒而下，在蒸发器表面结成薄冰。待冰达到一定厚度后，制冷设备的四通阀切换，由压缩机来的高温制冷剂进入蒸发器，使冰片脱落滑入蓄冰槽内。该系统充冷温度为 -4℃ ~ -9℃，释冷温度为 1℃ ~ 2℃，该蓄冷方式融冰速率快。

e. 冰晶式动态蓄冷系统，利用水泵从蓄冷槽底部将低浓度乙二醇水溶液抽出送至特制的蒸发器。当乙二醇水溶液在管壁上产生冰晶时，搅拌机将冰晶刮下，与乙二醇溶液混合成冰泥泵送至蓄冰槽，冰晶悬浮于蓄冰槽上部，与乙二醇溶液分离。充冷时蒸发温度为 -3℃，储槽一般为钢制，其蓄冰率约为 50%。

③ 共晶盐蓄冷系统。共晶盐是一种相变材料，其相变温度在 5℃ ~ 8℃范围内，是由一种或多种无机盐、水、成核剂和稳定剂组成的混合物，将其充注在球形或长方形的高密度聚乙烯塑料容器中，并整齐堆放在有载冷剂（或冷冻水）循环通过的储槽内。储槽一般为敞开式钢板或钢筋混凝土槽。随着循环水温的变化，共晶盐的结冰或融冰过程与封装冰相似。其充冷温度一般为 4℃ ~ 6℃，释冷温度为 9℃ ~ 10℃，可使用常规制冷机组制冷、蓄冷，机组性能系数较高。

蓄冷空调的研究主要集中在低温送风蓄冷系统和冰蓄冷区域性空调供冷站。低温送风冰蓄冷系统提供 4℃ ~ 10℃的低温送风，大大降低了空调能耗和运行成本，有效提高了 COP 值，一次投资成本大大下降。冰蓄冷区域性空调供冷站不需要使用 CFC 冷媒，对环境友好，占地面积小，使用方便，运行、维护管理费用低廉，能减低空调建设费用，具有很强的竞争力。

（5）温湿度独立控制空调系统。

①传统的空调系统采用温湿度联合处理存在诸多的弊端。

a. 首先，由于采用冷凝除湿方法排除室内余湿，冷源的温度需要低于室内空气的露点温度，采用冷凝除湿去除室内的湿负荷加上可以采用高温冷源排走的显热负荷一起采用 7℃的低温冷源，造成能量利用品位上的浪费。而且冷凝除湿之后对空气有时还需要再热，整个过程造成了大量的能源浪费；

b. 其次，通过冷凝的方式对空气进行冷却除湿不能适应建筑实际需要的热湿比变化，影响室内的热舒适性。再者，空气在冷表面（如表冷器）进行冷却、凝结，造成了利于细菌生长的潮湿环境，尤其是容易引发病菌的滋生，对空调区人员的健康造成威胁等。

基于以上原因，需要有一种新的空调方式更好地实现对建筑热湿环境的调控，同时应保证不大幅增加空调系统的能耗。

②温湿度独立控制空调系统，如图 2–18 所示，可以分为温度控制系统和湿度控制系统两个部分，分别对温度和湿度进行控制。与常规空调系统相比它可以满足不同房间热湿比不断变化的要求，避免了室内相对湿度过高或者过低的现象，同时采用温度与湿度两套独立的空调控制系统，分别控制室内的温度与湿度，避免了常规空调系统中热湿联合处理所带来的能量损失，能够更好地实现对建筑热湿环境的调控，并且具有较大的节能潜力。

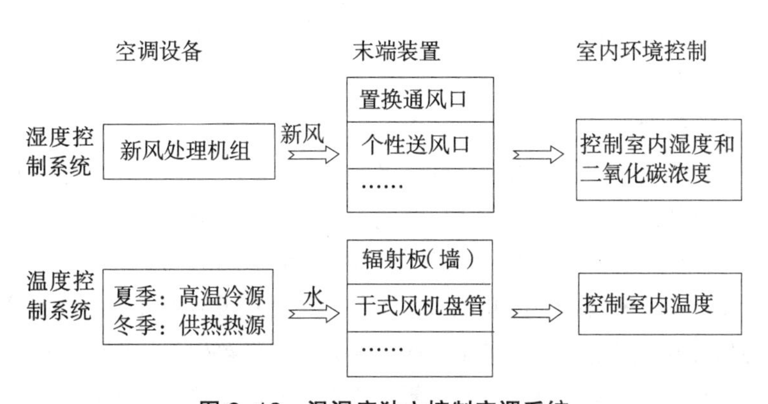

图 2–18　温湿度独立控制空调系统

温度控制系统中，冷源不再采用 7℃的冷水同时满足降温与除湿要求，而是采用 18℃左右的冷水即可满足降温要求，为天然冷源在建筑中的使用提供了条件。如深井水或通过土壤源换热器获取的冷水，在某些干燥地区（如新疆等）可以通过直接蒸发或间接蒸发的方法获取。即使采用电制冷压缩式制冷机组，由于蒸发温度的提高，机组的 COP 也会大大提高。温、湿度独立控制系统显热去除末端，由于通入高于室内露点温度的高温冷水，因此不会出现冷凝结露现象，可选用干式风机盘管或辐射末端。

可用的除湿方式包括：传统的冷凝除湿、转轮除湿和溶液除湿。其中，冷凝除湿要求冷源温度低，制冷机的能效指标低，且存在潮湿表面；转轮除湿为等焓除湿过程，被除湿后的送风温度高，还需冷却水来冷却；且转轮再生热源温度要求较高，一般高于 100℃；转轮的新风和排风间的漏风问题目前还难以解决。溶液除湿方式，可实现等温的除湿过程，可用（15℃ ~ 25℃）的冷源带走除湿过程释放潜热，且再生热源温度要求低，可用低品位热能（60℃ ~ 70℃）来驱动，同时能避免新风和回风的交叉污染。

（6）吸附式制冷。

吸附制冷作为一种可有效利用低品位能源且对环境友好的制冷技术。从20世纪70年代末起，经过近30年的发展，在吸附工质对性能、吸附床的传热传质和系统循环及结构方面有了较深入的研究，为吸附式制冷在空调应用中的进一步实用化起到了积极的推进作用。

吸附式制冷利用吸附剂对某种制冷剂气体的吸附能力随温度不同而不同，加热吸附剂时解析出制冷剂气体，进而凝为液体；而在冷却吸附时，制冷剂液体蒸发，产生制冷作用。吸附式热泵制冷剂为水等非氟系工质，可利用太阳能、工业余热或地热资源作为驱动热源，从而缓解传统压缩式空调带来的城市“热岛”污染和对大气臭氧层的破坏，符合当前环保要求。并且吸附制冷成功地将制冷需要与能量回收和节能结合起来，但目前技术仍不成熟。

（7）空气冷热源技术。

空气作为冷热源，其容量随着室外环境温度和被冷却介质的变化而变化。作为一种普遍存在的自然资源，空气在任何时间、任何地点都存在，其可靠性极高，但其容量和品味随时间变化，稳定性为Ⅱ类。在夏季需要供冷和冬季需要供热时，空气均为负品味，需要经过热泵技术提升之后才能工作，而在过渡季节，则为正品味或零品味，可以直接利用。由于空气具有流动性，因此，其可再生性和持续性都极好。空气源设备运行过程中对环境产生的影响主要在于噪声和冷凝热的释放问题，前者可以通过技术手段解决，后者则可以通过热回收技术在一定程度上缓解，在技术上不存在困难。总体来讲，空气作为冷热源，其环境友好性为良好。

空气作为建筑冷热源，最重要的应用条件就是气候环境。直接应用时主要利用空气作为建筑冷资源，要求室外气温处于人体热舒适温度范围内，主要分布在过渡季节和夏季的夜间时段。常规空调条件下，人体的静态热舒适温度范围为18℃ ~ 26℃，动态热舒适温度范围为18℃ ~ 31℃。我国绝大多数地区过渡季节室外气温的静态热舒适小时数为2000 ~ 3500h，动态热舒适小时数3000 ~ 5800h，由此可直接利用室外空气的舒适小时数非常长。

间接应用空气作为冷热源，需要能源品味提升设备。由于能源品味的缺陷，空气作为冷热源需要在技术上解决一系列问题，包括：通风和热泵技术、热泵高效除霜技术、蓄能辅助冷热源技术和系统协调性等问题。

空气作为建筑冷热源的直接应用方式通常是指通风技术，包括自然通风、机械通风及机械辅助自然通风。间接应用是通过空气源空调机组将室外空气的热（冷）量提升之后转移到室内，根据设备功能不同，可分为空气源单冷空调器、空气源热泵空调器；根据输配系统不同，可分为冷剂系统、水系统及风系统等。

热源塔热泵空调技术是由空气源热泵相应技术改进而来，最早出现在日本 20 世纪 80 年代，被称为冷却 / 加热塔。夏季冷却 / 加热塔内传热工质为水，冬季将水更换成盐溶液以保证不冻结，同时盐溶液还能有效地吸收室外空气的潜热用于供热。国内研究改进并使用该技术的厂家称其为热源塔热泵技术，也有厂家称为能源塔热泵技术等。

通过改进冷却塔的结构及运行参数，辅以相应的成套设备，使该空调系统可以适应我国南方冬季低温高湿地区的气候环境。成套设备中的冷热源塔在夏季的作用类似于冷却塔，利用冷却水的蒸发为空调机组提供冷量，且具有普通冷却塔两倍的蒸发量，效率较高；冬季用作热源塔，利用内置或外置防冻溶液作为传热介质吸收空气中的显热及潜热能为热泵提供低品位热能。热源塔热泵空调系统已经有多代产品，从开式结构到闭式结构以及闭式结构的改进型等，在多个地区工程实践中都得到了应用，能够很好地满足用户对建筑环境舒适度的需要。

（二）地源热泵技术

地源热泵系统是指以岩土体、地下水或地表水为低温热源，由水源热泵机组、地热能交换系统、建筑物内系统组成的供热空调系统。根据地热能交换系统形式的不同，地缘热泵系统分为地埋管地源热泵系统、地下水源热泵系统和地表水地源热泵系统。

1. 热泵原理

热泵实质上是一种能量提升装置，它以消耗一部分高品位能量（机械能、电能或高温热能等）为补偿，通过热力循环，把环境介质（水、空气、土壤等）中贮存的不能直接利用的低品位能量转换为可以直接利用的高位能。其工作原理与普通制冷设备相同，所不同的是它们工作的温度范围和要求的效果。

2. 地源热泵系统水源选择

地源热泵系统可利用的低温热源包括岩土体、地下水和地表水。其中，水源选择应满足：水量充足、水温适度、水质适宜和供水稳定。当有不同水源均满足要求时，应根据技术经济比较确定。

地表水源中的热能属于可再生能源，有条件场合应积极采用。但地表水源（包括河流、湖泊和海洋）的分布受自然条件限制，且含固体颗粒物和有机物较多、含沙量和浑浊度较高，其中海水还具有一定的腐蚀性，须经处理方可使用。地表水源的利用及其具体形式的确定需符合国家和当地政府的现行规范、规定和规划要求。此外，还应做必要的环境分析评估，需考虑取水设施、回流措施、水处理措施和换热后对水体温度影响等因素。

地下水分布广泛，水温随气候变化较小。在使用地下水时注意需符合当地水资源管理政策并经当地水务主管部门批准，且必须采取可靠的回灌措施，确保置换冷量或热量之后的地下水回灌到同一含水层，并不得对地下水资源造成浪费和污染。

再生水源是指人工利用后排放且经过处理的城市污水、工业废水、矿山废水、油田废水和热电厂冷却水等水源，按所在地理位置也属于地表水源。宜优先选用，可减少初投资，节约水资源。

利用污水作为热源时，引入热泵机组或中间换热设备的污水水质必须符合《城市污水再生利用工业用水水质》要求。特殊情况应做污水利用的环境安全和卫生防疫安全评估，并应取得地市级政府环保与卫生防疫部门的批准。

3. 地源热泵系统设计及应用

在选择地源热泵机组供热制冷时，要根据不同区域建筑物的基本状况进行设备的选择。我国的南方地区，建筑物冬季的热负荷往往小于夏季的冷负荷，而热泵机组往往都是制热量大于制冷量（通常情况下，热泵机组的制热量是制冷量的1.1 ~ 1.3倍）。因此在机组选择的时候，如果按照冷负荷标准选择机组，则会导致机组的制热能力大大超出建筑物的热负荷需求，造成机组投资和运行的浪费；而若按照热负荷标准选择，则会出现夏季制冷量不够，故可以按照冬季热负荷标准进行选择，以冰蓄冷或其他空调系统形式作为补充。这样既可以降低地热换热器的初投资，又可以实现地源热泵机组的间歇运行，有利于土壤温度场的有效恢复。这样既减轻了采用常规能源带来的环境压力，还为平衡电网负荷做出了贡献，可谓一举多得，取长补短，优势互补。

相对而言，北方地区尤其严寒地区的建筑采用地源热泵系统时，其冬季从土壤的取热量大于夏季向土壤的放热量。长期运行后土壤温度势必越来越低，导致地源热泵的性能变差，甚至无法运行。目前的解决方案主要有：增加埋管数量或埋管间距，利用太阳能或其他形式能量包括高品位热源（锅炉、城市热网、电能）对土壤进行补热。

（三）地源热泵与太阳能复合系统

在地源热泵供热空调系统中，在很多情况下地埋管换热器全年冷热负荷是不平衡的。在这种情况下，在一年运行周期中必须有合适的冷量或热量对地热换热器补充，而太阳能正是一种可行的为地源热泵系统补充热量的可再生能源。太阳能是一种辐射能，具有即时性，太阳能不易储存，必须即时转换成其他形式的能量才能利用和储存。因此，单独的太阳能热泵系统需要太阳能集热器集热面积较大，且运行不稳定，若长期运行必须靠辅助热源，即把太阳能储存起来供需要时候再用。此外，太阳能系统通常也需要备用能源系统。

这两种技术有机结合的地源热泵和太阳能复合能源系统，既可以克服地源热泵系统冷热负荷不平衡而造成土壤温度不断降低，又可以克服太阳辐射受昼夜、季节、纬度和海拔高度等自然条件限制和阴雨天气等随机因素影响。因此，地源热泵与太阳能系统结合的复合能源系统可以集中两种可再生能源优点，同时弥补各自不足，是很有潜力的可再生能源建筑应用新技术。

第三节　雨污再利用技术

一、雨水利用技术

（一）雨水利用方式及其用途

广义的城市雨水利用是指在城市范围内，有目的地采用各种措施对水资源进行保护和利用。根据用途不同，雨水利用分为直接利用（回用）、雨水间接利用（渗透）、雨水综合利用等。具体雨水利用的方式及其用途，见表 2–1 所列。

表 2–1　雨水利用的方式及其用途

<table>
<tr><th>分类</th><th colspan="3">方式</th><th>主要用途</th></tr>
<tr><td rowspan="8">雨水直接利用</td><td rowspan="3">按区域功能不同</td><td colspan="2">住宅小区</td><td>绿化</td></tr>
<tr><td colspan="2">公园、机关、校区、场馆等公共场所</td><td rowspan="2">绿化
屋顶绿化</td></tr>
<tr><td colspan="2">商业区</td></tr>
<tr><td rowspan="3">按规模和集中程度不同</td><td>集中式</td><td>建筑群或区域整体</td><td>冲厕</td></tr>
<tr><td>分散式</td><td>建筑单体雨水利用</td><td>景观补水</td></tr>
<tr><td>综合式</td><td>集中与分散相结合</td><td rowspan="3">喷洒道路
洗车</td></tr>
<tr><td rowspan="2">按主要构筑物和地面的相对关系</td><td colspan="2">地上式</td></tr>
<tr><td colspan="2">地下式</td></tr>
</table>

续　表

<table>
<tr><th>分类</th><th colspan="3">方式</th><th>主要用途</th></tr>
<tr><td rowspan="9">雨水间接利用</td><td rowspan="9">按规模和集中程度不同</td><td rowspan="2">集中式</td><td>干式深井回灌</td><td rowspan="9">渗透补充地下水</td></tr>
<tr><td>湿式深井回灌</td></tr>
<tr><td rowspan="7">分散式</td><td>渗透检查井</td></tr>
<tr><td>渗透管（沟）</td></tr>
<tr><td>渗透池（塘）</td></tr>
<tr><td>渗透地面</td></tr>
<tr><td>低势绿地等</td></tr>
<tr><td colspan="0" style="display:none"></td></tr>
<tr><td colspan="0" style="display:none"></td></tr>
<tr><td>雨水综合利用</td><td colspan="3">因地制宜；回用与渗透相结合；利用与污染控制相结合；利用与景观、生态环境相结合等</td><td>多用途、多层次、多目标；城市生态环境保护与可持续发展的需要</td></tr>
</table>

1.雨水收集回用系统

一般分为收集、存储和处理供应三个部分。该系统又可分为单体建筑物分散系统和建筑群集中系统，由雨水汇水区、输水管系、截污装置、储存、净化和配水等几部分组成。有时还设渗透设施与储水池的溢流管相连，使超过存储容量的溢流雨水渗透。

2.入渗系统

包括雨水收集、入渗等设施。根据渗透设施的不同，分为自然渗透和人工渗透；按渗透方式不同，分为分散渗透技术和集中回灌技术两大类。分散渗透设施易于实施，投资较少，可用于住宅区、道路两侧、停车场等场所。集中式渗透回灌量大，但对地下水位、雨水水质有更高的要求，使用时应采取预处理措施净化雨水，同时对地下水质和水位进行监测。

3.调蓄排放系统

该系统用于有防洪排涝要求、要求场地迅速排干，但不得采用雨水入渗系统的场所，并设有雨水收集、储存设施和排放管道等设施。在雨水管渠沿线附近有天然洼地、池塘、景观水体，可作为雨水径流高峰流量调蓄设施，当天然条件不满足时，可在汇水面下游建造室外调蓄池。

（二）雨水利用技术措施

1.雨水收集与截污措施

（1）屋面雨水收集截污。

① 截污措施。可在建筑物雨水管设置截污滤网，拦截树叶、鸟粪等大的污染物，需定期进行清理。

② 初期弃流措施。屋面雨水一般按 2 ~ 3mm 控制初期弃流量，目前国内市场已有成型产品。在住宅小区或建筑群雨水收集利用系统中，可适当集中设置装置，避免过多装置导致成本增加和不便于管理。

③ 弃流池。按所需弃流雨水量设计，一般用砖砌、混凝土现浇或预制。可设计为在线或旁通方式，弃流池中的初期雨水可就近排入市政污水管；小规模弃流池在水质、土壤及环境等条件允许时也可就近排入绿地消纳净化。

（2）其他汇水面雨水收集截污。

路面雨水明显比屋面雨水水质差，一般不宜收集回用。新建的路面、污染不严重的小区或学校球场等，可采用雨水管、雨水暗渠、雨水明渠等方式收集雨水。水体附近汇集面的雨水也可利用地形通过地表径流向水体汇集。

① 截污措施。利用道路两侧的低绿地和在绿地中设置有植被的自然排水浅沟，是一种很有效的路面雨水收集截污系统。路面雨水截污还可采用在路面雨水口处设置截污挂篮，也可在管渠的适当位置设其他截污装置。

② 路面雨水弃流。可以采用类似屋面雨水的弃流装置，一般为地下式。由于高程关系，弃流雨水的排放有时需要使用提升泵。一般适合设在径流集中、附近有埋深较大的污水井，以便通过重力流排放。

③ 植被浅沟通过一定的坡度和断面自然排水。表层植被能拦截部分颗粒物，小雨或初期雨水会部分自然下渗，收集的径流雨水水质沿途得以改善，是一种投资小、施工简单、管理方便的减少雨水径流污染的控制措施，在国内外被广泛应用。道路雨水在进入景观水体前先进入植被浅沟或植被缓冲带，既达到利用雨水补充景观用水的目的，又保证了水体的水质。浅沟的深度和宽度受地面坡度、地面与园林绿化和道路的关系、美观及场地等条件的制约，路面雨水收集系统所担负的排水面积会受到限制，可收集雨量也会相应减少。因此，需根据区域条件综合分析，因地制宜设置。

2.雨水处理与净化技术

（1）常规处理。

雨水沉淀池（兼调蓄）可按传统污水沉淀池的方式进行设计，如采用平流式、竖流式、辐流式、旋流式等，多建于地下，一般采用钢筋混凝土结构、砖石结构等。较简易的方法是把雨水储存池分成沉沙区、沉淀区和储存区，不必再分别搭建。沉淀池的停留时间长，因此其容积比沉砂池大。为利于泥沙和悬浮物沉淀、排除，一般将沉淀池和沉沙池底部做成斜坡或凹形。有条件时，可利用已有水体做调蓄沉淀之用，可大大降低投资。如景观水池、湿地水塘等。后者还有良好的净化作用。

广义的雨水过滤包括表面过滤、滤层过滤和生物过滤。滤层过滤是利用滤料表面的黏附作用截流悬浮固体，被截流的颗粒物分布在过滤介质内部的一种方式。根据工作压力的大小可选用普通滤池或压力过滤罐。

根据雨水的用途，考虑消毒处理。与生活污水相比，雨水的水量变化大，水质污染较轻，具有季节性、间断性、滞后性等特点，因此宜选用价格便宜、消毒效果好、维护管理方便的消毒方式。建议采用最为成熟的加氯消毒方式，小规模雨水利用工程也可考虑紫外线消毒或投加消毒剂的办法。根据国内外雨水利用设施运行情况，在非直接回用，不与人体接触的雨水利用项目中（如雨水通过较自然的收集、截污方式，补充景观水体），消毒可以只作为一种备用措施。

（2）自然净化。

① 植被浅沟是一种截污措施，也是一种自然净化措施。当雨水径流通过植被时，污染物由于过滤、渗透、吸收及生物降解的联合作用被去除。同时，植被的拦截作用也降低了雨水流速，使颗粒物得到沉淀，达到雨水径流水质控制的目的。适用于居民区、公园、商业区或厂区、滨湖带，也可设于城市道路两侧、地块边界或不透水铺装地面周边，一般与场地排水系统、街道排水系统构成一个整体。植被浅沟还可部分或全部代替雨水管系，以满足雨水输送和净化的要求。

② 屋顶绿化是指在各类建筑物、修建物等的屋顶、露台或天台上进行绿化、种植树木花卉，对改善城市环境有着重要意义：提高城市绿化率和改善城市景观；调节城市气温与湿度；改善屋顶性能与温度；削减城市雨水径流量和非点源污染负荷。适合新建建筑，可将绿化与荷载、防水一起考虑。

③ 雨水花园是一种有效的雨水自然净化与处置技术，也是一种生物滞留设施。雨水花园一般建在地势较低处，通过天然土壤或更换人工土和种植植物净化、消纳小面积汇流的初期雨水，具有建造费用低、运行管理简单，自然美观，易与景观结合等优点而被欧、美、澳等许多国家采用，但目前我国应用还不多。

④ 雨水土壤渗滤技术。人工土壤—植被渗滤处理系统是应用土壤学、植物学、微生物学等原理建立的人工土壤生态系统，它把雨水收集、净化、回用三者结合起来，构成了一个雨水处理与绿化、景观相结合的生态系统，投资低、节能、运行管理简单，适用于住宅小区、公园、学校、滨水地带等。

土壤渗滤形式有垂直渗滤和水平渗滤两种。土壤垂直渗滤的净化效果好，主要用于雨水收集回用、回灌地下水等的预处理措施。其用于回用和回灌的人工土壤最小厚度为1.2 ~ 1.6m。水平渗滤包括植被浅沟、高花坛等技术。当从地下调蓄池抽水过滤净化时，一般需要泵提升；当直接用于过滤汇水面汇集的雨水径流时，则可通过卵石布水区重力流入。高位花坛最小土壤厚度为0.4 ~ 0.8m，植被浅沟最小土壤厚度为0.2 ~ 0.4m。

⑤ 雨水湿地技术。城市雨水湿地大多为人工湿地，是一种通过模拟天然湿地的结构和功能，人为建造和控制管理的与沼泽地类似的地表水体。具有投资低，处理效果好，操作管理简单，生态效益佳的优点。

雨水湿地系统分为表流湿地系统和潜流湿地系统：

a. 表流湿地系统。系统在地下水位低或缺水地区通常衬有不透水材料层的浅蓄水池，防渗层上填充土壤或沙砾基质，并种有水生植物。但若管理不善，其卫生条件会很差，易产生臭味，滋生蚊蝇。

b. 潜流湿地系统。水流在地表以下流动，净化效果好，不易产生蚊蝇但有时易发生堵塞，需先沉淀去除悬浮固体。由于需换填沙砾等基质，建造费用比表流系统高。

（3）雨水渗透技术。

① 透水路面。

人造透水路面是各种由人工材料铺设的透水路面，如多孔嵌草砖、碎石路面、透水性混凝土路面等，主要用于人行道、停车场、广场及交通较少的道路。其优点是能利用表层土壤对雨水的净化能力，对预处理要求相对较低，技术简单，便于管理；缺点是渗透能力受土质限制，需要较大的透水面积，对雨水径流量调蓄能力低，强度较常规沥青、混凝土路面小，易损坏。

人造透水地面的构成由上至下是地表铺装材料和基质层构造两部分。地表铺装材料常用嵌草砖、多孔沥青或水泥、碎石、透水混凝土等；基质层可保证地面径流雨水迅速渗入到土壤层，包括小粒径碎石过滤层和大粒径的蓄水层。在设计安装时还应注意避开地下结构物、生活基础设施管线、地下水作为饮用水的地区及坡地陡区。还需要注意：

a. 只适用于低交通量的区域；

b. 只处理1000 ~ 40000m^{2}小流域范围的径流，可以基本消纳设计重现期内降雨径流量，对于一年一遇以上的降雨可有效削减洪峰流量；

c. 流域内土地应处于稳定化阶段，不能用于正在开发或即将开发的土地，否则会很快堵塞铺装表面；

d. 基层排水时间应为24 ~ 48h，最长不超过72h，时间再长容易造成底部缺氧，使得可以降解径流中污染物的好氧微生物失去活性；

e. 由于径流雨水中存在一定量的悬浮颗粒和杂质，会造成多孔沥青透水路面的堵塞。如堵塞严重，可用吸尘机抽吸（一般每年三次）或高压水冲洗。

② 低绿地 + 下排水系统。

传统的城市道路竖向规划设计格局是三级台阶式，即绿地标高最高，人行道次之，车行道最低。这种格局不利于雨水下渗，缺乏生态设计思想，会造成水资源流失、排水压力大等诸多弊端，影响城市环境。

从提高城市自净功能出发，依据城市绿色集雨消尘环境系统理论，产生了新型城市集雨绿色生态系统，即“下凹式绿地雨水蓄渗系统”。系统由绿地、建筑、硬化路面、排水系统四大要素共同构成，绿地在其中占据核心地位。其竖向设计格局为：建筑及路面等硬化面处于最高位置，绿地处于最低位置，排水系统（雨水口）设置于绿地中并高于绿地，但是低于硬化面。集雨流动方向为单向流动，即建筑屋面的雨水径流先到达硬化地面进入绿地或直接到达绿地被接纳，经绿地渗透、截留、集蓄至一定高度后，超量的雨水再经排水口进入排水系统。

目前，低势绿地是常用的雨水蓄渗方法，该方法通常建造在低于路面的景观隔离带内或采用低势绿地，与路面雨水口一起构成蓄渗排放系统。通过结合原有绿化布局，对土壤应进行改造，并添加石英砂、煤灰等以提高土壤渗透性；同时在地下增设排水管，穿孔管周围用石子或其他多孔隙材料填充，具有较大的蓄水空间。将屋面、道路等各种铺装表面形成的雨水径流汇入绿地中进行蓄渗，以增大雨水入渗量，多余的径流雨水从设在绿地中的雨水溢流口或道路排走。这种蓄渗设施有效地提高了道路景观隔离带的调蓄和下渗能力，确保景观植物生长条件与景观效果，人行道外侧的绿化带也可进行类似设置。

③ 浅层地下雨水蓄渗技术。

当土壤入渗性能较差，如土壤的渗透系数小于 10^{-6}m/s 时，渗透速度过慢、渗透时间过长，雨水在短时间内很难渗净，可采取扩大入渗面积和蓄水空间等措施来强化雨水入渗。

浅层地下雨水蓄渗，是结合城区的功能规划要求，在人行道、广场的铺装层或绿化种植土以下，在地下水位以上用多孔空隙材料堆砌成大小、形状不同的可供短暂储存的雨水连通空间，在多孔空隙材料底部用渗水材料以提高下渗速率。当暴雨来临时，屋面等相对干净的雨水通过初期弃流和简单预处理后，通过管道或沟渠方式导流进入高孔隙材料空间内短暂储蓄，暴雨过后雨水继续下渗，超过储蓄容量的雨水外排。

采用浅层蓄渗技术，不改变原有土地的使用功能，充分利用人行道、绿化或广场的浅层地下水作为雨水短暂储存和渗透设施，雨水储存设施的大小、形状可根据小区或城市的要求灵活设置，不影响绿化景观要求，解决了传统蓄渗技术对高地下水位、高景观要求的地区难以应用问题。通过该系统的应用，雨水尽可能长久地得到储存，支持和延长渗透过程，分散补充地下水，防止地面沉降。在不影响设施功能的情况下，通过简单的就地雨水滞留的方式分散城市雨水达到雨水就地处理的目的，减少外排量和因雨水外排而导致河流污染，减少城市排水和防洪设施的投资、运行费用。

④ 渗透管（渠）。

渗透管（渠）是在传统雨水排放的基础上，将雨水管或明渠改为渗透管（穿孔管）或渗透渠，周围回填砾石，雨水通过埋设于地下的多孔管材向四周土壤层渗透。

渗透管的优点是占地面积少、便于在城区及生活小区设置，可与雨水管系、渗透池、渗透井等综合使用，也可单独使用；缺点是一旦发生堵塞或渗透能力下降，很难清洗恢复，而且由于不能利用表层土壤的净化功能，因此对雨水水质有要求，应采取适当措施，不含悬浮固体。

⑤ 渗透井。

渗透井包括深井和浅井两类，前者适用水量大而集中、水质好的情况。后者更为常用，其形式类似于普通的检查井，但井壁和底部均做成透水的，在井底和四周铺设碎石，雨水通过井壁、井底向四周渗透。

渗透井的优点是占地面积和所需地下空间小，便于集中控制管理；缺点是净化能力低，水质要求高，不能含过多的悬浮固体，需要预处理。

设计时可以选择将雨水口及雨水管线上的检查井改作渗井，渗井下部依次铺设砾石层和砂层。渗井的直径一般根据渗水量和地面允许的占用空间来确定。同时应注意与地下土层和地下水位的关系，既要保证渗透效果，又不能污染地下水。渗井的池壁可以使用砖砌、钢筋混凝土浇筑或预制。渗井同样要求水质较好，以防止渗透堵塞。对于地下水位较高的区域，采用此种方法需要注意对地下水位的监测，防止造成地下水的污染。

（4）雨水利用技术措施及适用条件。

各类雨水利用措施及其适用条件见表 2-2 所列。

表 2-2　雨水利用技术措施及适用条件

分类		技术措施	主要适用条件
雨水收集技术	屋面	檐沟、收集管、雨落管、连接管等	各种屋面雨水的收集
	其他汇水面	雨水管道、明/暗渠、植被浅沟	路面、广场和停车场等汇水面的雨水收集与输送

续　表

分类		技术措施	主要适用条件
雨水调蓄技术		雨水调蓄池	住区范围内雨水集中直接利用时，可采用地下或地上封闭式蓄水池
		雨水管道调节	有景观水体的住区，可利用敞开式雨水调蓄
雨水调蓄技术		多功能调蓄	雨水管道的调蓄空间较大时
			地势低洼处、防涝压力大处、小区居民活动场所、景观水体周围等
雨水处理技术	常规处理	沉淀 + 过滤 + 消毒	雨水用作杂用水水源
	深度处理	活性炭技术	考虑技术与运行管理的复杂性与投资效益，除有特殊要求一般不采用
		微滤技术	
		膜技术	
	生态化技术	生物滞留系统	汇水面积小于 $1hm^2$ 的区域及公路两侧、停车场等污染比较严重的汇水面
		雨水湿地	汇水面积大于 $10hm^2$ 的区域
		雨水生态塘	汇水面积大于 $4hm^2$ 的区域
		植被缓冲带	汇水面坡度较大、人工水体周边等区域
		生物岛	人工水体的水质保障
		高位花坛	有条件时，强化处理自雨落管收集的屋面雨水
		土壤过滤	地下水位较低、有足够的地面或可利用的绿地
		雨水花园	建筑平屋顶、较大面积绿地及花园中
雨水渗透技术		渗渠（管）	汇水面积小于 $2hm^2$ 的（土壤渗透系数 3.53×10^{-6} ~ 2.11×10^{-5}m/s）
		渗水地面	建筑物周边和停车场（土壤渗透系数 3.53×10^{-6} ~ 2.11×10^{-5}m/s）
		低势绿地	建筑物周边和广场周边，道路两旁及大面积的绿地等区域
		地下渗蓄构筑物	土壤渗透性能较差或渗透量要求大

续　表

分类	技术措施	主要适用条件
其他技术	屋顶绿化	坡度小于 15° 的建筑物或构筑物屋顶
	初期弃流装置	建筑物雨落管和雨水管渠等雨水集中收集处
	截污挂篮或滤网	雨水收集系统进水口

（二）污水再生利用技术

1. 污水再生利用分类

城市污水指排入城市排水系统的生活污水、工业废水和合流制管道截流的雨水，经处理后排入河流、湖泊等水体，或是再生利用。排入水体是污水的自然归宿，水体对污水有一定的稀释和净化功能，是一种常用的出路，但会造成水体污染。

污水再生利用是指将城市污水适当处理达到规定的水质标准后，用作生活、市政杂用水，灌溉、生态及景观环境用水，也称为中水利用。城市污水再生利用按服务范围可分为三类。

（1）建筑中水回用。

在大型建筑物或几栋建筑内建立小型中水处理站，以生活污水、优质杂排水为水源，经适当处理后回用于冲厕、绿化、浇洒道路等。

（2）小区污水再生利用。

在建筑小区、机关院校内建立中小型中水处理站，以生活污水或优质杂排水、工业废水等为水源，经适当处理后回用于冲厕、洗车、绿化及浇洒道路等。

（3）区域污水再生利用。

指在城市区域范围内建立大中型再生水厂，以城市污水或污水处理厂的二级出水为水源，经适当处理后用于生活、市政杂用水及生态、景观环境用水和补充地下水等。

2. 污水再生利用水源

污水再生利用水源应根据排水的水质、水量等具体状况，对污水回用水量、水质的要求选定，主要有以下几种。

（1）城市污水处理厂出水。

城市污水处理厂二级出水经过深度处理，达到回用水水质要求后经市政中水管网送到各用水区。城市污水处理厂出水量大，水源较稳定，大型污水厂的专业管理水平高，处理成本低，供水水质水量有保障。

（2）相对洁净的工业排水。

在许多工业区，某些工厂排放的一些相对洁净的水，如工业冷却水，其水质比较稳定。在保证使用安全和用户能接受的前提下，可作为很好的中水水源。

（3）小区雨水。

雨水常集中于雨季，时间上分配不均，水量供给不稳定。如将雨水与建筑中的水系统联合运行，会加剧中水系统的水量波动，增加水量平衡难度，故一般不宜作为中水的原水，可作为中水的水源补给水。

（4）小区建筑排水。

① 小区建筑排水的种类。

a. 厨房排水。厨房、食堂、餐厅排出的污水，含有较多的有机物、悬浮固体和油脂。

b. 冲洗便器污水。含有大量的有机物，悬浮固体和细菌病毒。

c. 盥洗、洗涤污水。含皂液、洗涤剂量多。

d. 淋浴排水。含较多的毛发、泥沙、油脂和合成洗涤剂。

e. 锅炉房外排水。含盐量较高，悬浮固体多。

f. 空调系统排水。水温较高，污染较轻。

② 中水水源选用次序。

小区建筑排水按其污染程度轻重，依次为空调系统排水、锅炉房外排水、盥洗洗涤水、厨房污水和冲洗便器污水。在进行污水再生利用工程设计时，应根据实际情况，优先采用一种或多种污染程度较轻的废水作为中水水源，选用的次序为：

a. 优质杂排水。污染程度较轻，包括空调系统排水、锅炉房外排水、盥洗排水和洗涤排水。以优质杂排水为中水原水，居民容易接受，水处理费用也低。其缺点是需要增加一个单独的废水收集系统。由于小区建筑分散，废水收集系统造价相对较高，因此有可能会抵消废水处理成本上的节省。

b. 杂排水。污染程度中等，包括除冲厕以外的各种排水，含优质杂排水和厨房排水。以杂排水为中水原水，水质浓度要高一些，处理难度增加，但由于增加了洗衣废水和厨房废水，中水水源水量变化较均匀，可减小调节池容量。

c. 生活污水。污染程度最重，包括冲厕排水在内的各种排水，含杂排水。以生活污水作为中水原水，缺点是污水浓度高，杂物多，处理设备复杂，管理要求高，处理费用也高。优点是可省去一套中水水源收集系统，降低管网投资。对环境部门要求生活污水排放前必须处理或处理要求高的小区，可将生活污水作为中水原水。

3. 污水再生利用的水质标准

城市污水再生利用可分为农林牧渔业用水、城市杂用水、工业用水、环境用水和补充水源水等。一般用于不与人体直接接触的用水，其用途主要有以下几种。

（1）城市杂用水。

用于城市绿化、冲厕、空调采暖补充、道路广场浇洒、车辆冲洗、建筑施工、消防等方面。

（2）生态环境用水。

即娱乐性景观环境用水。包括娱乐性景观河道、景观湖泊及水景等。

4. 污水再生利用处理技术

（1）污水再生处理技术。

城市污水再生回用是一项系统工程，包括污水收集系统、污水处理再生系统、再生水输配送系统、水质监测与运行、管理及维护系统。污水再生处理技术是污水再生回用的核心，是保证再生水水质合格、用户使用安全及再生水回用价格合理的关键。

城市污水再生处理技术主要可分为物理化学处理法、生物处理法和膜处理法三大类。

① 物理化学处理法指利用物理作用和化学反应作用分离回收污水中处于各种形态的污染物质（包括悬浮物、溶解物和胶体），其工艺主要以混凝沉淀（气浮）技术、活性炭吸附及砂滤等结合为基本方式。优点是处理工艺流程短，运行管理简单、方便，占地相对较小，与传统二级处理相比提高了出水水质，但运行费用较大，且出水水质易受混凝剂种类和数量的影响。

② 生物处理法指利用微生物的代谢作用使污水中呈溶解、胶体状态的有机污染物转化为稳定的无害物质，主要方法有天然生物处理法和人工生物处理法。

a. 天然生物处理法。包括生物稳定塘、土地处理系统等。

b. 人工生物处理法。包括好氧生物处理法（如活性污泥法和生物膜法）和厌氧生物处理法（如传统厌氧消化）。

生物处理法的优点是出水水质稳定，运行费用相对较小，水量变化抗冲击负荷能力强，但运转管理复杂，占地面积较大。

③ 膜处理法指通过膜分离技术把污水中的污染物分离出去，达到净水的目的。膜技术被称为“21 世纪的水处理技术”，随着工艺的提高和市场的发展，曾被认为十分昂贵的膜处理技术如今变得越来越经济，已受到越来越多的水处理工作者的关注。目前应用较多的膜处理技术有微滤、纳滤、超滤、反渗透、电渗析等。

膜生物反应器（MBR）是一种由膜分离单元与生物处理单元组合而成的新型污

水处理技术。与传统生物处理方法相比，MBR具有适应性强、出水水质好、占地面积小、运行管理简单、可实现自动化控制等优点，但在长期的运转中，膜作为一种过滤介质易堵塞和污染。

（2）污水再生处理工艺选择原则。

城市污水再生处理工艺的优化选择，取决于再生水水源水质和回用水水质标准要求。由于污水成分复杂，再生水水源不同，其水质特性也千差万别，不同用途再生水回用水质要求也不同，故污水再生处理工艺有很大差异。在污水再生处理中，许多人习惯把污水二级处理和深度处理分为两个系统来考虑，这样在技术经济上都不尽合理。污水再生处理回用应从污水处理的全过程考虑，统筹分配各单元有机物和营养物的去除负荷，做到总体上技术可行、经济合理。

再生水处理工艺需根据水源水量、水质、回用水水质标准要求及当地情况，经技术经济比较后确定。实际操作过程中，污水再生处理工艺的选择要遵循经济、安全可靠的原则，结合设计规模、污水水质特性和当地实际情况及要求，采用多种处理单元合理组合的方式，以满足再生水水质要求，达到经济高效的目的。

（3）污水再生回用的主要处理工艺。

① 以城市污水处理厂二级出水为再生水水源（主要为集中式再生水厂），可选用物化处理或与物化生化相结合的深度处理工艺，常用的工艺流程为以下几个方面。

a. 物化处理工艺流程：

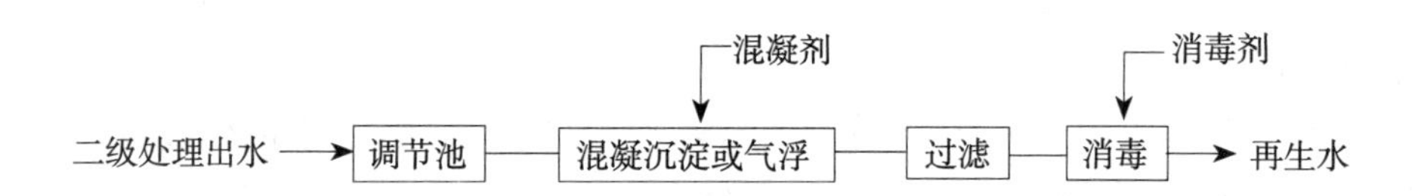

b. 物化与生化相结合的深度处理工艺流程：

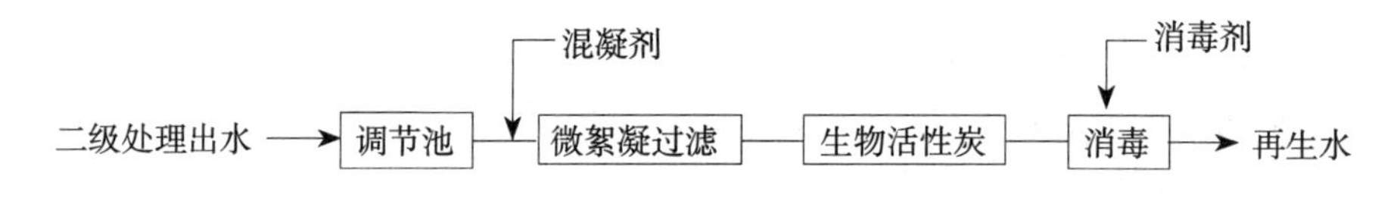

c. 微孔过滤处理工艺流程：

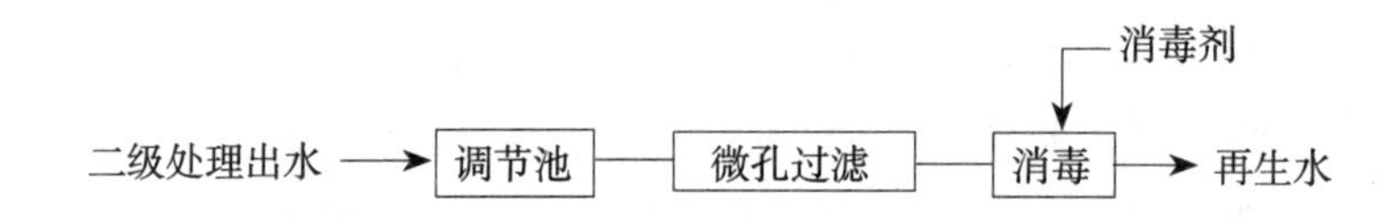

对水质要求高的用户，还可在深度处理中增加活性炭吸附、离子交换、氨吹脱、反渗透、臭氧氧化等单元技术中一种或几种组合。

② 以优质杂排水或杂排水为再生水水源，可采用物理、化学处理为主的工艺或生化物化相结合的工艺，常用工艺流程有以下几种。

a. 物化处理工艺流程（适用于优质杂排水）：

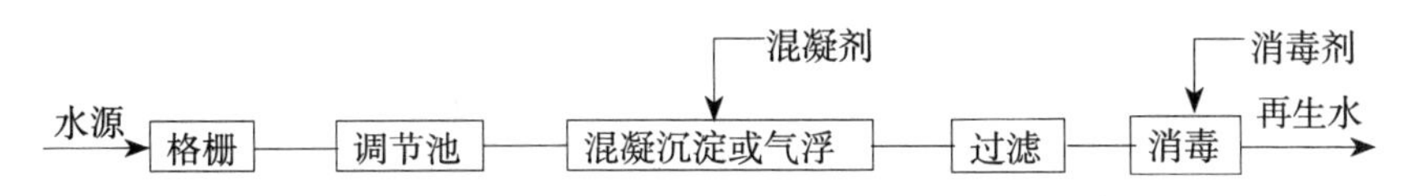

b. 生物处理与物化处理相结合的工艺流程：

c. 预处理与膜分离相结合的处理工艺流程：

③ 以综合生活污水为再生水水源，水中的有机物和悬浮物浓度都很高，可采用二段生物处理或生化、物化相结合的处理工艺，常用工艺流程有以下几种。

a. 两段生物处理（常用生物接触氧化工艺）工艺流程：

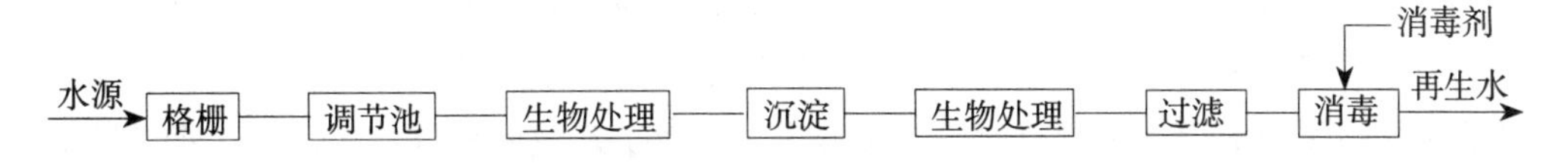

b. 生物处理（常用生物接触氧化工艺）与深度处理相结合的工艺流程：

c. 生物处理与土地处理相结合的工艺流程：

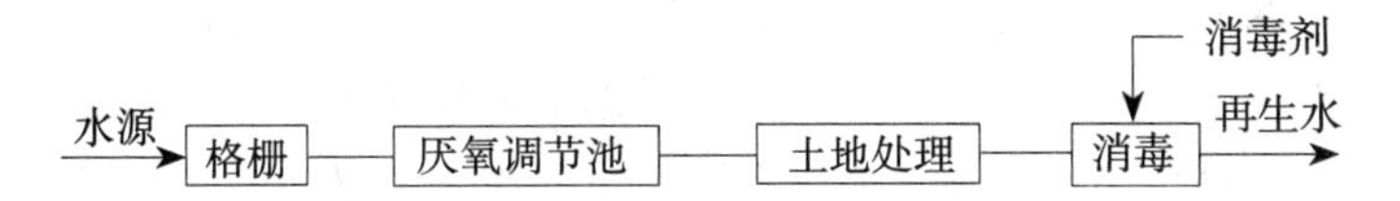

d. 曝气生物滤池处理工艺流程：

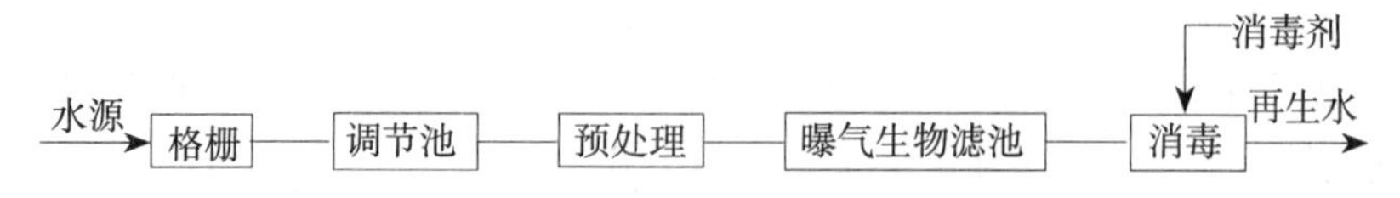

e. 膜生物反应器处理工艺流程：

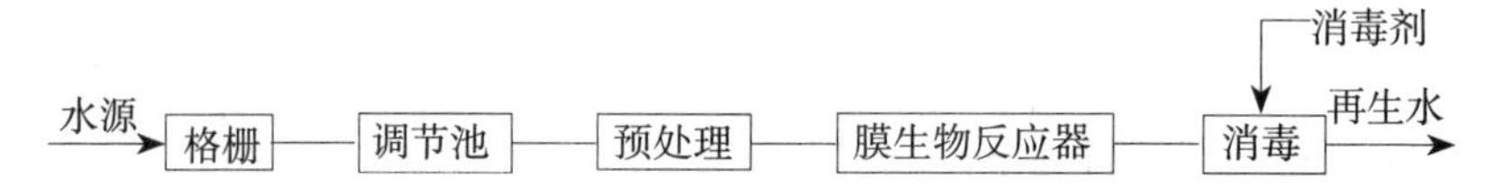

当所处理的再生水用于与人直接接触时，需采用膜生物反应器，将微生物的孢子截留。采用膜处理工艺时应有保障其可靠进水水质的预处理工艺和易于膜清洗更换的技术措施。

5. 再生水回用管网布置

再生水回用管网包括再生水输配送管道、加压泵站和贮存设施等。再生水回用管网的建设是保证污水再生回用的重要条件，也是影响再生水回用成本的重要因素。再生水回用管网越庞大，回用成本就越高。目前，我国再生水回用率偏低的一个重要原因就是再生水管网建设不配套，跟不上再生水厂建设的步伐。再生水厂建设的同时，需要注重回用管网的同步建设。

目前，我国还没有颁布专门的再生水回用管网设计规范，再生水回用管网布置可参考自来水供水管网布置，应遵循以下原则：

（1）管网布置宜采用环状网和树状网相结合的方式。和自来水供水管网不同，再生水主要回用于生活、市政、环境等非饮用水，对用水的可靠性要求不高，且有市政供水管网作为备用，故宜以树状网布置为主。对于工业用户可考虑采用双管道供水方式或增设蓄水池来提高供水的可靠性。

（2）防止再生水供水管道与饮用水管道交叉连接，再生水管道与给水管道水平净距不得小于 0.5m；交叉埋设时，再生水管道应位于给水管道的下面，其净距均不得小于 0.5m。

（3）再生水管网规模应该按照再生水最高日最大时用水量确定，满足远期规划供水需求。再生水的输配水干管布置应该充分考虑当前用户和后期潜在用户的分布情况，合理设计管网的布局及管径。如考虑供水系统中将来可能的管网接入点，并安装分水闸。再生水泵站和贮存设施的设计也要考虑未来延伸的趋势。再生水主干管道尽量考虑用水量较大且集中的景观环境用户、绿地的相邻道路铺设，便于再生水优先回用于景观环境及城市绿化。

（4）考虑再生水输配的安全性，再生水回用管道及其附属设施应该有各种标识措施，对公众进行再生水使用知识的宣传和指导，防止公众误装、误连和误用。

（5）管线应遍布整个供水区域，保证给用户提供足够的水量和水压。再生水系统供水压力应能充分满足用户协议或当地法令规定的可靠性及限度内用户的需要。再生水用于建筑冲厕时，用户需在再生水供水点增设加压设备。

本章小结

建筑围护构件热工性能的优劣是直接影响建筑使用能耗大小的重要因素。我国各地的气候差异很大，建筑围护结构的保温隔热设计应与建筑所处的气候环境相适应。绿色建筑是实现“人文——建筑——环境”三者和谐统一的重要途径，是实施可持续发展战略的重要组成部分。发展绿色建筑是从建筑节能起步的，同时，又将其扩展到建筑全过程的资源节约、提高居住舒适度等领域。可再生能源的利用是绿色建筑的重要技术之一，建筑是可再生能源应用的重要领域，应用可再生能源是降低建筑能耗的必要手段。作为非传统水源，雨污水再生利用可有效解决水资源短缺和水危机问题，极大缓解水资源供需矛盾，体现水的“优质优用、低质低用”原则，提高城市水资源利用的综合经济效益，有利于环境保护。《绿色建筑评价标准》对住宅建筑、公共建筑的节水和水资源利用作出了明确的规定，在建筑实践中应给予高度重视。

第三章　绿色建筑评估体系

第一节　绿色建筑基本简介

一、绿色建筑的概念

“绿色建筑”在日本称为“环境共生建筑”，在一些欧美国家称为“生态建筑”“可持续建筑”，在北美国家则称为“绿色建筑”。“绿色建筑”的“绿色”，并非一般意义上的立体绿化、屋顶花园或建筑花园概念，而是代表一种节能、生态概念或象征，是指建筑对环境无害，能充分利用环境的自然资源，并且在不破坏环境基本生态平衡条件下建造的一种建筑。因此，绿色建筑也被很多学者称为“低碳建筑”“节能环保建筑”等，其本质都是关注建筑的建造和使用及对资源的消耗和对环境造成的影响，同时也强调为使用者提供健康舒适的建成环境。

由于各国经济发展水平、地理位置和人均资源等条件不同，在国际范围内对于绿色建筑的定义和内涵的理解也就不尽相同，存在一定的差异。

二、绿色建筑的相关概念

（一）生态建筑

生态建筑理念源于从生态学的观点看持续性，问题集中在生态系统中的物理组成部分和生物组成部分相互作用的稳定性。

生态建筑受生态生物链、生态共生思想的影响，对过分人工化、设备化的环境提出质疑，生态建筑强调使用当地自然建材，尽量不使用电化设备，而多采用太阳能热水、雨水回收利用、人工污水处理等方式。生态建筑的目标主要体现在：生态建筑提供有益健康的建成环境，并为使用者提供高质量的生活环境；减少建筑的能源与资源消耗，保护环境，尊重自然，成为自然生态的一个因子。

（二）可持续建筑

可持续建筑是查尔斯·凯博特博士 1993 年提出的，旨在说明在可持续发展的进程中建筑业的责任，指以可持续发展观为原则规划的建筑，内容包括从建筑材料、建筑物、城市区域规模大小等，到与这些有关的功能性、经济性、社会文化和生态因素。可持续发展是一种从生态系统环境和自然资源角度提出的关于人类长期发展的战略和模式。

1993 年，美国出版《可持续发展设计指导原则》一书列出了可持续的建筑设计细则，并提出了可持续建筑的六个特征：（1）重视设计地段的地方性、地域性，延续地方场所的文化脉络；（2）增强运用技术的公众意识，结合建筑功能的要求，采用简单合适的技术；（3）树立建筑材料循环使用的意识，在最大范围内使用可再生的地方性建筑材料，避免使用破坏环境、产生废物及带有放射性的材料，争取重新利用旧的建筑材料及构件；（4）针对当地的气候条件，采用被动式能源策略，尽量利用可再生能源；（5）完善建筑空间的使用灵活性，减少建筑体量，将建设所需资源降至最少；（6）减少建造过程中对环境的损害，避免破坏环境、资源浪费以及建材浪费。

（三）绿色建筑和节能建筑

绿色建筑和节能建筑两者有本质区别，二者从内容、形式到评价指标均不一样。具体来说，节能建筑符合建筑节能设计标准这一单项要求即可，节能建筑执行节能标准是强制性的，如果违反则要面对相应的处罚。绿色建筑涉及六大方面，涵盖节能、节地、节水、节材、室内环境和物业管理。绿色建筑目前在国内是引导性质，鼓励开发商和业主在达到节能标准的前提下做诸如室内环境、中水回收等项目。

第二节　国外绿色建筑评估体系

发达国家对节能工作十分重视，从 20 世纪 90 年代开始，各国先后建立了自己的评价体系，并经过了不断的修订，贯彻执行情况良好。世界各国绿色建筑评估体系，见表 3-1 所列。

表 3-1 世界各国绿色建筑评估体系

国家或地区	体系拥有者	体系名称	参考网站
美国	USGBC	LEED ™	http：//www. usghc. org/LEED)
英国	BRE	BREEAM	http：//www. breeam. com/
日本	日本可持续建筑协会	CASBEE	http：//www. ibec. or. jp/CASBEE
澳大利亚	DEH	NABEHS	http：//www. deh. gov. au/
加拿大	ECD	BREEAM/ Green Leaf	http：//www. brccamcanada. ca/
中国	绿色奥运会建设研究课题组	GBCAS	http：//www. gbchina. org/
丹麦	SBI	BEAT	http：//www. by-og-byg. dk/
法国	CSTB	ESCALE	http：//www. cstb. fr/
芬兰	VIT	LCA House	http：//www. vtt. fi/rte/esitteeet/
中国香港	HK Envi Buliding Association	HK-BEAM	http：//www. hk-beam. org/
意大利	ITACA	Protocollo	http：//www. itaca. org/
挪威	NBI	Eco Prefile	http：//www. byggforsk. no/
荷兰	SBR	Eco Quantum	http：//www. ecoquantum. nl/
瑞典	KTH Infrastructure & Planning	Eco Effect	http：//www. infra. kth. se/BBA
中国台湾	ABRI & AERF	EMGB	http：//www. abri. gov/
德国	IKP-Stuttgarl University	Build-It	http：//www. ikpgabi. uni-stutt- gart.de/

一、美国绿色建筑评价标准及体系 LEED

LEED（Leadership in Energy and Environmental Design）是美国绿色建筑委员会 1998 年颁布实施的绿色建筑分级评估体系，综合考虑环境、能源、水、室内空气质量、材料和建筑场地等因素，这些都对建筑物的高性能表现起着关键影响。LEED 是目前国际上商业化运作模式最成熟的绿色建筑分级评估体系，广为世界各国引用，目前中国有超过两千多个已注册和取得 LEED 认证的项目。

（一）LEED 的产生背景及发展过程

1. LEED 的产生背景

美国发达的工业和高城市化率使其成为世界能源消耗大国，美国人的自然资源消耗量超过了世界总消耗量的四分之一。20 世纪 70 年代末的能源危机促使美国政府开始制定能源政策并实施能源效率标准。每年由美国能源部主办的建筑节能法规大会是美国全国性的重要活动之一，主要是培训节能法规、研讨标准和修订法规等。美国于 1975 年颁布实施了《能源政策和节约法》，1992 年制定了《国家能源政策法》，1998 年公布了《国家能源综合战略》，2005 年出台了《能源政策法案》，对于提高能源利用效率，更有效地节约能源起到了重要作用，标志美国正式确立了面向 21 世纪的长期能源政策。

为了有效降低能源消耗，美国能源部制定了 2020 年新建住宅建筑和 2050 年新建商业建筑实现低造价的零能耗计划。以 2003 年统计的建筑能耗为基准，在迈向零能耗的过程中，不断出现能效方面有明显提高的建筑，即高性能建筑。在此背景下绿色建筑的发展成为当今美国实现零消耗的趋势。

2. LEED 的发展过程

美国绿色建筑委员会（USGBC）为满足美国建筑市场对绿色建筑的评价要求，制定的绿色建筑评估体系 LEED，国际上简称 LEED，也就是国内所称的“LEED 认证”。这是为满足美国建筑市场对绿色建筑评定的要求，提高建筑环境和经济特性而制定的一套评定标准，宗旨是在设计中有效地减少对环境和住户的负面影响，目的是规范一个完整、准确的绿色建筑概念，防止建筑的滥绿色化。

目前在世界各国的各类建筑环保评估、绿色建筑评估以及建筑可持续性评估标准中，LEED 被认为是最完善、最有影响力的评估标准，已成为世界各国建立各自绿色建筑及可持续性评估标准的范本。LEED 自建立以来，经历了多次的修订和补充。从 1998 年的 V1.0 版本，到 2000 年 3 月的 2.0 版本，到 2009 年 V3.0 版本，2013 年又发布了最新的 LEEDV4.0 版，每个版本都针对不同建筑类型有不同的评价体系。

LEED 是性能性标准，主要强调建筑在整体、综合性能方面达到建筑的绿色化要求，很少设置硬性指标，各指标间可通过相关调整形成相互补充，以方便使用者根据本地区的技术经济条件建造绿色建筑。由于各地方的自然条件不同，环境保护和生活要求不尽一致，性能性的要求可充分发挥地方的资源和特色，采用适合当地的技术手段，达到统一的绿色建筑水准。LEED 认证是一种全独立的第三方认证，通过 LEED 认证的建筑，是真正意义上的绿色节能建筑而不是冠以泛绿色名义的“绿色建筑”。

我国已成为美国以外 LEED 认证项目总面积最多的国家。

（二）绿色建筑评估体系 LEED 简介

1. LEED 的特点及目标

LEED 在建筑的全生命周期内对设计、建造、使用及消亡阶段进行评估。内容包括场地可持续性、水资源利用、能源与大气、材料与资源、室内环境质量 5 项。USGBC 通过开发推广 LEED 项目，旨在通过建立测量通用标准定义“绿色建筑”；推广整体全面的建筑设计理念；认可建筑业中领导型的绿色建筑；激发绿色竞争；提高消费者的绿色建筑意识；转变建筑市场。

2. LEED V3.0

（1）LEED V3.0 的评估体系。

LEEDV3.0 版本主要由以下几个评估体系构成：LEED ~ NC（新建和大修建筑）；LEED-EB（既有建筑）；LEED ~ CI（商业建筑室内装修）；LEED-CS（建筑主体与外壳 / 毛坯房）；LEED-Home（独立住宅，目前只能在美国本土认证）；LEED-ND（社区规划开发 4 万平方米以上）。

① LEED-NC——LEED for New Construction“新建和大修项目”分册。由该标准衍生出 LEED for multiple building scamp uses 评价标准，适合于多幢建筑或建筑群类项目。LEED-NC 节能评价指标及分值分布，见表 3-2 所列。

② LEED-EB——LEED for Existing Building“既有建筑”分册。用于完善 LEED NC 评价体系，是 USGBC 用于 LEED 评价建筑在设计、施工、运行的全寿命周期内评价体系的一部分。

表 3-2　LEED-NC 节能评价指标及分值分布

指标分类	目的	分值
建筑能源系统的基本调试运行	为符合认证体系参考指南，运行调试团队应按 LEED 所规定的运行调试	必须
	试程序和行为	
最低能效	对于相关建筑和系统设立了最低的能效基准	必须
基本冷媒管理	降低暖通空调及制冷设备中冷媒对大气臭氧的破坏	必须
能效优化	在保证建筑能效的基础之上，进一步提高能源效能，以减轻过度用能对环境和经济方面的影响	1 ~ 10 分

续 表

指标分类	目的	分值
现场再生能源	促进、提高对就地再生能源自供水平的认识，以减低使用化石能源对环境和经济的影响	1 ~ 3 分
加强调试运行	尽早在设计阶段就开始运行调试，并在系统性能查证完成后再实施一些附加行动	1 分
加强冷媒管理	减轻臭氧层破坏，尽早遵循蒙特利尔议定书，减少对全球变暖的影响	1 分
测量与查证	提供运行建筑能源消耗的随时可计量性	1 分
绿色电力	鼓励和开发使用基于零污染的再生能源与电网技术	1 分

③ LEED-CI——LEED for Commercial Interior“商业建筑室内”分册。给予那些不能控制整幢大楼运行的租户和设计师一定的权利来做出可持续的选择。

④ LEEI-CS——LEED for Core and Shell“建筑主体与外壳”分册。针对设计师、施工人员、开发商和要求建筑主体和外壳进行可持续设计施工的业主。它是 LEED CI 评价标准的补充完善，两者合在一起建立了开发商、业主与租户的绿色建筑评价标准。

⑤ LEED-ND——LEED for Neighborhood Development“社区规划”分册（试行）。作为整个 LEED 的补充完善，LEED ND 继承了单体绿色建筑实践中重视改善建筑室内环境质量、提高能源和用水效率等方面的内容，同时希望通过开发商以及社区领导者的通力合作，对现有社区进行改良，提高土地的利用率、减少汽车的使用、改善空气质量，为不同层次的居民创造和谐共处的环境。

⑥ LEED for Home“住宅”分册（试行）。于 2007 年发行正式版本。该标准有个特点，即当地认证，建设单位与当地或附近的具有 LEED for Home 评价资质的机构联系，由该机构进行认证。

⑦ LEED for School“学校项目”分册。是在 LEEI-NC 的基础上，加上教室声学、整体规划、防止霉菌生长和场地环境的评估，专门针对中小学校而制定的评价标准。

⑧ LEED for retail“商店”分册（试行）。由两个评价体系构成，一个是以 LEED-NC 版为基础，主要针对新建建筑和大修建筑；另一个是以 LEED-CI 210 版为基础，主要针对室内装修项目。

⑨ LEED for Healthcare“疗养院”分册（草稿）。是以 LEED-NC 为基础，针对

疗养院的病人和医务人员的特点进行技术指导。

（2）LEED 评估体系的评分条款。

LEED 评价体系进行绿色评定的条款可以归类为六个方面：可持续场地设计、有效利用水资源、能源和环境、材料和资源、室内环境质量和革新设计。在每个方面，LEED 提出评定目的、要求和相应的技术及策略，其评定条款数目所占分值，见表 3-3 所列。

表 3-3　LEED 评估体系及评分条款

	LEED-NC	LEED-EB	LEED-CI	LEED-CS	LEED for school
可持续场地设计	14	14	7	15	16
有效利用水资源	5	5	2	5	7
能源和环境	17	23	12	14	17
材料和资源	13	16	14	11	13
室内环境质量	15	22	17	11	20
革新设计	5	5	5	5	6

LEED 认证相应级别所需要的分数，见表 3-4 所列。

表 3-4　LEED 认证级别与所需要的分数

	认证	银奖	金奖	白金奖
LEED-NC	26 ~ 32	33 ~ 38	39 ~ 51	52 ~ 69
LEED-EB	32 ~ 39	40 ~ 47	48 ~ 63	64 ~ 85
LEED-CI	21 ~ 26	27 ~ 31	32 ~ 41	42 ~ 57
LEED-CD	23 ~ 27	28 ~ 33	34 ~ 44	45 ~ 61
LEED for school	29 ~ 36	37 ~ 43	44 ~ 57	58 ~ 79

建筑类型的不同，必备条款和分值条款在评定标准中的要求和所占比重都会不同。全部分值条款评定得分的总和即为评定得分，必备条款是必须实现的。评定项目

必须满足最低认证所需分数，分数越大，级别越高。按项目的进程分，采用 LEED 评价标准的建筑一般有设计、采购和施工三个阶段。节能、节水、建筑舒适度等方面的措施属于设计阶段；采购再利用含有回收材料成分的材料、本地材料、快速可再生材料和低挥发性材料属于采购阶段的主要任务；工程完工后可采用调试、节能措施和热舒适调查等措施进行审查。

（3）LEED 评估体系的认证级别。

LEED 的认证级别共 4 级，总分 69 分，它们是：（1）一般认证：满足至少 40% 的评估要点（40 ~ 50 分）；（2）银级认证：满足至少 50% 的评估要点（50 ~ 60 分）；（3）金级认证：满足至少 60% 的评估要点（60 ~ 80 分）；（4）铂金级认证：满足至少 80% 的评估要点（80 分以上）。

3. LEED V4.0 评估体系

美国绿色建筑委员会（USGBC）2013 年 11 月开始正式实施升级版评估系统 LEED V4.0，对第一批铂金级项目进行免费认证，以鼓励全球范围内对绿色建筑的升级实践。上海世博会城市最佳实践区获得了 LEEI-ND 铂金级的绿色预认证授牌。LEED V4.0 依然以过去几版的认证标准为核心基础，但是整体认证流程更顺畅并且更突出强调建筑性能的表现。其适用范围在原 LEED 2009 版（V3.0 版）中，既有分别针对建筑不同阶段的版本，包括用于新建或改造的 NC 版、主体与围护结构的 CS 版、内部装饰装修的 CI 版、既有建筑运行维护的 EB：OM 版；也有分别针对不同功能建筑的版本，包括用于住宅的 Homes 版、用于社区的 ND 版、用于学校的 School 版、用于商场的 Retail 版、用于疗养保健的 Healthcare 版。

二、英国的绿色建筑评价标准及体系

英国的 BREEAM（Building Research Establishment Environmental Assessment Method，建筑研究所环境评估法）体系，是世界上第一个绿色建筑评估体系。自从 1990 年由英国的建筑研究所研发推出首个版本的 BREEAM 以来，它的体系构成和运作模式成为许多不同国家和研究机构建立自己绿色建筑评估体系的范本。这种非官方评估的要求高于建筑规范的要求，在英国及全世界范围内，BREEAM 体系已经得到了各界的认同和支持。

（一）BREEAM 的产生背景及发展历史

英国是最早享受工业文明成果的国家之一，也因此成为最早凸显环境问题的国家之一。19 世纪中期以后，随着工业化进程的不断加快，城市化进程也不断加速。环境问题不断爆发。1952 年，伦敦爆发了著名的烟雾事件，在 4 天之内近 4000 人被夺去了生命。1974 年出台的《污染控制法》，是较为全面的涵盖废弃物、水污染、空气污染、噪声污染等各种环境污染问题的管理法规。1989 年，英国又对该法进行了修订，将污染控制的重点以治理为主转变为以预防为主。1990 年之后新出台的环境法规，把可持续发展列为今后建设必须遵循的国家战略。

20 世纪 90 年代后，越来越多的激励机制运用到实践中，这成为 BREEAM 产生的土壤。1990 年，著名的“英国建筑研究所”（BRE）和一些私人部门的研究者共同制定了《建筑环境评价方法》，它是国际上第一套实际应用于市场和管理之中的绿色建筑评价办法。

（二）BREEAM 的评价目标、评价对象及评价内容

二十多年来，BREEAM 的发展经历了从简单到丰富的过程，目前，BREEAM 体系涵盖了包括从建筑主体能源到场地生态价值的范围，包括了社会、经济可持续发展的多个方面。BREEAM 体系涵盖众多类型的建筑，包括办公楼、工业建筑、监狱、医院、零售商场、法院、学校和住宅等，还特设针对一些新型建筑的 Bespoke BREEAM。

BREEAM 的评价目标：减少建筑物对环境的影响，主要针对英国的办公类建筑；

BREEAM 的评价对象：新建建筑和既有建筑；

BREEAM 的评价内容：包括核心表现因素，设计和实施，管理和运作。

BREEAM 体系的发展需与当地的实际情况紧密结合。

1. 20 世纪 BREEAM 体系的不同版本

20 世纪 90 年代，BREEAM 体系先后推出针对不同类型建筑的多个评价版本，如《2/91 版新超市及超级商场》《5/93 版新建工业建筑和非食品零售店》《环境标准 3/95 版新建住宅》以及《BREEAM’98 新建和现有办公建筑》等。BREEAM 体系已对英国的新建办公建筑市场中 25% ~ 30% 的建筑进行了评估，成为各国类似评估手册中的成功范例。

（1）1990 年第一个 BREEAM 分册。是办公建筑评估分册，只有 11 个评估条款，且缺少权重系统，但其开创的先河作用不可替代。

BREEAM 系统在后续的修订和更新中，将评价框架和体系都做了较大的调整，如 1998 年修订的新版办公建筑分册，其评估对象既包括“新建办公建筑”，也包括“现有办公建筑”。

（2）《BREEAM’98 新建和现有办公建筑》。

BREEAM’98 是为建筑所有者、设计者和使用者设计的评价体系，以评判建筑在其整个寿命周期中，包含从建筑设计开始阶段的选址、设计、施工，以及使用直至

最终报废拆除所有阶段的环境性能，通过对一系列的环境问题，包括建筑对全球、区域、场地和室内环境的影响进行评价，BREEAM 最终给予建筑环境标志认证。其评价方法概括如下：

① 评价条目。涉及九个方面，分别是：管理、健康和舒适、能源、运输、水资源、原材料、土地使用、地区生态、污染，见表 3-5 所列。每一个条目下分若干子条目，各对应不同的得分点，分别从建筑性能、设计建造、运行管理这三个方面对建筑进行评价，满足要求即可得到相应的分数。

表 3-5　英国 BREEAM 的评价条目及内容

评价条目	内容
管理	总体的政策和规程
健康和舒适	室内和室外环境
能源	能耗和 CO_2 排放
运输	有关场地规划和运输时 CO_2 的排放
水资源	消耗和渗漏问题
原材料	原料选择及对环境的作用
土地使用	绿地和褐地使用
地区生态	场地的生态价值
污染	（除 CO_2 外的）空气和水污染

② 评价内容。BREEAM 认为，根据建筑项目所处的阶段不同，评价的内容相应也不同。评估的内容包括三个方面：建筑性能、设计建造和运行管理。其中：处于设计阶段、新建成阶段和整修建成阶段的建筑，从建筑性能、设计建造两方面评价，计算 BREEAM 等级和环境性能指数；属于被使用的现有建筑，或是属于正在被评估的环境管理项目的一部分，从建筑性能、管理和运行两方面评价，计算 BREEAM 等级和环境性能指数；属于闲置的现有建筑，或只需对结构和相关服务设施进行检查的建筑，对建筑性能进行评价并计算环境性能指数，无须计算 BREEAM 等级。

③ BREEAM 的等级及评分。从合计建筑性能方面的得分点，得出建筑性能分（BPS）、合计设计与建造、管理与运行两大项各自的总分，根据建筑项目使用时间段

的不同，计算 BPS+ 设计与建造分或 BPS+ 管理与运行分，得出 BREEAM 等级的总分；另外，由 BPS 值根据换算表换算出建筑的环境性能指数 [EPI]，最终，建筑的环境性能以直观的量化分数给出。同时规定了每个等级下设计与建造、管理与运行的最低限分值。如果被评估的建筑满足或是达到了某一评估标准的要求，就可以获得一定的分数，各项分数累加得到最后的分数，依据最后得分的高低，将建筑评定为“通过（权重≥ 30%）、良好（权重≥ 45%）、很好（≥ 55%）、优秀（权重≥ 70%）”四个级别。

各国绿色建筑的等级划分，见表 3-6 所列。

表 3-6　各国绿色建筑的等级划分

BREEAM（英国）	通过、良好、很好、优秀
LEED（美国）	一般、铜牌、银牌、金牌、铂金
CASBEE（日本）	根据环境性能效率指标 BEE，给予评价，表现为 QL 二维图
NABERS（澳大利亚）	0 ~ 5 星级
ESCALE（法国）	标准工程、优秀工程、较差工程
ESFGB（中国）	★、★★、★★★
HK-BEAM（中国香港）	满意、好、很好、优秀

④ BREEAM 的评估资质。BREEAM 从 1998 年开始专门培训并且签发执照给评估师及指定的评估机构，并且规定了每个项目的评估需要至少两位有资质的评估人操作，这个做法保证了 BREEAM 评估的可靠性。通常由持有 BRE 执照的评估人对项目做出评估。对于正在进行的设计项目，评估一般在样图设计接近尾声时进行。对已使用的现有建筑进行评估，评估人会根据管理人员提供的资料，做出一份“中期报告”和一份“行动计划大纲”，以提供改进措施和意见，客户可依照意见采取改进措施，以获得更高评级。

2. 21 世纪 BREEAM 评估体系的发展

进入 21 世纪，BREEAM 体系不断增加新成员，包括“2003 年版的 BREEAM 商业建筑评估体系”及“2004 年版的 BREEAM 办公建筑评估体系、工业建筑评估体系、住宅评估体系”。由于工程实践在不断发展，BREEAM 建筑环境评估体系每年要做一次修订，增加一些新内容，并摒弃某些过时的条款。2005 年，BREEAM 获得东京世界可持续建筑会议最佳程序奖，成为公认最成功的评价体系。

英国建筑研究院通过 BREEAM 体系帮助联合国环境规划署和多个国家创立了适用于当地的绿色建筑评估标准。在世界范围内，有超过 11 万幢建筑完成了 BREEAM 认证，另有超过 50 万幢建筑已申请了认证。通过 BREEAM 进行绿色建筑评估认证的建筑名单包括汇丰银行全球总部、联合利华英国总部、巴黎贺米提积广场、德国中央美术馆购物中心在内的一大批全球知名地标建筑。

三、加拿大的绿色建筑评价标准及体系

（一）加拿大 GBC 2000 评价标准

加拿大是十分重视资源和环境保护的国家，1996 年，加拿大自然资源部发起了一项国际合作行动，名叫 Green Building Challenge（绿色建筑挑战，简称 GBC）。在随后两年中又有 19 个国家参与制定此评价方法。2000 年 10 月，在荷兰马斯特里赫特召开的国际可持续会议中，介绍了“绿色建筑挑战”的最新成果 GBC 2000，其范围包括新建建筑和改建建筑。

GBC 的目的是通过对各个参与国众多项目的研究和深入的交流，最终确立的一个既充分尊重地方特色，又具有较强专业指导性的和统一的性能参数指标，基于全球化的绿色建筑性能评价标准和认证系统，使有用的建筑性能信息可以在国家之间交换，最终使不同地区和国家之间的绿色建筑实例具有可比性。此外，加拿大也采用 GBTOOL、LEED Canada 以及 Green Globes 作为评估体系。

加拿大 GBC 2000 评估范围包括新建和改建翻新建筑，评估手册共有 4 卷，包括总论、办公建筑、学校建筑和集合住宅，评估的目的是对建筑在设计及完工后的环境性能予以评价。评价标准共分八个部分:（1）环境的可持续发展指标。这是基准的性能量度标准，用于 GBC 2000 不同国家的被研究建筑间的比较;（2）资源消耗，建筑的自然资源消耗问题;（3）环境负荷，建筑在建造、运行和拆除时的排放物，对自然环境造成的压力，以及对周国环境的潜在影响;（4）室内空气质量，影响建筑使用者健康和舒适度的问题;（5）可维护性，研究提高建筑的适应性、机动性、可操作性和可维护性能;（6）经济性，所研究建筑在全寿命期间的成本额;（7）运行管理，建筑项目管理与运行的实践，以确保建筑运行时可以发挥其最大性能;（8）术语表，各部分有自己的分项和更为具体的标准。GBC 2000 采用定性和定量的评价依据结合的方法，其评价操作系统称为 GBTOOL Green Building Tool，译为绿色建筑评价工具。

（二）加拿大绿色建筑评价工具 GBTOOL（Green Building Tool）

加拿大 GBTOOL 由加拿大自然资源部发起，在 1998 年最初开发，是以 Excel 为载体，从 GBC 2000 中衍生而来，是一套可以被调整适合不同国家、地区和建筑类型

特征的软件系统，采用的是评分制。评价体系的结构适用于不同层次的评估，所对应的标准是根据每个参与国家或地区各自不同的条例规范制定的，同时也可被扩展运用为设计指导。GBTOOL 所使用的建筑性能信息可以在多个国家、地区或者多种建筑类型之间进行交换，使不同国家、地区和不同建筑类型之间的建筑实例具有可比性。

1. GBTOOL 的评价方式

GBTOOL 对建筑物进行定性和定量的全面评价，涵盖了建筑环境评价的各个方面，主要分为 4 个层次，由 6 大领域、120 多项指标组成。其评价尺度属于动态的相对值，而非绝对值，以方便与该地区内的其他项目进行横向和纵向比较。GBTOOL 并不直接面对终端用户，在 GBTOOL 中用户可以根据自己的需要确定评价系统中的评估部分的权重，这是 GBTOOL 与世界上其他评估体系最大的区别，GBC 的成员国可以全部或者部分借鉴 GBTOOL 评估框架建立各自的评估体系。

2. GBTOOL 的评估系统

GBTOOL 采用四级权重评估系统，即“总目标—条款—种类—标准—子标准”。通过子标准的得分加权得到相应种类的得分，通过每个种类的得分加权得到条款的得分，通过条款的得分加权得到整个建筑的得分。表 3-7 列出了 GBTOOL 评估体系的评估条款、评估种类和所占权重。

GBTOOL 所评价的性能标准和子标准的评价范围从 -2 到 5，这些数值表示参评建筑的能源消耗可持续发展的程度，其中：-2 分——代表不合要求；0 分——是基准指标，表示该地区内可接受的最低要求的建筑性能表现；1 ~ 4 分——表示中间不同水平的建筑性能表现；5 分——表示高于标准的建筑环境性能。

表 3-7　加拿大 GBTOOL 评估系统

评估条款	评估种类	权重
能源消耗（R）	R1 能源消耗	20%
	R2 建筑用地以及土地质量影响	
	R3 引用水资源消耗	
	R4 已有建筑及场地材料再利用	
	R5 场地外材料利用	

续　表

评估条款	评估种类	权重
环境负担（L）	L1 建筑初期建造运营的气体排放	25%
	L2 抽样消耗物质释放	
	L3 建筑运营酸性气体释放	
环境负担（L）	L4 建筑运营过程中光氧化释放	25%
	L5 建筑运营产生的富营养化效应	
	L6 土壤污染	
	L7 水处理系统	
	L8 建筑改造和拆除带来的建筑废物	
	L9 对现场及周围场地的环境影响	
室内环境质量（Q）	Q1 室内空气质量及通风	20%
	Q2 热舒适度	
	Q3 日光和日照	
	Q4 噪音污染	
	Q5 电磁污染	
设备质量（S）	S1 灵活性和适应性	15%
	S2 系统控制	
	S3 功能耐久性	
	S4 私人空间及阳光景观的获得	
	S5 建筑舒适性及场地发展前景	
	S6 对场地及周围环境运营性能的影响	
经济（E）	E1 建筑生命周期成本	10%
	E2 建筑建造成本	
	E3 建筑运营和维护成本	

续 表

评估条款	评估种类	权重
管理（M）	M1 建造过程质量控制	10%
	M2 建筑性能调整	
	M3 建筑运营计划	

整个评价系统通过各个较低指标的分值与权重百分值的乘积相加，最后得到总指标的分值。GBTOOL 的评价过程都需要通过 Excel 进行计算，根据软件自带的算法和公式计算生成，最后以图表的形式表现出来，这些图表能够清晰表现出被评定建筑在各个评定层次上的性能。但是，在 GBTOOL 的推广过程中，复杂的操作、细碎烦琐的评估过程、没有响应的数据库等重要因素或多或少都制约着 GBTOOL。但它兼具国际性和地区性，以及评价基准上的灵活性特征还是吸引了越来越多的国家加入共同研究和实践的行列。

四、澳大利亚的绿色建筑评价标准及体系

澳大利亚有三种评估体系，第一种是建筑温室效益评估；第二种是国家建筑环境评估；第三种是绿色星级认证。

（一）澳大利亚建筑温室效益评估 ABGRS（Australia Building Greenhouse Rating Scheme）

1999 年，ABGRS 评估体系由澳大利亚新南威尔士州的 SEDA 发布，它是澳大利亚国内第一个较全面的绿色建筑评估体系，主要针对建筑能耗及温室气体排放做评估，通过对参评建筑打星值而评定其对环境影响的等级。ABGR 评估是澳大利亚第一个对商业性建筑温室气体排放和能源消耗水平的评价，它通过对建筑本身的能源消耗的控制，来缓解温室气体排放量。2008 年起，ABGR 评估与 NABERS 评估体系结合，作为其能源评估的部分，更名为 NABERS Energy。

ABGR 评估是通过对既有建筑的运行能耗进行计量测算，从而评估其对温室气体排放的影响，按照基准指标采用 1 ~ 5 星级来标示出每平方米建筑二氧化碳的排放量。评估是针对建筑物 12 个月的实际数据进行的，包括能耗量、运行时间、净使用面积、使用人员数量和计算机数量等。

（二）澳大利亚国家建筑环境评估 NABERS（National Australian Building Environmental Rating System）

澳大利亚国家建筑环境评估体系 NABERS，由澳大利亚环境与遗产保护署于 2003 年颁布实施。NABERS 评估是以性能为基础的等级评估体系，对既有建筑在运行过程中的整体环境影响进行衡量。NABERS 评估与 ABGRS 评估同属于一种后评估，即通过建筑在运行过程中实际积累的数据来评估。

NABERS 评估体系由两部分组成：（1）办公建筑，对既有商用办公建筑进行等级评定；（2）住宅建筑，对住宅进行特定地区住宅平均水平的比较。评估的建筑星级等级越高，实际环境性能越好。目前，NABERS 评估体系有关办公建筑包含了能源和温室气体评估、水评估、垃圾和废弃物评估和室内环境评估。

NABERS 具体评价指标分类为三个方面。一是建筑对较大范围环境的影响，包含能源使用和温室气体排放、水资源的使用、废弃物排放和处理、交通、制冷剂使用（可能导致的温室气体排放和臭氧层破坏）；二是建筑对使用者的影响，包含室内环境质量、用户满意程度；三是建筑对当地环境的影响，包含雨水排放、雨水污染、污水排放、自然景观多样性。

NABERS 评估由澳大利亚新南威尔士州环境与气候变化署负责管理运行，受 NABERS 全国指导委员会监督，全国指导委员会由联邦和州政府部门代表组成，由获得 NABERS 评估资格的注册评估师具体承担项目评估。

（三）澳大利亚绿色星级认证 GSC（Green Star Certification）

2002 年，澳大利亚绿色建筑委员会 GBCA（Greening Building Council Australia）成立，这是澳大利亚唯一一个得到全国行业和政府支持的非营利性绿色建筑组织。2003 年，GBCA 推出对建筑等级评价进行评估的绿色之星 GSC 评价体系。绿色之星借鉴了英国的 BREEAM 体系和美国的 LEED 体系，同时又结合澳大利亚自身建筑市场及环境的独立环境测量标准，是澳大利亚对绿色建筑进行综合评估的指标体系。

绿色星级认证 GSC 与 NABERS 评估之间的不同在于，NABERS 评估主要是通过对既有建筑过去 12 个月的运行数据来评估其对环境的实际影响，而绿色星级认证主要是对新建建筑的设计特征进行评估，挖掘潜能，以减少对环境的影响。项目开发和设计人员可以利用绿色星级认证提供的软件工具进行设计方案自我评估，指导绿色建筑的设计建造。目前，澳大利亚通过绿色建筑评估的主要是政府办公建筑、商用办公建筑、会议中心、购物中心、宾馆等公共建筑和住宅建筑，将进一步扩大到医院建筑、学校建筑。

1. 绿色之星 GSC 的评价体系分类

绿色之星 GSC 评价体系对不同建筑有不同的评价标准，具体包括：（1）绿色之

星 - 多单元住宅建筑；（2）绿色之星 - 医疗建筑；（3）绿色之星 - 商场建筑；（4）绿色之星 - 教育建筑；（5）绿色之星 - 办公建筑设计和办公建筑；（6）绿色之星 - 办公建筑室内设计；（7）绿色之星 - 绿色工业建筑。

绿色之星 GSC 的评价标准分为九个部分，贯穿建筑项目建设的整个过程，具体包括：管理、室内环境品质、能耗、运输、水、材料、土地利用和生态、排放、创新，每个部分又被细化成几类，每一类会进行评分。每一项指标由分值表示其达到的绿色星级目标的水平。采用环境加权系数计算总分。全澳大利亚各地区加权系数有变化，反映出各地区各不相同的环境关注点。

2. 绿色之星 GSC 的评价方法

绿色之星评 GSC 级体系有专业的评估软件，建筑项目或建筑开发商可以使用绿色之星评估软件进行评估，但没有得到 GBCA 认证的建筑项目，不能使用绿色之星等级认证商标或公开声称获得绿色之星认证。使用绿色之星评估工具进行评估后，澳大利亚绿色建筑委员会 GBCA 委托第三方认证评审小组对每个分项指标相对应的文件进行验证，技术手册里对每一分项指标的要求进行了详细说明。根据评审小组建议及 GBCA 认可的创新指标，通报项目团队所得分数。得分达到获得所申请的等级认证，该项目会获得等级认证书和绿色之星商标。

每个项目的总得分包括四部分：每个指标的得分，对每一指标进行环境加权，对加权分数进行汇总，对创新部分进行加分。

指标得分 = 该指标所得分数 / 该指标可得分数 ×100%

根据建筑项目各个指标综合分数，得分大于等于 45 分的建筑项目会得到相应的认证等级。绿色之星认证等级分为四星、五星、六星。

（1）四星绿色之星评价认证（得分 45 ~ 59 分）：表明该项目为环境可持续设计和 / 或建造领域“最好的实践”；

（2）五星绿色之星评价认证（得分 60 ~ 74 分）：表明该项目为环境可持续设计和 / 或建造领域“澳大利亚杰出”；

（3）六星绿色之星评价认证（得分 75 ~ 100 分）：表明该项目为环境可持续设计和 / 或建造领域“世界领先”。

五、法国的绿色建筑评估体系 HQE

（一）法国绿色建筑指南 HQE

法国是较早关注建筑环境性能的国家之一。早在 20 世纪 70 年代，就已出现了太阳能建筑、仿生建筑等实验性绿色建筑。今天的法国，仍然站在城市与建筑“可持续发展”的前沿，也是欧洲全民环境意识最强的国家之一。法国的绿色建筑指南 HQE 于 1992 年首次提出，是与英国的 BREEAM、美国的 LEED、中国绿标相似的绿色建筑评价标识。由于在法国得到 HQE 认证的建筑的出租率较一般建筑高，目前每年有 10% 的新建住宅申请 HQE 认证，到 2012 年前建成的所有的大型新建办公楼中，有 80% 申请 HQE 认证。如目前巴黎最大的拉德芳斯商务区即将扩建，将建成的几座高层建筑均申请了 HQE 认证，甚至 HQE+LEED 双认证。

1. HQE 的工作方法和技术路线

法国绿色建筑指南 HQE 不是一项强制执行的技术法规，其实施策略侧重于技术指导和知识普及，技术数据和刚性指标多用于参考，这在客观上促进了法国绿色建筑的多样化探索。

HQE 的工作方法和技术路线，建立在室外与室内两个平行的空间领域之中，并进一步划分为 4 大类 14 项具体内容，见表 3-8 所列。

表 3-8　HQE 标识的 14 个评价目标

建筑对室外环境的影响控制	建筑室内环境质量的创造
建设类	舒适类
目标 1：建筑与环境的和谐关系（场地维护） 目标 2：建设产品与建设方式的选择 目标 3:施工现场对环境的最低影响(清洁施工现场)	目标 8：热舒适 目标 9：声舒适 目标 10：视觉舒适 目标 11：嗅觉舒适
管理类	健康类
目标 4：能源管理 目标 5：水管理 目标 6：废弃物管理 目标 7：维护与维修管理	目标 12：室内空间卫生条件 目标 13：室内空气质量 目标 14：水质

2. HQE 的评估与认证

HQE 是由法国政府授权，HQE 协会颁发的产品与项目认证标识，评估过程由法国建筑科学技术中心 CSTB 具体执行。法国的绿色建筑认证目前主要集中于公共服务类建筑，绿色建筑的评估分为定量和定性两类内容，围绕着 HQE 指南提出的 14 项条款展开。通过 ESCALE 软件为开发商与设计师提供了一个对话的平台，使具体项目能够根据 ESCALE 的技术参数选择优化策略和技术方案。与英国的 BREEAM、美国的 LEED 等先进的评估体系相比，法国的 HQE 体系显然偏重于技术文献和操作指南，部分内容难以转译为具体措施，这在一定程度上也阻碍了法国绿色建筑的发展。

3. HQE 的评价目标与评价等级

（1）HQE 的评价目标。HQE 认证对不同类型的建筑有不同类型的证书，如 HQE logement（住宅建筑 HQE）、HQE hospital（医院建筑 HQE）、HQE Tertiaire（第三产业建筑 HQE）等。HQE 标识分为 14 个评价目标，见表 3-8 所列。

（2）HQE 的评价等级。HQE 对上述 14 个目标分高中低 3 个评价等级：① 超高效等级：在项目预算可承受的范围内，尽可能达到的最大水平的等级（类似于中国绿标的优选项）；② 高效等级：达到比设计标准的要求高一层次的等级（类似于中国绿标的一般项）；③ 基本等级：达到相关设计标准（如法国 RT2005）或者常用的设计手段的等级（类似于中国绿标的控制项）。

较其他评价方法不同的是，HQE 没有分为 1 星、2 星、3 星，或金银铜级别，HQE 的评价方式是，用户根据实际情况，选择 14 个目标中至少 3 个目标达到超高能效等级，至少 4 个目标达到高能效等级，并保证其余目标均达到基本等级，才能得到 HQE 证书，在最终颁发的 HQE 证书中，会标出该项目的 14 项目标各达到的等级，而证书本身没有等级。也就是说，法国的绿色建筑只有“得到 HQE 认证”与“未得到 HQE 认证”之分。

（二）法国 EQUER 建筑物环境影响评价软件 EQUER

EQUER 是由法国一家公司开发的建筑物环境影响评价软件，它可以直接对建筑物的环境性能进行逐年的模拟。EQUER 具有较好的兼容性，它可以直接利用瑞士的 Oekoinventare 数据库和欧洲的 REGENER 项目数据库作为自己的数据库。另外，EQUER 还可以与能量模拟软件 COMFIE 直接连接，因此，可以自动计算出建筑物各构件的使用状况。EQUER 的输出结果为与电子数据表格 Spreadsheet 兼容的表格和图表。

六、德国绿色建筑评估体系 DGNB（Deutsche Gesellschaft Nachhaltiges Bauen）

德国可持续建筑认证体系 DGNB，是当今世界第二代绿色建筑评估体系，创建于 2007 年，由德国可持续建筑委员会 DGNB 组织德国建筑行业的各专业人士共同开发。德国 DGNB 涵盖了生态、经济、社会三大方面的因素，是对建筑功能和建筑性能评价的指标体系。

DGNB 力求在建筑全寿命周期中满足建筑使用功能、保证建筑舒适度，不仅实现环保和低碳，更将建造和使用成本降至最低。DGNB 在世界范围内率先对建筑的碳排放量提出完整明确的计算方法，并且已得到包括联合国环境规划署（UNEP）机构在内的多方国际机构的认可。

1. DGNB 的评价内容

包括:（1）生态质量;（2）经济质量;（3）社会文化及功能质量;（4）技术质量;（5）程序质量;（6）场址选择。

2. DGNB 的评分标准

每个专题分为若干标准，对于每一条标准，都有一个明确的界定办法及相应的分值，最高为 10 分。

3. DGNB 的评价等级

根据六个专题的分值授予金、银、铜三级。

4. DGNB 的计算方法

分为四大方面，包括建筑材料的生产、建造，建筑使用期间的能耗，建筑在城镇周期维护的相对应能耗，建筑拆除方面的能耗。

5. DGNB 的版本

其 2008 年版仅对办公建筑和政府建筑进行认证，其 2009 年版将根据用户及专业人员的反馈进行开发。

七、荷兰绿色建筑评估体系 GreenCalc

随着荷兰建筑评估工具 GreenCalc 的出现，1997 年，荷兰国家公共建筑管理局有了“环境指数”这个指标，它可以表征建筑的可持续发展性。建筑评估工具 GreenCalc 是基于所有建筑的持续性耗费都可以折合成金钱的原理，就是我们所说的“隐形环境成本”原理。隐性环境成本计算了建筑的耗材、能耗、用水以及建筑的可移动性。GreenCalc 正是按这些指标计算的。

第三节 国内绿色建筑评估体系

对绿色建筑重要性的认识不断加深，绿色建筑设计和绿色建筑评价体系才迅速发展起来。我国绿色建筑评价工作包括绿色建筑标准的制定以及绿色建筑评价标识的推动。

一、发展历程

从1992年巴西里约热内卢“联合国环境与发展大会”以来，中国政府相续颁布了若干相关纲要、导则和法规，大力推动绿色建筑的发展。

2001年,《中国生态住宅技术评估手册》正式出版，提出了生态住宅的完整框架。随后,《绿色奥运建筑评估体系》分别从环境、能源、水资源、材料与资源、室内环境质量等方面阐述了如何全面地提高奥运建筑的生态服务质量并有效地减少资源与环境负荷。

2004年9月建设部“全国绿色建筑创新奖”的启动标志着我国的绿色建筑发展进入了全面发展阶段。

2005年3月召开的首届“国际智能与绿色建筑技术研讨会暨技术与产品展览会”（每年一次），公布“全国绿色建筑创新奖”获奖项目及单位，同年发布了《建设部关于推进节能省地型建筑发展的指导意见》。

2006年，住房和城乡建设部正式颁布了我国第一部绿色建筑国家标准《绿色建筑评价标准》GB/T50378—2006，明确提出了绿色建筑“四节一环保”的概念，提出发展“节能省地型住宅和公共建筑”，具有里程碑式的意义。

2006年3月，国家科技部和建设部签署了“绿色建筑科技行动”合作协议，为绿色建筑技术发展和科技成果产业化奠定基础。

2007年8月，住房和城乡建设部出台了《绿色建筑评价技术细则（试行）》和《绿色建筑评价标识管理办法》，开始建立起适合中国国情的绿色建筑评价体系。

2007年9月10日，建设部印发了《绿色施工导则》（建质〔2007〕223号），确定了绿色施工的原则、总体框架、要点、新技术设备材料工艺和应用示范工程，适用于建筑施工过程及相关企业。

2008年，成立城市科学研究会节能与绿色建筑专业委员会。

2009年8月27日，我国政府发布了《关于积极应对气候变化的决议》，提出要立足国情发展绿色经济、低碳经济。

近几年，中国城市科学研究会绿色建筑与节能专业委员会相继颁布：（1）《绿色建筑评价标准（香港版）》CSUS/GBC1—2010；（2）《绿色医院建筑评价标准》CSUS/GBC2—2011；（3）《绿色商场建筑评价标准》CSUS/GBC3—2012；（4）《绿色校园评价标准》CSUS/GBC04—2013。此外,《绿色生态城区评价标准》等标准正编写制定中。《绿色工业建筑评价标准》GB/T50878—2013自2014年3月1日起实施;《绿色办公建筑评价标准》GB/T50908—2013自2014年5月起实施。

新版《绿色建筑评价标准》GB/T50378—2014 于 2015 年 1 月 1 日起正式颁布实施，原《绿色建筑评价标准》GB3T50378—2006 同时废止。将标准适用范围由住宅建筑和公共建筑中的办公建筑、商场建筑和旅馆建筑，扩展至各类民用建筑。

二、新版《绿色建筑评价标准》GB/T 50378—2014

新版《绿色建筑评价标准》GB/T 50378—2014 的主要内容如下所述。

（一）一般规定

（1）绿色建筑的评价应以单栋建筑或建筑群为评价对象。评价单栋建筑时，凡涉及系统性、整体性的指标，应基于该栋建筑所属工程项目的总体进行评价。

（2）绿色建筑的评价分为设计评价和运行评价。设计评价应在建筑工程施工图设计文件审查通过后进行，运行评价应在建筑通过竣工验收并投入使用一年后进行。

（3）申请评价方应进行建筑全寿命期技术和经济分析，合理确定建筑规模，选用适当的建筑技术、设备和材料，对规划、设计、施工、运行阶段进行全过程控制，并提交相应分析、测试报告和相关文件。

（4）评价机构应按本标准的有关要求，对申请评价方提交的报告、文件进行审查，出具评价报告，确定等级。对申请运行评价的建筑应进行现场考察。

（二）绿色建筑的评分与等级划分

绿色建筑评价指标体系由节地与室外环境、节能与能源利用、节水与水资源利用、节材与材料资源利用、室内环境质量、施工管理、运营管理等 7 类指标组成。每类指标均包括控制项和评分项，评价指标体系还统一设置加分项。

设计评价时，不对施工管理和运营管理 2 类指标进行评价，但可预评相关条文。运行评价应包括 7 类指标。控制项的评定结果为满足或不满足；评分项和加分项的评定结果为分值。绿色建筑评价应按总得分确定等级。评价指标体系 7 类指标的总分均为 100 分。

7 类指标各自的评分项得分 Q_1、Q_2、Q_3、Q_4、Q_5、Q_6、Q_7 按参评建筑该类指标的评分项实际得分值除以适用于该建筑的评分项总分值再乘以 100 分计算。加分项的附加得分 Q_8 按本标准的有关规定确定。绿色建筑评价的总得分按下列公式进行计算：

$$\sum Q = \omega_1 Q_1 + \omega_2 Q_2 + \omega_3 Q_3 + \omega_4 Q_4 + \omega_5 Q_5 + \omega_6 Q_6 + \omega_7 Q_7 + Q_8$$

其中，评价指标体系 7 类指标评分项的权重 w_1 ~ w_7 按表 3-9 取值。

表 3-9　绿色建筑各类评价指标的权重

		节地与室外环境	节能与能源利用	节水与水资源利用	节材与材料资源利用	室内环境质量	施工管理	运营管理
设计	居住建筑	0.21	0.24	0.20	0.17	0.18	/	/
评价	公共建筑	0.16	0.28	0.18	0.19	0.19	/	/
运行	居住建筑	0.17	0.19	0.16	0.14	0.14	0.10	0.10
评价	公共建筑	0.13	0.23	0.14	0.15	0.15	0.10	0.10

注：1. 表中“/”表示施工管理和运营管理两类指标不参与设计评价。

2. 对于同时具有居住和公共功能的单体建筑，各类评价指标权重取为居住建筑和公共建筑所对应权重的平均值。

绿色建筑分为一星级、二星级、三星级 3 个等级，3 个等级的绿色建筑均应满足本标准所有控制项的要求，且每类指标的评分项得分不应小于 40 分。当绿色建筑总得分分别达到 50 分、60 分、80 分时，绿色建筑等级分别为一星级、二星级、三星级。对多功能的综合性单体建筑，应按标准的全部评价条文逐条对适用的区域进行评价，确定各评价条文的得分。

（三）绿色建筑的七大评价指标体系

绿色建筑评价指标体系由 7 类指标组成，每类指标均包括控制项和评分项。评价指标体系还统一设置加分项。

1. 评价指标体系——节地与室外环境

（1）控制项，包括：a. 项目选址应符合所在地城乡规划，且应符合各类保护区、文物古迹保护的建设控制要求。b. 场地应无洪涝、滑坡、泥石流等自然灾害的威胁，无危险化学品、易燃易爆危险源的威胁，无电磁辐射、含氡土壤等危害。c. 场地内不应有排放超标的污染源。d. 建筑规划布局应满足日照标准，且不得降低周边建筑的日照标准。

（2）评分项，包括：a. 土地利用；b. 室外环境；c. 交通设施与公共服务；d. 场地设计与场地生态。

2. 评价指标体系二——节能与能源利用

（1）控制项，包括：a. 建筑设计应符合国家现行有关建筑节能设计标准中强制性条文的规定。b. 不应采用电直接加热设备作为供暖空调系统的供暖热源和空气加湿热源。c. 冷热源、输配系统和照明等各部分能耗应进行独立分项计量。d. 各房间或场所的照明功率密度值不得高于现行国家标准《建筑照明设计标准》GB50034 中的现行值规定。

（2）评分项，包括：a. 建筑与围护结构；b. 供暖、通风与空调；c. 照明与电气；d. 能量综合利用。

3. 评价指标体系三——节水与水资源利用

（1）控制项，包括：a. 应制定水资源利用方案，统筹利用各种水资源；b. 排水系统设置应合理、完善、安全；c. 应采用节水器具。

（2）评分项，包括：a. 节水系统；b. 节水器具与设备；c. 非传统水源利用。

4. 评价指标体系四——节材与材料资源利用

（1）控制项，包括：a. 不得采用国家和地方禁止和限制使用的建筑材料及制品；b. 混凝土结构中，梁、柱纵向受力普通钢筋应采用不低于400MPa级的热乳带肋钢筋；c. 建筑造型要素应简约，且无大量装饰性构件。

（2）评分项，包括：a. 节材设计；b. 材料选用。

5. 评价指标体系五——室内环境质量

（1）控制项，包括：a. 主要功能房间的室内噪声级应满足现行国家标准《民用建筑隔声设计规范》GB50118 中的低限要求。b. 主要功能房间的外墙、隔墙、楼板和门窗的隔声性能应满足现行国家标准《民用建筑隔声设计规范》GB50118 中的低限要求。c. 建筑照明数量和质量应符合现行国家标准《建筑照明设计标准》GB50034 的规定。d. 采用集中供暖空调系统的建筑，房间内的温度、湿度、新风量等设计参数应符合现行国家标准《民用建筑供暖通风与空气调节设计规范》GB50736 的规定。e. 在室内设计温、湿度条件下，建筑围护结构内表面不得结露。f. 屋顶和东西外墙隔热性能应满足现行国家标准《民用建筑热工设计规范》GB50176 的要求。室内空气中的氨、甲醛、苯、总挥发性有机物、氡等污染物浓度应符合现行国家标准《室内空气质量标准》GB/T18883 的有关规定。

（2）评分项，包括：a. 室内声环境；b. 室内光环境与视野；c. 室内热湿环境；d. 室内空气质量。

6. 评价指标体系六——施工管理

（1）控制项，包括：a. 应建立绿色建筑项目施工管理体系和组织机构，并落实各级责任人。B. 施工项目部应制定施工全过程的环境保护计划，并组织实施。C. 施工项目部应制定施工人员职业健康安全管理计划，并组织实施。d. 施工前应进行设计文件中绿色建筑重点内容的专项交底。

（2）评分项，包括环境保护；b，资源节约；c. 过程管理。

7. 评价指标体系七——运营管理

（1）控制项，包括：a. 应制定并实施节能、节水、节材、绿化管理制度。b. 应制定垃圾管理制度，合理规划垃圾物流，对生活废弃物进行分类收集，垃圾容器设置规范。c. 运行过程中产生的废气、污水等污染物应达标排放。d. 节能、节水设施应工作正常，且符合设计要求。e. 供暖、通风、空调、照明等设备的自动监控系统应工作正常，且运行记录完整。

（2）评分项，包括：a. 管理制度；b. 技术管理；c. 环境管理。

8. 提高与创新

（1）一般规定，包括：a. 绿色建筑评价时，应按本章规定对加分项进行评价。加分项包括性能提高和创新两部分。b. 加分项的附加得分为各加分项得分之和。当附加得分大于 10 分时，应取为 10 分。

（2）加分项，包括：a. 性能提高；b. 创新。

（四）《绿色建筑评价标准》GB/T50378—2014 的特点

1. 对比 2006 版的主要修订内容

（1）将标准适用范围由住宅建筑和公共建筑中的办公建筑、商场建筑和旅馆建筑，扩展至各类民用建筑。（2）将评价分为设计评价和运行评价。（3）绿色建筑评价指标体系在节地与室外环境、节能与能源利用、节水与水资源利用、节材与材料资源利用、室内环境质量和运行管理 6 类指标的基础上，增加“施工管理”类评价指标。（4）调整评价方法，对各评价指标评分，并以总得分率确定绿色建筑等级。然后将旧版标准中的一般项改为评分项，取消优选项。（5）增设加分项，鼓励绿色建筑技术、管理的创新和提高。（6）明确单体多功能综合性建筑的评价方式与等级确定方法。（7）修改部分评价条文，并为所有评分项和加分项条文分配评价分值。

2.《绿色建筑评价标准》GB/T50378—2014 十大亮点

（1）评价方法升级。旧标准采用了条数计数法判定级别，新标准采用分数计数法判定级别，这是新标准重大的更新元素。判定级别形态与 LEED 保持了相同性和一致性，分数计数法判定级别的最大优势是条文权衡性和弹性空间增强，为绿色建筑设计方案和策略提供更为丰富的遴选空间。

（2）结构体系更紧凑。保持原有“控制项”不变；取消“一般项”和“优选项”，二者合并成为“评分项”；新增“施工管理”“提高和创新”。同时，结构体系也沿用了国际主流绿色建筑标准 LEED 结构体系，更加符合绿色建筑本质内涵，结构更加紧凑，可操作性更加理性。新标准绿色建筑等级依旧保持为原有三个等级，一星、二星和三星，三星为最高级别。7 大项分数各为 100 分，提高和创新为 10 分，7 大项通过加权平均计算出分数，并且各大项分数不应少于 40 分。一星：50 ~ 60 分；二星：60 ~ 80 分；三星：80 ~ 110 分。

（3）适用范围更广。新国标将标准适用范围由住宅建筑和公共建筑中的办公建筑、商业建筑和旅馆建筑，扩展至各类民用建筑。

（4）条文定量和定性分析更加明确。旧标准中一些含糊的技术指标和概念将凸出明确解析，扩大了绿色建筑设计的深度和宽度，根据工程实际情况和本地特色特点，选择条文合适的规定分数，既不缺失绿色建筑设计元素，又增添绿色建筑设计师的创造力。更加详细和可靠的条文分数评价方法对绿色建筑某些专项设计的技术规定更加详细，定量分析已经占据整个绿色建筑设计的主导位置，旧标准绿色建筑设计主导定性分析已悄然“消失”。

（5）条文适用性更加清晰。每个条文均明确说明条文的适用性，主要体现在两个方面，譬如：A 条文适用公共建筑；B 条文适用所有民用建筑；C 条文适用设计标识；D 条文适用于设计标识和运营标识等。

（6）标准评价难度增加。2006 年至 2014 年已经走过整整 8 年，建筑行业许多标准已经更新或将颁布，意味着绿色建筑技术性能参数集体升级，绿色建筑设计难度不言而喻。

（五）绿色建筑的评价标识

2007 年 8 月，住房和城乡建设部出台《绿色建筑评价标识管理办法（试行）》和《绿色建筑评价技术细则（试行）》，2008 年 4 月，住建部成立了“绿色建筑评价标识管理办公室”，专门负责绿色建筑评价标识的日常管理工作。

1. 推行绿色建筑评价标识的意义

我国的绿色建筑评价标识体系凸显了节能优先、各项技术要求因地制宜、严格执行我国强制性标准和节能政策的特点。它目前并不对所有建筑工程强制执行，目的是希望国内建筑市场中意识靠前、实力较强的建筑工程项目自愿参与评价和标识。

2. 我国绿色建筑评价标识的类型

我国的绿色建筑评价标识，是指国家确认绿色建筑等级并进行信息性标识的评价活动，其分为以下两类：“绿色建筑设计评价标识”和“绿色建筑评价标识”，它们分别适用于处于规划设计阶段和运行使用阶段的住宅建筑和公共建筑。

（1）绿色建筑设计评价标识。

“绿色建筑设计评价标识”是由住房与城乡建设部授权机构依据《绿色建筑评价标准》《绿色建筑评价技术细则》《绿色建筑评价技术细则补充说明（规划设计部分）》，对处于规划设计阶段和施工阶段的住宅建筑和公共建筑，按照《绿色建筑评价标识管理办法（试行）》对其进行评价标识。评审合格后颁发绿色建筑设计评价标识，包括证书和标志。获得“绿色建筑设计评价标识”，表明建筑设计符合绿色建筑标准，标识有效期为两年。绿色建筑设计评价标识的等级由低至高分为一星级、二星级和三星级三个等级。绿色建筑设计标识可由业主单位、房地产开发单位、设计单位等相关单位独立申报或共同申报。

2008 年 8 月 4 日，首次获得绿色建筑设计评价标识的 6 个项目分别是：上海市建筑科学研究院绿色建筑工程研究中心办公楼工程；深圳华侨城体育中心扩建工程；中国2010年上海世博会世博中心工程；绿地汇创国际广场准甲办公楼工程；金都·汉宫工程和金都·城市芯宇工程。

（2）绿色建筑评价标识。

绿色建筑标识评价是住房和城乡建设部主导并管理的绿色建筑评审工作，由其授权机构根据《绿色建筑评价标准》《绿色建筑评价标识》和《绿色建筑评价技术细则》，按照《绿色建筑评价标识管理办法（试行）》确认绿色建筑等级并进行信息性标识的一种评价活动。一般在全国范围内，对已竣工并投入使用一年以上的住宅建筑和公共建筑进行绿色评价，确定是否符合绿色建筑各项标准。

评审合格的项目将颁发“绿色建筑评价标识”证书和标志（挂牌），由住房和城乡建设部监制，并规定统一的格式和内容，有效期为三年。绿色建筑标识的证书上标出的内容包括建筑名称、建筑面积和完成单位等基本信息，还包括几项具有代表性的评价指标，如建筑节能率、可再生资源利用率、非传统水源利用率、住区绿地率、可再生循环建筑材料用量比、室内空气污染物浓度等，同时标出该建筑在这些指标上的设计指标值和实测指标值。详细的标注可以让公众更多地了解绿色建筑的内涵，有利于绿色建筑的推广。

（六）绿色建筑评价的工作流程

我国的绿色建筑评价工作流程图，如图 3-1 所示。

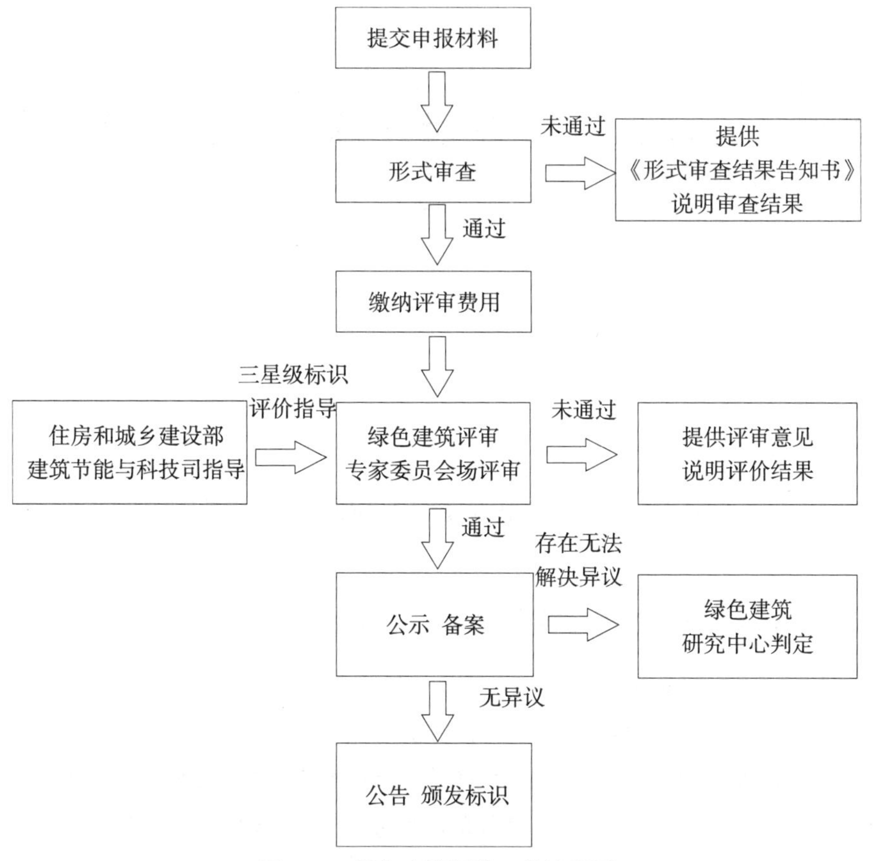

图 3-1 绿色建筑评价工作流程图

本章小结

绿色建筑的发展离不开国家及地区政策的支持和推动，其对相关政策的支持和导向是绿色建筑评价标准能广泛践行的关键。只有将绿色建筑政策提高到政府层面，以政府作为先行者和实践者，才能带动绿色建筑标准的有效实施。在亚洲相对后期才建立绿色建筑标准的我国在发展速度和力度上与其他国家相比还存在一些差距。我国应逐步完善绿色建筑评价标准以适应市场推广和技术发展需求，借鉴其他国家的有益经验，深入探索适合我国国情和特点的绿色建筑评价标准体系、评价工具和政策法规。

第四章　不同气候区域建筑的绿色营建经验

第一节　温和地区的绿色建筑

一、温和地区建筑的气候特点

（一）温和地区的定义

1.《民用建筑热工设计规范》GB 50176—93 对温和地区的定义

《民用建筑热工设计规范》对温和地区的划分标准是：最冷月平均温度 0℃ ~ 13℃，最热月平均温度 18℃ ~ 25℃，辅助划分指标平均温度≤ 5℃的天数为 0 ~ 90 天。我国属于这一区域的有云南省大部分地区、四川省、西昌市和贵州省部分地区。

2.《建筑气候区划标准》GB 50178—93 对温和地区的定义

《建筑气候区划标准》中，温和地区建筑气候类型应属于第 V 区划。该区立体气候特征明显，大部分地区冬温夏凉，干湿季分明；常年有雷暴、多雾，气温的年较差偏小，日较差偏大，日照较少，太阳辐射强烈，部分地区冬季气温偏低。

（二）温和地区建筑的气候特点

1. 通风条件优越，气候条件舒适

温和地区的气温冬季温暖、夏季凉快，年平均湿度不大，全年空气质量好，但是昼夜温差大。以昆明为例，最冷月平均气温 7.5℃，最热月平均气温 19.7℃；全年空气平均湿度 74%，最冷月平均湿度 66%，最热月平均湿度 82%；全年空气质量优良，2007 年，主城区空气质量日均值达标率 100%；全年以西南风为主，夏季室外平均风速 2.0m/s，冬季室外平均风速 1.8m/s。因此，自然通风应该作为温和地区建筑夏季降温的主要手段。

2. 太阳辐射资源丰富

温和地区太阳辐射全年总量大、夏季强、冬季足。以昆明为例，全年晴天较多，日照数年均 2445.6h，日照率 56%；终年太阳投射角度大，年均总辐射量达 54.3J/m^2，其中雨季 26.29J/m^2，干季 28.01J/m^2，两季之间变化不大。丰富的太阳能资源为温和地区发展太阳能与建筑相结合的绿色建筑提供了优越的条件。根据冬夏两季太阳辐射的特点，温和地区夏季需要防止建筑物获得过多的太阳辐射，最直接的方法是设置遮阳；冬季则需要为建筑物争取更多阳光，充分利用阳光进行自然采暖或者太阳能采暖加以辅助。

二、温和地区的建筑布局与自然采光

温和地区气候舒适、太阳辐射资源丰富，自然通风和阳光调节是最适合于该地区的绿色建筑设计策略，低能耗、生态性强且与太阳能相结合是温和地区绿色建筑的最大特点。

（一）建筑最佳朝向选择

温和地区大部分处于低纬度高原地区，海拔偏高，日照时间相对较长，空气洁净度好，晴天的太阳紫外线辐射很强，因而朝向的选择应有利于自然采光和自然通风，根据当地的居住习惯和相关研究表明，南向建筑能获得较好的采光和日照条件。以昆明为例，当地的居住习惯是喜好南北朝向的住宅，尽量避免西向，主要居室朝南布置。考虑墙面日照时间和室内日照面积因素，建筑物朝向以正南、南偏东 30° 、南偏西 30° 朝向为最佳，能接收较多的太阳辐射；而正东向的建筑物上午日照强烈，朝西向的建筑物下午受到的日照比较强烈。

（二）满足自然采光的建筑间距

日照的最基本目的是满足室内卫生的需要，日照标准是衡量日照效果的最低限度，只有满足了才能进一步对建筑进行自然采光优化。例如，昆明地区采用的是日照间距系数为 0.9 ~ 1.0 的标准，即日照间距 $D=0.9H \sim 1.0H$，H 为建筑计算高度。

当建筑平面不规则、体形复杂、条式住宅超过 50m、高层点式建筑布置过密时，日照间距系数一般难以作为标准，这时可利用建筑光环境模拟软件（如 EC0TECT、RAD1ANCE 等）来进行模拟分析。这些软件可以对建筑的实际日照条件进行模拟，帮助建筑师们分析建筑的采光情况，从而确定更为合适的建筑间距。

（三）建筑间距应满足自然通风

在温和地区最好的建筑间距应该是：能让建筑在获得良好的自然采光的同时又有利于建筑组织起良好的自然通风。阳光调节是一种非常适合温和地区气候特点的绿色节能设计方法，温和地区绿色建筑阳光调节主要是指：夏季做好建筑物的阳光遮蔽，冬季尽量争取阳光。

三、温和地区绿色建筑的阳光调节

（一）夏季的阳光调节

温和地区夏季虽然并不炎热，但是由于太阳辐射强，阳光中较高的紫外线含量对人体有一定的危害，因此，夏季应避免阳光的直接照射，方法就是设置遮阳设施，建筑中需要设置遮阳的部位主要是门、窗以及屋顶。

1. 窗与门的遮阳

温和地区的东南向、西南向的建筑物接收太阳辐射较多，正东向的建筑物上午日照较强，朝西向的建筑物下午受到的日照比较强烈。所以，建筑这四个朝向的窗和门需要设置遮阳措施。温和地区全年的太阳高度角都较大，建筑宜采用水平可调节式遮阳或者水平遮阳结合百叶窗的方式。以昆明为例，夏季（6 月、7 月、8 月）平均太阳高度角为 64°58′，冬季（12 月、1 月、2 月）为 36°79′，合理地选择水平遮阳尺寸后，夏季太阳高度角较大时，能够有效挡住从窗口上方投射下来的阳光；冬季太阳高度角较小时，阳光可以直接射入室内，不会被遮阳遮挡；如果采用水平遮阳加隔栅的方式，不但使遮阳的阳光调节能力更强（图 4–1），而且有利于组织自然通风（图 4–2）。

2. 屋顶遮阳及屋顶绿化

温和地区夏季太阳辐射强烈，建筑屋顶在阳光直射下，应设计遮阳或隔热措施。屋顶遮阳可通过绿化与屋顶遮阳构架相结合来实现，还可以在建筑的屋顶设置隔热层，然后在屋面上铺设太阳能集热板，将太阳能集热板作为一种特殊的遮阳设施，这样不仅挡住了阳光直射还充分利用了太阳能资源。

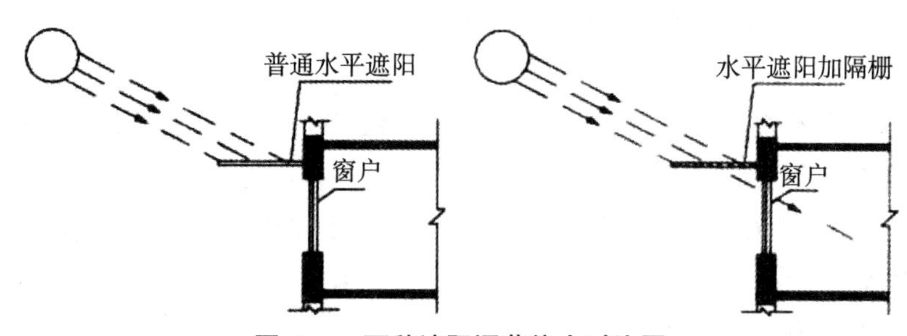

图 4–1　两种遮阳调节能力对比图

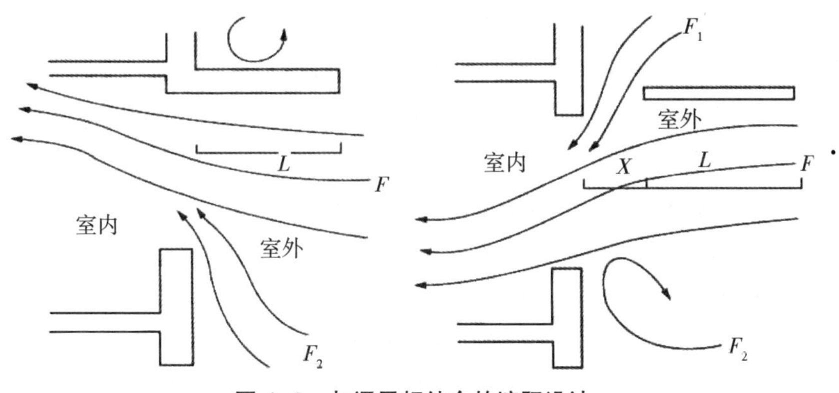

图 4-2　与通风相结合的遮阳设计

（二）冬季的阳光调节

温和地区冬季阳光调节的主要任务是让尽可能多的阳光进入室内，利用太阳辐射所带有的热量提高室内温度。

1. 在主朝向上集中开窗

以昆明为例，建筑选取最佳朝向正南、南偏东 30°、南偏西 30°，在主朝向上集中开窗，有研究表明，西南方向和东南方向之间的竖直墙面为了防止夏季过多的太阳辐射，此朝向上的窗和门应设置加格栅的水平遮阳或可调式水平遮阳。

2. 注意门、窗保温

外窗和外门处通常都是容易产生热桥和冷桥的地方。温和地区的建筑为防止冬季在窗和门处产生热桥，造成室内热量的损失，需要在窗和门处采取一定的保温和隔热措施。

3. 设置附加阳光间

温和地区冬季太阳辐射量充足，适宜冬季被动式太阳能采暖，如设置“附加阳光间”。例如，在昆明地区，住宅一般都会在向阳侧设置阳台或安装大面积的落地窗并加以遮阳设施进行调节，这样在冬季能获得尽可能多的阳光，在夏季也能利用遮阳防止阳光直射入室内。

四、温和地区绿色建筑的自然通风设计特点

在温和地区，自然通风与阳光调节一样，也是一种与该地区气候条件相适应的绿色建筑节能设计方法。

（一）温和地区的建筑布局与自然通风的协调

1. 选择有利于自然通风的朝向

温和地区在选择建筑物朝向时，应按该地区的主导风向、风速等气象资料来指导

建筑布局，并综合考虑自然采光的需求。当自然通风的朝向与自然采光的朝向相矛盾时，需要对优先满足谁进行综合权衡判断。如果某建筑有利于通风的朝向是西晒较严重的朝向，但是在温和地区仍然可以将此朝向作为建筑朝向，因为虽然夏季此朝向的太阳辐射强烈，但是室内空气的温度并不高。

2. 居住建筑应选择有利于自然通风的建筑间距

建筑间距对建筑群的自然通风有很大影响，要根据风向投射角对室内风环境的影响来选择合理的建筑间距。在温和地区，应先满足日照间距，然后再满足通风间距，二者取较大值。需要注意的是，高层建筑不能单纯地按日照间距和通风间距来确定建筑间距，因为 $1.3H \sim 1.5H$ 对于高层建筑来说是一个非常大的建筑间距，需要从建筑的其他设计方面入手解决这个问题，如利用建筑的各种平面布局和空间布局来实现高层建筑通风和日照的要求。

3. 有利于自然通风的平面布局和空间布局

（1）错列式建筑平面布局。建筑的布局方式既影响建筑通风效果，还关系到节约土地的问题，节约用地是确定建筑间距的基本原则。通风间距较大时，建筑间距也偏大。利用错列式的建筑平面布局可以解决这一矛盾，这相当于加大了前、后建筑物之间的距离，既保证了通风的要求，又节约了用地。在温和地区，从自然通风角度来看，建筑物的平面布局以错列式布局为宜，如图 4-3 所示。

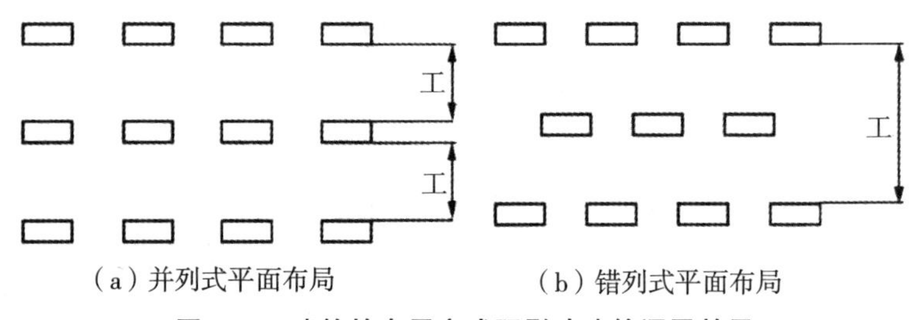

图 4-3　建筑的布局方式既影响建筑通风效果

（2）“前低后高”“高低错落”的建筑空间布局。温和地区的建筑，合理利用建筑地形，以有规律的“前低后高”和“高低错落”的处理方式为自然通风创造条件。例如，在平地上建筑应采取“前低后高”的排列方式，也可采用高、低建筑错开布置的“高低错落”的建筑群体排列方式；利用向阳坡地使建筑顺其地形按高低排列。这些布置方式使建筑之间挡风少，不影响后面建筑的自然通风和视线，同时减少了建筑间距，节约土地（图 4-4）。

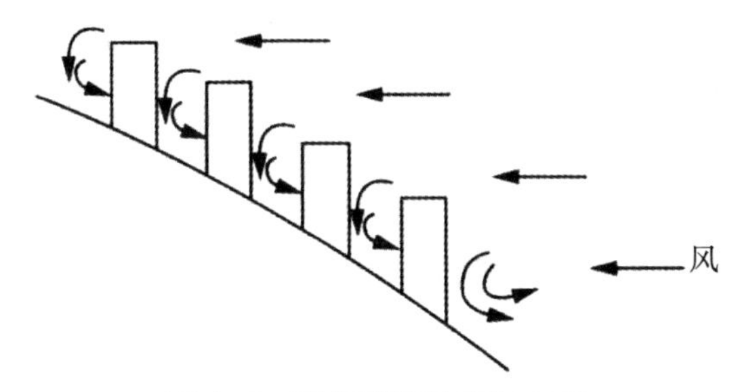

图 4–4　高低错落的空间布局

（二）温和地区的单体建筑设计与自然通风的协调

在温和地区，单体建筑设计中，除了满足围护结构热工指标和采暖空调设备能效指标外，还应考虑下列因素：（1）住宅建筑应将老人卧室在南偏东和南偏西之间布置，夏天可减少积聚室外热量，冬天又可获得较多的阳光；儿童用房宜南向布置；起居室宜南或南偏西布置，其他卧室可朝风北；厨房、卫生间及楼梯间等辅助房应朝北。（2）房间的面积以满足使用要求为宜，不宜过大。（3）门窗洞口的开启有利于组织穿堂风，避免“口袋屋”的平面布局。（4）厨房和卫生间进出排风口的设置要考虑主导风向和对邻室的不利影响，避免强风倒灌现象和油烟等对周围环境的污染。（5）从照明节能角度考虑，单面采光房间的进深不宜超过 6m。

（三）温和地区的太阳能与建筑一体化设计

温和地区全年室外空气状态参数理想，太阳辐射强度大，为创造太阳能通风和使用太阳能热水系统提供了得天独厚的条件。

1. 太阳能集热构件与建筑的结合

实现建筑与太阳能结合是将太阳能系统的各个部件融入建筑之中，使之成为建筑的一部分，成为太阳能一体化建筑。

太阳能与建筑的理想结合方式，应该是集热器与储热器分体放置，集热器应视为建筑的一部分嵌入建筑结构中，与建筑融为一体；储热器应置于相对隐蔽的室内阁楼、楼梯间或地下室内；另外，除了集热器与建筑浑然一体之外，还必须顾及系统的良好循环和工作效率等问题。还有，未来太阳能集热器的尺寸、色彩除了与建筑外观协调外，应做到标准化、系列化，方便产品的大规模推广应用、更新及维修。

2. 太阳能通风技术与建筑的结合

温和地区全年室外空气状态参数理想，太阳辐射强度大，为实现太阳能通风提供了良好的基础。在夏季，通过太阳能通风将室外凉爽的空气引入室内可以降温和除湿；在冬季，中午和下午温度较高时，利用太阳能通风将室外温暖的空气引入室内，可以起到供暖的作用，同时由于有了新鲜空气的输入，改善了冬季为了保温而开窗少、室内空气品质差的问题。

在温和地区，建筑设计师应能够利用建筑的各种形式和构件作为太阳能集热构件，吸收太阳辐射热量，让室内空气在高度方向上产生不均匀的温度场造成热压，形成自然通风。这种利用太阳辐射形成的自然通风就是太阳能热压通风。

一般情况下，如果建筑物属于高大空间且竖直方向有直接与屋顶相通的结构是很容易实现太阳能通风的，如建筑的中庭和飞机场候机厅。若在屋顶铺设有一定吸热特性的遮阳，那么遮阳吸热后将热量传给屋顶使建筑上部的空气受热上升，此时在屋顶处开口则受热的空气将从孔口处排走；同时在建筑的底部开口，将会有室外空气不断进入以补充被排走的室内空气，从而形成自然通风。在这里若将特殊的遮阳设施设置为太阳能集热板则可以更进一步地利用太阳能，作为太阳能热水系统或者太阳能光伏发电系统的集热设备。

第二节　夏热冬冷地区的绿色建筑

一、夏热冬冷地区的概述

（一）夏热冬冷地区的气候特点

按建筑气候分区来划分，夏热冬冷地区包括上海、浙江、江苏、安徽、江西、湖北、湖南、重庆、四川、贵州 10 省市大部分地区，以及河南、陕西、甘肃南部、福建、广东、广西北部，共涉及 16 个省、市、自治区，约有 4 亿人口，是中国人口最密集，经济发展速度较快的地区。

该地区最热月平均气温 25℃ ~ 30℃，平均相对湿度 80% 左右，夏季最高温度高达 40℃以上，最低气温也超过 28℃，全天无凉爽时刻，炎热潮湿是夏季的基本气候特点。白天日照强、气温高、风速大，热风横行，所到之处如同火炉。夜间，静风率高，带不走白天积蓄的热量。重庆、武汉、南京、长沙等城市的“火炉”之称由此而来。夏季常见的天气过程是持续阴雨，可持续 5 ~ 20 天。期间昼夜温差小、空气湿度大、气压低、相对湿度持续保持在 80% 以上，使人闷湿难受，室内细菌易迅速繁殖。长江下游夏初的梅雨季节就是这种天气过程。

该地区最冷月平均气温 0℃ ~ 10℃，平均相对湿度 80% 左右，冬季气温比北方高，但日照率远远低于北方（北方冬季日照率大多超过 60%）。该地区由东到西，冬季日照率急剧减小。该地区冬夏两季都很潮湿，相对湿度都在80%左右，但造成冬夏两季潮湿的基本原因是不一样的：夏季是因为空气中水蒸气含量太高；冬季则是空气温度低，日照严重不足。

（二）夏热冬冷地区的居民生活习惯和室内热舒适性

根据《民用建筑热工设计规范》，夏热冬冷地区大致为陇海线以南，南岭以北，四川盆地以东，大体上是长江中下游地区。回顾该地区历史，过去夏季无空调，冬季不采暖。随着经济迅速发展，提高室内热舒适度已经成为人们的普遍追求，夏天用空调，冬季用电暖器等设备已经变成该区的一般做法，建筑用能也随之提高。因此，对该区建筑节能的研究极其有必要。

由于夏热冬冷地区的气候特征，冬季和夏季部分时间段内，室内舒适度能够基本满足人们的生活要求。夏热冬冷地区的建筑形成了“朝阳—遮阳”“通风—避风”的特点，该地区居民的传统生活习惯是在夏季与过渡季节开窗进行自然通风，冬季主要采用太阳能被动采暖。在过渡季节和夏季非极端气温时，这样的生活习惯可以保证一定的室内热舒适性和室内空气质量。同时，由于建筑的功能、室内热环境的要求不同，造成了办公建筑、教育文化及体育建筑、商业建筑、居住建筑等对室内热环境有不同的要求，对主动式改善室内热环境设备的运行、管理需求差异也是很大的。

二、夏热冬冷地区的绿色建筑设计

（一）夏热冬冷地区绿色建筑的规划设计

1.建筑选址及规划总平面布置

绿色建筑的选址、规划、设计和建设应充分考虑建筑所处的地理气候环境，保护自然资源，有效防止地质和气象灾害的影响，同时建设具有本地区文化特色的绿色建筑。建筑所处位置的地形地貌将直接影响建筑的日照和通风，从而影响室内外热环境和建筑耗热。

建筑位置宜选择良好的地形和环境，如向阳的平地和山坡上，并尽量减少冬季冷气流影响。夏热冬冷地区的传统民居常常依山傍水而建，利用山体阻挡冬季的北风、水面冷却夏季南来的季风，在建筑选址时因地制宜地满足了日照、采暖、通风、给水、排水的需求。建筑群的位置、分布、外形、高度以及道路的不同走向对风向、风速、日照有明显影响，考虑建筑总平面布置时，应尽量将建筑体量、角度、间距、道路走向等因素合理组合，以期充分利用自然通风和日照。

2.建筑朝向

建筑总平面设计及建筑朝向、方位应考虑多方面的因素。朝向选择的原则是冬季能获得足够的日照并避开主导风向，夏季能利用自然通风和遮阳措施来防止太阳辐射。建筑最佳朝向一般取决于日照和通风两个主要因素，建筑的主朝向宜选择本地区最佳朝向或接近最佳朝向，尽量避免东西向日晒。就日照而言，南北朝向是最有利的建筑朝向；从建筑单体夏季自然通风的角度，建筑的长边最好与夏季主导风方向垂直，但这会影响后排建筑的夏季通风。所以，建筑朝向与夏季主导季风方向一般控制在 30° ~ 60° 。

我国夏热冬冷地区节能设计，不同气候区的主要城市的最佳、适宜和不宜的建筑朝向，见表 4-1 所列。

表 4-1　我国夏热冬冷地区主要城市的建筑朝向选择

地区	最佳朝向	适宜朝向	不宜朝向
上海	南向 – 南偏东 15°	南偏东 30° – 南偏西 15°	北、西北
南京	南向 – 南偏东 15°	南偏东 25° – 南偏西 10°	西、北
杭州	南向 – 南偏东 10° ~ 15°	南偏东 30° – 南偏西 5°	西、北
合肥	南向 – 南偏东 5° ~ 15°	南偏东 15° – 南偏西 5°	西
武汉	南偏东 10° – 南偏西 10°	南偏东 20° – 南偏西 15°	西、西北
长沙	南向 – 南偏东 10°	南偏东 15° – 南偏西 10°	西、西北
南昌	南向 – 南偏东 15°	南偏东 25° – 南偏西 10°	西、西北
重庆	南偏东 10° – 南偏西 10°	南偏东 30° – 南偏西 20°	西、东
成都	南偏东 20° – 南偏西 30°	南偏东 40° – 南偏西 45°	西、东北

3. 建筑日照

总平面设计要合理布置建筑物的位置和朝向，使其达到良好日照和建筑间距的最优组合。主要方法有：（1）建筑群采取交叉错排行列式，利用斜向日照和山墙空间日照等。（2）建筑群体的竖向布局，前排建筑采用斜屋面或把较低的建筑布置在较高建筑的阳面方向，能够缩小建筑间距。（3）建筑单体设计，可采用退层处理、合理降低层高等方法。（4）不封闭阳台和大落地窗的设计，应根据窗台的不同标高来模拟分析建筑外墙各个部位的日照情况，精确求解出无法得到直接日照的地点和时间，分析是否会影响室内采光。（5）复杂方案应采用计算机日照模拟分析计算。当建设区总平面布置不规则、建筑体形和立面复杂、条式住宅长度超过 50m、高层点式住宅布置过密时，建筑日照间距系数难以作为标准，必须用计算机进行严格的模拟计算。在容积率确定的情况下，利用计算机对建筑群和单体建筑进行日照模拟分析，可以对不满足日照要求的区域提出改进建议，提出控制建筑的采光照度和日照小时数的方案。

4. 合理利用地下空间

合理设计建筑物的地下空间，是节约建设用地的有效措施。在规划设计和后期的建筑单体设计中，应结合地形地貌、地下水位的高低等因素，合理规划并设计地下空间，用于车库、设备用房、仓储等。

5. 建筑配套设施及绿化设计

（1）建筑配套设施。建筑配套设施规划建设时，在建设地区详细规划的条件下，应根据建设区域周边配套设施的现状和需求，统一配建学校、商店、诊所等公用设施。配套公共服务设施相关项目建设应集中设置并强调公用，既可节约土地，也可避免重复建设，提高使用率。

（2）绿化环境设计。绿化对建筑环境与微气候条件起着调节气温、调节碳氧平衡、减弱城市温室和热岛效应、减轻大气污染、降低噪音、净化空气和水质、遮阳隔热的重要作用，是改善小区微气候、改善室内热环境、降低建筑能耗的有效措施。环境绿化必须考虑植物物种多样性，植物配置必须从空间上建立复层分布，形成乔、灌、花、草、藤合理利用光合作用的空间层次，将有利于提高植物群落的光合作用能力和生态效益。

6. 水环境设计

绿色建筑的水环境设计包括给排水、景观用水、其他用水和节水 4 个部分。提高水环境的质量是有效利用水资源的技术保证。强调绿色建筑生态小区水环境的安全、卫生、有效供水、污水处理与回收利用，目的是节约用水，提高水循环利用率，已成为开发新水源的重要途径之一。夏热冬冷地区降雨充沛的区域，在进行区域水景规划时，可以结合绿地设计和雨水回收利用设计，设置喷泉、水池、水面和露天游泳池，利于在夏季降低室外环境温度，调节空气湿度，形成良好的局部小气候环境。

7. 雨水收集与利用

绿色建筑小区雨水资源化综合利用是提高非传统水源利用率的重要措施。现在，城市屋面雨水污染及利用、城市小区雨水渗透、雨水利用与城市环境等方面的研究日益深入。绿色建筑小区的雨水主要可分为路面雨水、屋面雨水、绿地及透水性铺地等其他雨水。雨水资源化综合利用技术主要包括雨水分散处理与收集系统、雨水集中收集与处理系统以及雨水渗透系统。

利用屋面回收雨水，道路采用透水地面回收雨水，经处理后，用作冲厕、冲洗汽车、庭院绿化浇灌等。透水地面增强地面透水能力，可缓解热岛效应，调节微气候，增加区域地下水涵养，补充地下水量，以及减少雨水的尖峰径流量，改善排水状况。

透水地面包括自然裸露地面、公共绿地、绿化地面和镂空面积大于或等于 40% 的镂空铺地（如植草砖铺地）。具体选用原则为：

（1）透水地砖适用于人行道、自行车道等受压不大的地面。

（2）自行车和汽车停车场可选用有孔的植草土砖。

（3）在不适合直接采用透水地面的地方，如硬质路面等处，可采取：a. 可结合雨水回收利用系统，将雨水回收后进行回渗；b. 采用透水混凝土路面。

透水混凝土，又称排水混凝土、生态透水混凝土、透水地坪，是由小石子、水泥、掺和外加剂、水、彩色强化剂以及稳定剂等经一定比例调配拌制而成的一种多孔轻质的新型环保地面铺装材料。透水混凝土技术是一项新型节能环保技术，能广泛适用于不同的地域及气候环境，既可以解决雨水收集问题和噪音环保问题，又能够使资源再生利用，值得大力推广应用。

8. 改善区域风环境

建筑室外风环境和室内自然通风是建筑设计过程中的重要考虑因素之一。建筑布局从宏观上影响建筑室外风环境，关系到建筑室外人员活动区域的舒适性，也影响建筑单体前后的压力分布。建筑体形在周边建筑环境确定的情况下对建筑室内外风环境具有重要影响。建筑构件是在建筑布局和建筑体形确定后对室内外风环境的微观细部进行调节的重要因素。设计过程中需要将室外环境设计与建筑物理及建筑布局相结合来形成舒适的室内外环境。

夏热冬冷地区加强夏季自然通风，改善区域风环境的方法：

（1）总平面布局。

① 阶梯式布置方式。不同高度的建筑自南向北阶梯式布置，即将较低的建筑布置在东南侧（或夏季主导风向的迎风面），依高度呈阶梯式布置，不仅在夏季加强南向季风的自然通风，而且在冬季可以遮蔽寒冷的北风。后排（北侧）建筑高于前排（南侧）建筑较多时，后排建筑迎风面可以使部分空气流下行，改善低层部分的自然通风。

② 行列式布局方式（图 4-5a）。建筑群平面布局最常见的是横平竖直的“行列式布局”，虽然整齐划一，但室外空气流主要沿着楼间山墙和道路形成通畅的路线运动，山墙间和道路上的通风得到加强，但建筑室内的自然通风效果被削弱。

③ 错列式布局方式（图 4-5b）。采取“错列式布局”，使道路和山墙间的空气

流通而不畅，下风方向的建筑直接面对空气流，其通风效果自然更好一些，此外，错列式布局可以使部分建筑利用山墙间的空间，在冬季更多地接收到日照。

④ 选择合适的建筑外形。建筑外形影响建筑通风，因此，小区的南面临街不宜采用过长的条式多层（特别是条式高层）；东、西临街宜采用点式或条式低层（作为商业网点等非居住用途），不宜采用条式多层或高层（可以提高容积率，又不影响日照间距）。总之，总平面布置不应封闭夏季主导风向的入风口。

⑤ 适当调整建筑间距。建筑间距越大，一般自然通风效果就越好。建筑组团设计，条件许可时能结合绿地设置，适当加大部分建筑间距，形成组团绿地，可以较好地改善绿地下风侧建筑通风效果。建筑间距越大，接受日照的时间也越长。

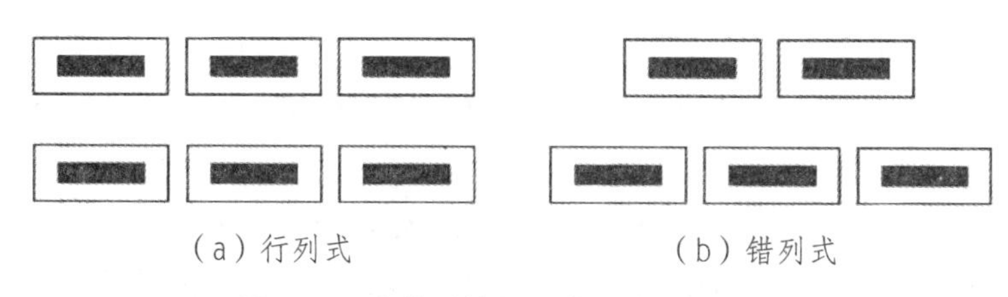

图 4-5 建筑群的平面布局方式示意图

（2）尽量利用穿堂风。

① 采用穿堂通风时，宜满足的要求：第一，使进风窗迎向主导风向，排风窗背向主导风向。第二，通过建筑造型或窗口设计等措施加强自然通风，增大进 / 排风窗空气动力系数的差值。第三，由两个和两个以上房间共同组成穿堂通风时，房间的气流流通面积宜大于进 / 排风窗面积。第四，由一套住房共同组成穿堂通风时，卧室、起居室应为进风房间，厨房、卫生间应为排风房间。厨房、卫生间窗口的空气动力系数应小于其他房间窗口的空气动力系数。第五，利用穿堂风进行自然通风的建筑，其迎风面与夏季最多风向宜成 60° ~ 90° 角，且不应小于 45° 角。

② 无法采用穿堂通风的单侧通风时，宜满足的要求：第一，通风窗所在外窗与主导风向间夹角宜为 40° ~ 65° 。第二，窗户设计应使进风气流深入房间；应通过窗口及窗户设计，在同一窗口上形成面积相近的下部进风区和上部排风区，并宜通过增加窗口高度以增大进 / 排风区的空气动力系数差值。第三，窗口设计应防止其他房间的排气进入本房间；宜利用室外风驱散房间排气气流。

（3）风环境的计算机模拟和优化。

在室外风环境评价方面，一般情况下，建筑物周围人行区距地 1.5m 高度处风速要求小于 5m/s，以满足不影响人们正常室外活动的基本要求。此要求对室外风环境的舒适性提出了最基本要求。利用计算机进行风环境的数值模拟和优化，其计算结果可以以形象、直观的方式展示，通过定性的流场图和动画了解小区内气流流动情况，也可通过定量的分析对不同建筑布局方案的比较、选择和优化，最终使区域内室外风环境和室外自然通风更合理。

9. 绿色能源的利用与优化

建设资源节约型的“高舒适、低能耗”住宅，鼓励太阳能、地热能、生物质能等清洁、可再生能源在小区建设中的应用。自然能源的利用技术较为成熟的形式主要有：太阳能光热与光电技术、地源热泵中央空调技术、风力发电等。

（1）太阳能利用。太阳能是夏热冬冷地区建筑已经广泛利用的可再生能源，利用方式有被动式和主动式。

① 被动式利用太阳能。是指直接利用太阳辐射的能量使其室内冬季最低温度升高，夏季则利用太阳辐射形成的热压进行自然通风。最便捷的被动式利用太阳能就是冬季使阳光透过窗户照入室内并设置一定的贮热体，调整室内的温度。建筑设计时也可结合封闭南向阳台和顶部的露台设置日光间，放置贮热体及保温板系统。被动式太阳能建筑因为被动系统本身不消耗能源，设计相对简单，是小区建筑利用太阳能的主要方式。它不需要依靠任何机械手段，而是通过建筑围护结构本身完成吸热、蓄热和放热过程，实现太阳能利用。

② 主动式利用太阳能。主动式利用太阳能是指通过一定的装置将太阳能转化为人们日常生活所需的热能和电能。建筑设计时应采用太阳能与建筑的一体化设计，将太阳能系统包含的所有内容作为建筑不可或缺的设计元素和建筑构件加以考虑，巧妙地将其融入建筑之中。

（2）其他可再生能源的利用。在绿色建筑中应合理利用地热能、风能、生物质能源及水资源的利用等绿色新能源。如采用户式中央空调的别墅、高档住宅，宜采用地源或水源热泵系统。

（二）夏热冬冷地区绿色建筑的单体设计

1. 建筑平面设计

建筑平面设计合理，在满足传统生活习惯需要的基本功能的同时，应积极组织夏季穿堂风，冬季被动利用太阳能采暖以及自然采光。以居住建筑的户型规划设计为例，其注意要点：（1）户型平面布局应实用紧凑、采光通风良好、空间利用充分合理。（2）夏季，主要使用房间有流畅的穿堂风。进风房间一般为卧室、起居室，排风房间为厨房和卫生间，以满足不同空间的空气品质要求。（3）住宅阳台能起到夏季遮阳和引导通风的作用。西面、南面的阳台如果封闭起来，可以形成室内外热交换的过渡空间，而将电梯、楼梯、管道井、设备房和辅助用房等布置在建筑物的南侧或西侧，则可以有效阻挡夏季太阳辐射，与之相连的房间不仅可以减少冷消耗，同时可以减少大量的热量损失。(4) 计算机模拟技术对日照和区域风环境辅助设计、分析后，可以继续对具体的建筑、建筑的某个特定房间进行日照采光、自然通风的模拟分析，从而改进建筑平面及户型设计。

2. 体形系数控制

体形系数是建筑物接触室外大气的外表面积与其所包围的体积的比值。空间布局紧凑的建筑体形系数小；体形复杂、空间布局分散、凹面过多的“点式低、多层住宅”及“塔式高层住宅”等建筑外表面积和体形系数大。对于相同体积的建筑物来说，其体形系数越大，说明单位建筑空间的热散失面积越高。因此，出于节能的考虑，尽量减少立面不必要的凹凸变化。

一般控制体形系数的方法有：(1) 加大建筑体量，增加长度与进深；(2) 体形尽量工整，尽可能减少变化；(3) 设置合理的层数和层高；(4) 尽可能少用单独的点式建筑或尽量运用拼接以减少外墙面。

3. 日照与采光设计

(1) 日照标准应符合设计规范要求。不同类型的建筑，如住宅、医院、中小学校、幼儿园等设计规范都对日照有具体明确的规定，设计时应根据不同气候区的特点执行相应的规范。规划绿色建筑与设计建筑单体时，应满足现行国家标准《城市居住区规划设计规范》GB50180 对日照的要求。

(2) 日照间距及日照分析。控制建筑间距是为了保证建筑的日照时间，按计算，夏热冬冷地区建筑的最佳日照间距 L 是 1.2 倍邻近南向建筑的高度 H_n，即 $L=1.2H_n$。应使用日照软件模拟进行日照分析，模拟分析采光质量，包括亮度和采光的均匀度，并与建筑设计进行交互优化调整。经过采光模拟既可以优化采光均匀度，又可以结合照明分析灯具的开启时间和使用习惯，以及照明的智能控制策略，进而实现整体节能。

(3) 充分利用自然采光。建筑应充分利用自然采光，房间的有效采光面积和采光系数除应符合国家现行标准《民用建筑设计通则》GB50352 和《建筑采光设计标准》GB/T50033 的要求外，还应符合下列要求：a. 居住建筑的公共空间宜自然采光，其采光系数不宜低于 0.5%；b. 办公、宾馆类建筑 75% 以上的主要功能空间室内采光系数不宜低于现行国家标准《建筑采光设计标准》GB/T50033 的要求；c. 地下空间宜自然采光，其采光系数不宜低于 0.5%；d. 利用自然采光时应避免产生眩光；e. 设置遮阳措施时应满足日照和采光标准的要求。

4. 围护结构节能设计

建筑围护结构主要由外墙、屋顶和门窗、楼板、分户墙、楼梯间隔墙构成建筑外围护结构与室外空气直接接触，如果具有良好的保温隔热性能，便可减少室内、室外热量交换，从而减少所需要提供的采暖和制冷能量。

（1）建筑外墙节能设计。夏热冬冷地区面对冬季主导风向的外墙，表面冷空气流速大，单位面积散热量高于其他三个方向的外墙。因此，应采取合适的外墙保温构造，选用传热系数小且蓄热能力强的墙体材料两个途径，加强其保温隔热构造性能，提高传热阻。常用的建筑外墙保温构造为“外墙外保温”。外保温与内保温相比，保温隔热效果和室内热稳定性更好，也有利于保护主体结构。“自保温”能使围护结构的围护和保温的功能合二为一，而且基本能与建筑同寿命；随着很多高性能的、本地化的新型墙体材料的出现，外墙采用自保温的设计越来越多。

（2）屋面节能设计。冬季在围护结构热量总损失中，屋面散热占有相当大的比例；夏季来自太阳的强烈辐射又会造成顶层房间过热，使制冷能耗加大。夏热冬冷地区，夏季防热是主要任务，对屋面隔热要求较高。提高屋面保温隔热性能，可综合采取以下措施：① 选用导热系数、热惰性指标满足标准要求的保温材料；② 采用架空保温屋面或倒置式屋面等；③ 采用绿化屋面、蓄水屋面、浅色坡屋面等；④ 采用通风屋顶、阁楼屋顶和吊顶屋顶。

（3）外门窗、玻璃幕墙节能设计。

外门窗、玻璃幕墙设计是外围护结构与外界热交换、热传导的关键部位。冬季，其保温性能和气密性能对采暖能耗有重大影响，占墙体热损失的 5 ~ 6 倍；夏季，大量的热辐射直接进入室内，大大提高了制冷能耗。

外门窗、幕墙设计的节能设计方法，主要有：① 选择热工降能和气密性能良好的窗户。热工性能良好的型材的种类有断桥隔热铝合金、PVC 塑料、铝木复合型材等；玻璃的种类有普通中空玻璃、Low-E 玻璃、中空玻璃、真空玻璃等。其中，Low-E 中空玻璃可能会影响冬季日照采暖。一般而言，平开窗的气密性能优于推拉窗。② 合理控制窗墙比、尽量少用飘窗。北墙窗的窗墙面积比应在满足采光和自然通风要求时适当减少，以降低冬季热损失；南墙窗的窗墙面积比在选择合适的玻璃层数及减少热耗的前提下，可适当增加，有利于冬季日照采暖。不能随意开设落地窗、飘窗、多角窗、低窗台等。③ 合理设计建筑遮阳。建筑遮阳可以降低太阳辐射、削弱眩光，提高室内视觉舒适性和热舒适性，降低制冷能耗。因此，夏热冬冷地区的南、东、西窗都应该进行遮阳设计。

第三节　夏热冬暖地区的绿色建筑

一、夏热冬暖地区的气候特征和建筑基本要求

夏热冬暖地区地处我国南岭以南，即海南、台湾全境，福建南部，广东、广西大部以及云南西南部和元江河谷地区。夏热冬暖地区与建筑气候区划图中的Ⅳ区完全一致。夏热冬暖地区大多是热带和亚热带季风海洋性气候，长夏无冬，温度高、湿度重。

（一）夏热冬暖地区的气候特点

（1）夏热冬暖地区的夏季一般会从4月持续至10月，非常炎热；大部分地区一年中近半年温度能保持在10摄氏度以上；气温年较差和日较差均小；雨量丰沛，多热带风暴和台风袭击，易有大风暴雨天气。太阳高度角大，日照时间长，太阳辐射强烈。

（2）夏热冬暖地区很多城市具有显著的高温高湿气候特征（我国南方大多湿热气候，主要以珠江流域为湿热中心），以广州为典型代表城市。

（3）夏热冬暖地区年平均相对湿度为80%左右，四季变化不大；年降雨日数为120～200天，降水量大多在1500～2000mm，是我国降水量最多的地区。

（4）夏热冬暖地区夏季太阳高度角大，日照时间长，但年太阳总辐射照度范围130～170W/m²，在我国属较少地区之一；年日照时数大多在1500～2600h，年日照百分率为35%～50%，12月～翌年5月偏低。

（5）夏热冬暖地区10月～翌年3月普遍盛行东北风和东风，4～9月大多盛行东南风和西南风，年平均风速为1～4m/s，沿海岛屿风速显著偏大，台湾海峡平均风速在全国最大，可达7m/s以上。

（6）夏热冬暖地区年大风日数各地相差悬殊，内陆大部分地区全年不足5天，沿海为10～25天，岛屿可达75～100天，甚至超过150天；年雷暴日数为20～120天，西部偏多，东部偏少。夏热冬暖地区气候特征值，见表4-2所列。

表4-2　夏热冬暖地区气候特征值

气候区		ⅣA区	ⅣB区
气候（℃）	最冷月	10～21	11～17

续 表

气候区		ⅣA区	ⅣB区
气候（℃）	最热月	26 ~ 29	25 ~ 29
	年较差	7 ~ 19	10 ~ 17
	日较差	5 ~ 9	8 ~ 12
	极端最低	-2 ~ 3	-7 ~ 3
	极端最高	35 ~ 40	38 ~ 42
日平均气温≥ 25℃的天数		100 ~ 200	
相对湿度（%）	最冷月	70 ~ 87	65 ~ 85
	最热月	77 ~ 84	72 ~ 82
年降水量（mm）		1200 ~ 2450	800 ~ 1540
年太阳总辐射照度（W/m^2）		130 ~ 170	
年日照时数（h）		1700 ~ 2500	1400 ~ 2000
年日照百分率（%）		40 ~ 60	30 ~ 52
风速（m/s）	冬季	1 ~ 7	0.4 ~ 3.5
	夏季	1 ~ 6	0.6 ~ 2.2
	全年	1 ~ 6	0.5 ~ 2.8

（二）夏热冬暖地区建筑的基本要求

包括：（1）建筑物必须充分满足夏季防热、通风、防雨要求，冬季可不考虑防寒、保温。（2）总体规划、单体设计和构造处理宜开敞通透，充分利用自然通风；建筑物应避西晒，宜设遮阳设施；应注意防暴雨、防洪、防潮、防雷击；夏季施工应有防高温和暴雨的措施。（3）Ⅳ A 区建筑物尚应注意热带风暴、台风、暴雨袭击及盐雾侵蚀。（4）Ⅳ B 区内云南的河谷地区建筑物应注意屋面及墙身抗裂。

二、夏热冬暖地区绿色建筑的设计理念

绿色建筑的设计理念是被动技术与主动技术相结合。夏热冬暖地区应关注高温高湿的气候特点对各类建筑类型的影响，在建筑的平面布局、空间形体、围护结构等各个设计环节中，采用恰当的建筑节能技术措施，提高建筑中的能源利用率，降低建筑

能耗。应提倡因地制宜地降低建筑能耗，而不是简单地、机械地叠加各种绿色技术和设备。

（一）尽量以自然方式满足人的舒适性要求

人们对建筑的舒适性的基本需求应与气候、地域和人体舒适感相结合，出发点定位为以自然的方式而不是机械的方式满足人们的舒适感要求。事实上，人们具有随温度的冷暖而变化的生物属性，即具备对自然环境的适应性。空调设计依据的舒适标准过于敏感，恒定的温、湿度舒适标准并不是人们最舒适的感受。人能接受的舒适温度处在一个区间中，完全依赖机械空调形成的“恒温恒湿”环境不仅不利于节能，而且也不利于满足人的舒适感。

（二）加强遮阳与通风设计

由于夏热冬暖地区的湿热气候，应尽量增加建筑的遮阳和通风设计。遮阳与通风在夏热冬暖地区的传统建筑中得到了大量运用，外遮阳是最有效的节能措施，适当的通风则是带走湿气的重要手段。对于当代的绿色建筑设计而言，这两种方法都值得重新借鉴与提升。

1. 居住建筑外窗的“综合遮阳系数”

“综合遮阳系数”是考虑窗本身和窗口的建筑外遮阳装置综合遮阳效果的一个系数，其值为窗本身的遮阳系数与窗口的建筑外遮阳系数的乘积。夏热冬暖地区居住建筑规定了在不同窗墙比时外窗的“综合遮阳系数”限值，见表 4–3 所列。

表 4–3　夏热冬暖地区居住建筑外窗的综合遮阳系数限值

外窗的综合遮阳系数（S_w）					
外墙太阳辐射吸收系数≤ 0.8	平均窗墙面积比 $C_M \leq 0.25$	平均窗墙面积比 $0.25<C_M \leq 0.3$	平均窗墙面积比 $0.3<C_M \leq 0.35$	平均窗墙面积比 $0.35<C_M \leq 0.4$	平均窗墙面积比 $0.4<C_M \leq 0.45$
$K \leq 2.0$，$D \geq 3.0$	≤ 0.6	≤ 0.5	≤ 0.4	≤ 0.4	≤ 0.3
$K \leq 1.5$，$D \geq 3.0$	≤ 0.8	≤ 0.7	≤ 0.6	≤ 0.5	≤ 0.4
$K<1.0$，$D \geq 2.5$ 或 7	≤ 0.9	≤ 0.8	≤ 0.7	≤ 0.6	≤ 0.5

2. 建筑通风设计

夏热冬暖地区的湿热气候要求建筑单体和群体都要注意通风设计，通过门窗洞口的综合设计、建筑形体的控制和建筑群体的组合，可以形成良好的通风效果。

建筑遮阳设计与自然通风相结合。建筑遮阳构件设计与窗户的采光与通风之间存在着一定的矛盾性。遮阳板不仅会遮挡阳光，还可能导致建筑周围的局部风压出现较大变化，更可能影响建筑内部形成良好的自然通风效果。如果根据当地的夏季主导风向来设计遮阳板，使遮阳板兼作引风装置，这样就能增加建筑进风口风压，有效调节通风量，从而达到遮阳和自然通风的目的。

（三）重视空调设计

高温高湿的气候特征使得夏热冬暖地区成为极为需要空调的区域，这意味着，这个地区的空调节能潜力巨大。实现空调节能，一方面要提高空调系统自身的使用效率；另一方面，合理的建筑体形与优化的外围护结构方案也是减少能耗的关键因素。

三、夏热冬暖地区绿色建筑设计的技术策略

（一）被动技术策略

1. 建筑选址及空间布局

被动技术首先关注的是建筑选址及空间布局，建筑规划的总体布局还需要营造良好的室外热环境。

（1）夏季通风和冬季防风。冬夏两季主导风向不同，在规划设计中，建筑群体的选址和规划布局在通风和防风之间应取得平衡和协调。不同地区的建筑最佳朝向不完全一致，广州建筑的最佳朝向是东南向。

（2）计算机辅助模拟设计。在传统的建筑规划设计中，外部环境设计主要从规划的硬性指标要求、建筑的功能空间需求以及景观绿化的布置等方面考虑，所以难以保证获得良好的室外热环境。计算机辅助过程控制的绿色建筑设计，可以在建筑规划阶段借助相应的模拟软件实时有效地指导设计，有效地解决这个问题。

2. 建筑外围护结构的优化

建筑的围护结构是气候环境的过滤装置。在夏热冬暖地区的湿热气候下，建筑的外围护结构不同于温带气候的“密闭表皮”的设计方法，建筑立面通过适当的开口获取自然通风，并结合合理的遮阳设计躲避强烈的日照，同时能有效防止雨水进入室内。这种建筑的外围护结构更像是一层可以呼吸、自我调节的生物表皮。但是，夏热冬暖地区的建筑窗墙比也非越大越好，大面积的开窗会使得更多的太阳辐射进入室内，造成热环境的不舒适。马来西亚著名生态建筑设计师杨经文根据自己的研究提出建筑的开窗面积不宜超过 50%。

3. 不同朝向及部位的遮阳措施

在夏热冬暖地区，墙面、窗户与屋顶是建筑物吸收热量的关键部位。

（1）屋顶绿化及屋面遮阳。夏热冬暖地区雨量充沛，在屋顶采用绿化植被遮阳措施具备良好的天然条件。通过屋面的遮阳处理，不仅减少了太阳辐射热量，而且减小了因屋面温度过高而造成对室内热环境的不利影响。目前采用的种植屋面措施，既能够遮阳隔热，还可以通过光合作用消耗或转化部分能量。

（2）建筑围护结构遮阳。建筑各部分围护结构均可以通过建筑遮阳的构造手段，达到阻断部分直射阳光、防止阳光过分照射的作用。这既可以防止对建筑围护结构和室内的升温加热，也可以防止直射阳光造成的强烈眩光。运用遮阳板等材料做成与日照光线成某一有利角度的遮阳构件，综合交错、形式多样的遮阳片形成变化强烈的光影效果，使建筑呈现出相应的美学效果，气候特征赋予了夏热冬暖地区的建筑以独特的风格与生动的表情。

（3）有效组织自然通风。在总体建筑群规划和单体建筑设计中，应根据功能要求和湿热的气候情况，改善建筑外环境，包括冬季防风、夏季及过渡季节促进自然通风以及夏季室外热岛效应的控制。

（4）采用立体绿化。绿化是夏热冬暖地区一种重要的设计元素，在各类建筑物和构筑物的立面、屋顶、地下和上部空间进行多层次、多功能的绿化，可以拓展城市绿化空间、美化城市景观，改善局地气候和生态服务功能。马来西亚建筑师杨经文坚持在高层建筑中引入绿化设计系统，在有些高层建筑中，例如梅纳拉大厦，空中庭院中的植物是从楼的一侧护坡开始，沿着高层建筑的外表面螺旋上升，形成了连续的立体绿化空间。

（二）主动技术策略

1. 积极应用可再生能源

夏热冬暖地区也应积极应用可再生能源，如水能、风能、太阳能、生物质能和海洋能等，采用太阳能光伏发电系统、探索太阳能一体化建筑、在建筑中应用地热能与风能，都应进行综合测算并因地制宜地使用。

2. 有效降低空调能耗

包括：（1）通过合理的节能建筑设计，增加建筑围护结构的隔热性能和提高空调、采暖设备能效比的节能措施。（2）改善建筑围护结构，如外墙、屋顶和门窗的保温隔热性能。（3）在经济性、可行性允许的前提下可以采用新型节能墙体材料。（4）重视门窗的节能设计。

3. 综合水系统管理

通过多种生态手段规划雨水管理，减少热岛效应，减轻暴雨对市政排水管网的压力。结合景观湖进行雨水收集，所收集雨水作为人工湖蒸发补水之用。道路、停车场采用植草砖形成可渗透地面；步行道和单车道考虑采用透水材料铺设；针对不同性质的区域采取不同的雨水收集方式。中水系统经处理达标后回用于冲厕、灌溉绿化和喷洒道路等。节水器具应结合卫生、维护管理和使用寿命的要求进行选择。例如，感应节水龙头比一般的手动水龙头节水 30% 左右。

第四节　寒冷地区的绿色建筑

一、寒冷地区的气候特征和特点

寒冷地区地处我国长城以南，秦岭、淮河以北，新疆南部、青藏高原南部。

寒冷地区主要包括天津、山东、宁夏全境，北京、河北、山西、陕西大部，辽宁南部，甘肃中东部、河南、安徽、江苏北部，以及新疆南部、青藏高原南部、西藏东南部、青海南部、四川西部的部分地区。

（一）寒冷地区气候的主要特征

寒冷地区冬季漫长而寒冷，经常出现寒冷天气；夏季短暂而温暖，气温年较差特别大；以夏雨为主，因蒸发微弱，相对湿度很高。

（二）寒冷地区的气候特点

（1）冬季较长且寒冷干燥。年日平均气温低于或等于 5℃的日数为 90 ~ 207 天。（2）夏季区内各地气候差异较大。Ⅱ区的平原地区较炎热湿润，高原地区夏季较凉爽。ⅥC 区凉爽无夏，7 月平均气温低于 18℃。ⅦD 区夏季干热，吐鲁番盆地夏季酷热。（3）气温年较差较大。Ⅱ区气温年较差可达 26℃ ~ 34℃；ⅥC 区气温年较差可达 11℃ ~ 20℃。ⅦD 区最大，气温年较差可达 31℃ ~ 42℃。（4）年平均气温日较差较大。（5）极端最低气温较低。（6）极端最高气温各地差异较大。（7）年平均相对湿度为 50% ~ 70%；年雨日数为 60 ~ 100 天，年降水量为 300 ~ 1000mL，日最大降水量大都为 200 ~ 300mm，个别地方日最大降水量超过 500mm。（8）年太阳总辐射照度为 150 ~ 190W/m^2，年日照时数为 2000 ~ 2800h，年日照百分率为 40% ~ 60%。（9）东部广大地区 12 月 ~ 翌年 2 月多偏北风，6 ~ 8 月多偏南风，陕西北部常年多西南风。（10）年大风日数为 5 ~ 25 天，局部地区达 50 天以上；年沙暴日数为 1 ~ 10 天，北部地区偏多；年降雪日数一般在 15 天以下，年积雪日数为 10 ~ 40 天，最大积雪深度为 10 ~ 30cm；最大冻土深度小于 1.2m；年冰雹日数一般在 5 天以下；年雷暴日数为 20 ~ 40 天。

ⅦD 区冬季严寒，夏季较热；年降水量小于 200mm，空气干燥，风速偏大，多大风和风沙天气；日照丰富；最大冻土深度为 1.5 ~ 2.5m。寒冷地区气候特征值，见表 4-4 所列。

表 4-4　寒冷地区气候特征值

气候区		Ⅱ区	ⅥC 区	ⅦD 区
气候（℃）	最冷月	-10 ~ 0	-10 ~ 0	-10 ~ -5
	最热月	18 ~ 28	11 ~ 20	24 ~ 33
	年较差	26 ~ 34	14 ~ 20	31 ~ 42
	日较差	7 ~ 15	9 ~ 17	12 ~ 16
	极端最低	-13 ~ -35	-12 ~ -30	-21 ~ -32
	极端最高	34 ~ 43	24 ~ 37	40 ~ 47
日平均气温≤ 5℃的天数		90 ~ 145	116 ~ 207	112 ~ 130
日平均气温≥ 5℃的天数		0 ~ 80	0	120
相对湿度（%）	最冷月	40 ~ 70	20 ~ 60	50 ~ 70
	最热月	50 ~ 90	50 ~ 80	30 ~ 60
	年平均	50 ~ 70	30 ~ 70	35 ~ 70
年降水量（mm）		300 ~ 1000	290 ~ 880	20 ~ 140
年太阳总辐射照度（W/m^2）		150 ~ 190	180 ~ 260	170 ~ 230
年日照时数（h）		2000 ~ 2800	1600 ~ 3000	2500 ~ 3500
年日照百分率（%）		40 ~ 60	40 ~ 80	60 ~ 80
风速	冬季（m/s）	1 ~ 5	1 ~ 3	1 ~ 4
	夏季（m/s）	1 ~ 5	1 ~ 3	2 ~ 4
	全年（m/s）	1 ~ 6	1 ~ 3	2 ~ 4

二、寒冷地区绿色建筑的设计要点

从气候类型和建筑基本要求方面来看，寒冷地区与严寒地区的绿色建筑在设计要求和设计手法方面基本相同，一般情况下，寒冷地区可以直接套用严寒地区的绿色建筑。除满足传统建筑的一般要求，以及《绿色建筑技术导则》和《绿色建筑评价标准》GB/T 50378 的要求外，寒冷地区的绿色建筑还应考虑以下几个方面。

（一）寒冷地区建筑节能设计的内容与要求

寒冷地区的绿色建筑在建筑节能设计方面应考虑的问题，见表 4-5 所列。

表 4-5 寒冷地区绿色建筑在建筑节能设计方面应考虑的问题

	Ⅱ区	ⅥC 区	ⅦD 区
规划设计及平面布局	总体规划、单体设计应满足冬季日照并防御寒风的要求，主要房间宜避西晒	总体规划、单体设计应注意防寒风与风沙	总体规划、单体设计应以防寒风与风沙，争取冬季日照为主
体形系数要求	应减小体形系数	应减小体形系数	应减小体形系数
建筑物冬季保温要求	应满足防寒、保温、防冻等要求	应充分满足防寒、保温、防冻的要求	应充分满足防寒、保温、防冻要求
建筑物夏季防热要求	部分地区应兼顾防热、ⅡA 区应考虑夏季防热、ⅡB 区可不考虑	无	应兼顾夏季防热要求，特别是吐鲁番盆地应注意隔热降温、外围护结构宜厚重
构造设计的热桥影响	应考虑	应考虑	应考虑
构造设计的防潮、防雨要求	注意防潮、防暴雨，沿海地、应注意防盐雾侵蚀	无	无
建筑的气密性要求	加强冬季密闭性且兼顾夏季通风	加强冬季密闭性	加强冬季密闭性
太阳能利用	应考虑	应考虑	应考虑
气候因素对结构设计的影响	结构上应考虑气温年较差大以及大风的不利影响	结构上应注意大风的不利作用	结构上应考虑气温年较差和日较差均大以及大风等的不利作用
冻土影响	无	地基及地下管道应考虑冻土的影响	无
建筑物防雷措施	宜有防冰雹和防雷措施	无	无
施工时的注意事项	应考虑冬季寒冷期较长和夏季多暴雨的特点	应注意冬季严寒的特点	应注意冬季低温、干燥多风沙以及温差大的特点

（二）寒冷地区绿色建筑的总体布局

寒冷地区的绿色建筑在设计时应综合考虑场地内外建筑日照、自然通风、噪声要求，处理好节能、省地、节材等问题。建筑形体设计应充分利用场地的自然条件，综合考虑建筑的朝向、间距、开窗位置和比例等因素，使建筑获得良好的日照、通风采光和视野。在规划与设计建筑单体时，宜通过场地日照、通风、噪声等模拟分析确定最佳的建筑形体。

1. 防风设计

从节能角度考虑，应创造有利的建筑形态，降低风速，减少能耗热损失。包括：（1）避免冬季季风对建筑物侵入；（2）减小风向与建筑物长边的入射角度；（3）设计建筑单体时，在场地风环境分析的基础上，通过调整建筑物的长宽高比例，使建筑物迎风面压力合理分布，避免背风面形成涡旋区。

2. 建筑间距

建筑物的最小间距应保证室内一定的日照量，建筑物的朝向对建筑节能也有很大影响。从节能考虑，建筑物应首先选择长方形体形，南北朝向。同体积，但不同体形获得的辐射量区别很大。朝向既与日照有关，也与当地的主导风向有关，因为主导风向直接影响冬季住宅室内的热损耗与夏季室内的自然通风。绿色建筑设计时，应利用计算机日照模拟分析，以建筑周边场地及既有建筑为边界前提条件，确定满足建筑物最低日照标准的最大形体与高度，并结合建筑节能和经济成本权衡分析。

3. 建筑朝向

寒冷地区建筑朝向选择的总原则是：在节约用地的前提下，满足冬季能争取较多的日照，夏季避免过多的日照，并有利于自然通风的要求。建筑朝向应结合各种设计条件，因地制宜地确定合理的范围，以满足生产和生活的要求，我国寒冷地区部分地区建议建筑朝向见表 4-6 所列。

表 4-6　我国寒冷地区部分地区建议建筑朝向

地区	最佳朝向	适宜朝向	不宜朝向
北京地区	南至南偏东 30°	南偏东 45° 范围内南偏西 35° 范围内	北偏西 30° ~ 60°
石家庄地区	南偏东 15°	南至南偏东 30°	西
太原地区	南偏东 15°	南至南偏东 30°	西
呼和浩特地区	南至南偏东南至南偏西	东南、西南	北、西北
济南地区	南、南偏东 10° ~ 15°	南偏东 30°	西偏北 5° ~ 10°
郑州地区	南偏东 15°	南偏东 25°	西北

（三）寒冷地区绿色建筑的单体设计

1. 控制体形参数

体形系数对建筑能耗影响较大，寒冷地区的绿色建筑设计应在满足建筑功能与美观的基础上，尽可能降低体形系数。依据寒冷地区的气候条件，建筑物体形系数在 0.3 的基础上每增加 0.01，该建筑物能耗增加 2.4% ~ 2.8%；每减少 0.01，能耗减少 2% ~ 3%。一旦所设计的建筑超过规定的体形系数时，应按要求提高建筑围护结构的保温性能，并进行围护结构热工性能的权衡判断，审查建筑物的采暖能耗是否能控制在规定的范围内。

2. 合理确定窗墙面积比，提高窗户热工性能

普通窗户（包括阳台门的透明部分）的保温隔热性能比外墙差很多，窗墙面积比越大，采暖和空调能耗也越大。一般情况下，寒冷地区应以满足室内采光要求作为窗墙面积比的基本确定原则。窗口面积过小，容易造成室内采光不足，增加室内照明用电能耗。因此，寒冷地区不宜过分减少窗墙面积比，重点是提高窗的热工性能。参考近年小康住宅小区的调查情况和北京、天津等地标准的规定，窗墙面积比一般宜控制在 0.35 以内；如窗的热工性能好，窗墙面积比可适当提高。

3. 围护结构保温节能设计

寒冷地区建筑的围护结构不仅要满足强度、防潮、防水、防火等基本要求，还应考虑防寒的要求。从节能的角度出发，居住建筑不宜设置凸窗，凸窗热工缺陷的存在往往会破坏围护结构整体的保温性能。如设置凸窗时，其潜在的热工缺陷及热桥部位，必须采取相关的技术措施加强保温设计，以保证最终的围护结构热工性能。

第五节　严寒地区的绿色建筑

一、严寒地区的气候特征和特点

（一）严寒地区的气候特征

我国严寒地区地处长城以北、新疆北部、青藏高原北部，包括我国建筑区划的 I 区全部，VI 区中的 VIA、VIB 和Ⅶ区中的Ⅶ A、Ⅶ B、Ⅶ C。严寒地区包括黑龙江、吉林全境，辽宁大部，内蒙古中部、西部、北部及陕西、山西、河北、北京北部的部分地区，青海大部，西藏大部，四川西部、甘肃大部，新疆南部部分地区。

（二）严寒地区的气候特点

（1）冬季漫长严寒，年日平均气温低于或等于5℃的日数144 ~ 294天；1月平均气温为 -31℃ ~ -10℃。夏季区内各地气候有所不同。I区夏季短促凉爽，Ⅵ A、Ⅵ B区凉爽无夏；Ⅶ A区夏季干热，为北疆炎热中心；Ⅶ B区夏季凉爽，较为湿润；Ⅶ C区夏季较热。

（2）气温年较差大，I区为30℃ ~ 50℃；Ⅵ A、Ⅵ B区为16℃ ~ 30℃；Ⅶ A、Ⅶ B、Ⅶ C区为30℃ ~ 40℃。气温日较差大，年平均气温日较差为10℃ ~ 18℃，I区3 ~ 5月平均气温日较差最大，可达25℃ ~ 30℃。

（3）极端最低气温很低，普遍低于 -35℃，漠河曾有全国最低气温记录 -52.3℃。极端最高气温区内各地差异很大：I区为19℃ ~ 43℃；Ⅵ A、Ⅵ B区为22℃ ~ 35℃；年平均相对湿度为30% ~ 70%，区内各地差异很大。年降水量较少，多在500mm以下。

（4）冻土深，最大冻土深度在1m以上，个别地方最大冻土深度可达4m。积雪厚，最大积雪深厚为10 ~ 60cm，个别地方最大积雪深度可达90cm。

（5）太阳辐射量大，日照丰富。I区年太阳总辐射照度为140 ~ 200W/m^2，年日照时数为2100 ~ 3100h，年日照百分率为50% ~ 70%。VIA、VIB区年太阳总辐射照度为180 ~ 260W/m^2，年日照时数为1600 ~ 3600h，年日照百分率为40% ~ 80%。

（6）每年2月西部地区多偏北风，北、东部多偏北风和偏西风，中南部多偏南风；6 ~ 8月东部多偏东风和东北风，其余地区多为偏南风；年平均风速为2 ~ 6m/s，冬季平均风速1 ~ 5m/s，夏季平均风速2 ~ 7m/s。严寒地区气候特征值见表4-6所列。

表4-6　严寒地区气候特征值

气候区		I区	Ⅵ A、Ⅵ B区	Ⅶ A、Ⅶ B、Ⅶ C区
气候（℃）	最冷月	-31 ~ 10	-17 ~ -10	-22 ~ 10
	最热月	8 ~ 25	7 ~ 182	21 ~ 28
	年较差	30 ~ 50	16 ~ 30	30 ~ 40
	日较差	10 ~ 16	12 ~ 16	10 ~ 18
	极端最低	-27 ~ -52	-26 ~ -41	-21 ~ -50
	极端最高	19 ~ 43	22 ~ 35	37 ~ 44

续 表

气候区		Ⅰ区	ⅥA、ⅥB区	ⅦA、ⅦB、ⅦC区
日平均气温≤5℃的天数		148～294	162～284	144～180
日平均气温≥5℃的天数		0	0	20～70
相对湿度（%）	最冷月	40～80	20～60	50～80
	最热月	50～90	30～80	30～60
	年平均	50～70	30～70	35～70
年降水量（mm）		200～800	20～900	10～600
年日照时数（h）		2100～3100	1600～3600	2600～3400
年日照百分率（%）		50～70	40～80	60～70
风速	冬季（m/s）	1～5	1～5	1～4
	夏季（m/s）	2～4	2～5	2～7
	全年（m/s）	2～5	2～5	2～6

二、严寒地区绿色建筑的设计要点

严寒地区的绿色建筑设计除了满足建筑的一般要求以外，还应满足《绿色建筑技术导则》和《绿色建筑评价标准》的要求，且应注意结合严寒地区的气候特点、自然资源条件进行综合设计。

（一）严寒地区绿色建筑总体布局的设计原则

1. 应体现人与自然和谐、融洽的生态原则

严寒地区建筑群体布局应科学合理地利用基地及周边自然条件，还应考虑局部气候特征、建筑用地条件、群体组合和空间环境等因素。

2. 充分利用太阳能

我国严寒地区太阳能资源丰富，太阳辐射量大。严寒地区建筑冬季利用太阳能，主要依靠南面垂直墙面上接收的太阳辐照量。冬季太阳高度角低，光线相对于南墙面的入射角小，为直射阳光，不但可以透过窗户直接进入建筑物内，且辐照量也比地平面上要大。

（二）严寒地区绿色建筑总体布局的设计方法

1.建筑物朝向与太阳辐射得热

建筑物的朝向选择，应以当地气候条件为依据，同时考虑局地的气候特征。在严寒地区，应使建筑物在冬季最大限度地获得太阳辐射，夏季则尽量减少太阳直接射入室内。严寒地区的建筑物冬季能耗，主要由围护结构传热失热和通过门窗缝隙的空气渗透失热，再减去通过围护结构和透过窗户进入的太阳辐射得热构成。

“太阳总辐射照度”，即水平或垂直面上单位时间内、单位面积上接受的太阳辐射量。其计算公式为：太阳总辐射照度 = 太阳直射辐射照度 + 散射辐射照度。

太阳辐射得热与建筑朝向有关。研究结果表明，同样层数、轮廓尺寸、围护结构、窗墙面积比的多层住宅，东西向的建筑物比南北向的能耗要增加 5.5% 左右。各朝向墙面的太阳辐射热量，取决于日照时间、日照面积、太阳照射角度和日照时间内的太阳辐射强度。日照时间的变化幅度很大，太阳直射辐射强度一般是上午低、下午高，所以无论冬夏，墙面上接受的太阳辐射热量都是偏西朝向比偏东朝向的稍高一些。以哈尔滨为例，冬季 1 月各朝向墙面接受的太阳辐射照度，以南向最高，为 3095W/（m^2·日），东西向则为 1193W/（m^2·日），北向为 673W/（m^2·日）。因此，为了冬季最大限度地获得太阳辐射，严寒地区的建筑朝向以选择南向、南偏西、南偏东为最佳。东北严寒地区最佳和适宜朝向建议见表 4–7 所列。

表 4–7　东北严寒地区最佳和适宜朝向建议

地区	最佳朝向	适宜朝向	不宜朝向
哈尔滨	南偏东 15° ~ 20°	南至南偏东 20°、南至南偏西 15°	西北、北
长春	南偏东 30°、南偏西 10°	南偏东 45°、南偏西 45°	北、东北、西北
沈阳	南、南偏东 20°	南偏东至东、南偏西至西	东北东至西北西

此外，确定建筑物的朝向还应考虑利用当地地形、地貌等地理环境，充分考虑城市道路系统、小区规划结构、建筑组群的关系以及建筑用地条件，以利于节约建筑用地。从长期实践经验来看，南向是严寒地区较为适宜的建筑朝向。

2.建筑间距

决定建筑间距的因素很多，如日照、通风、防视线干扰等，建筑间距越大，越有利于满足这些要求。但我国土地资源紧张，过大的建筑间距不符合土地利用的经济性。严寒地区确定建筑间距，应以满足日照要求为基础，综合考虑采光、通风、消防、管线埋没与空间环境等要求为原则。

3. 住区风环境设计，注重冬季防风，适当考虑夏季通风

住区风环境设计是住区物理环境的重要组成部分，充分考虑建筑物可能会造成的风环境问题并及时加以解决，有助于创造良好的户外活动空间，节省建筑能耗，获得舒适、生态的居住小区。合理的风环境设计，应该根据当地不同季节的风速、风向进行科学的规划布局，做到冬季防风和夏季通风；充分利用由于周围建筑物的遮挡作用在其内部形成的风速较高的加速区和风速较低的风影区；分析不同季节进行不同活动的人群对风速的要求，进行合理、科学的布置，创造舒适的室外活动环境；在严寒地区尤其要根据冬季风的走向与强度设置风屏障（如种植树木、建挡风墙等）。

夏季，自然风能加强热传导和对流，有利于夏季房间及围护结构的散热，改善室内空气品质；冬季，自然风增加冷风对建筑的渗透，增加围护结构的散热量，增加建筑的采暖能耗。因此，对于严寒地区的建筑，做好冬季防风是非常有必要的，具体措施如下：

（1）选择建筑基地时，应避免不利地段。严寒地区的建筑基地不宜选在山顶、山脊等风速很大之处；应避开隘口地形，避免气流向隘口集中、流线密集、风速成倍增加形成急流而成为风口。

（2）减少建筑长边与冬季主导风向的角度。建筑长轴应避免与当地冬季主导风向正面相交，或尽量减少冬季主导风向与建筑物长边的入射角度，以避开冬季寒流风向，争取不使建筑大面积外表面朝向冬季主导风向。不同的建筑布置形式对风速有明显的影响：

①平行于主导风的行列式布置的建筑小区：因狭管效应，风速比无建筑地区增加15% ~ 30%。

②周边式布置的建筑小区（图 4-6）：在冬季风较强的地区，建筑围合的周边式建筑布局，风速可减少 40% ~ 60%，建筑布局合适的开口方向和位置，可避免形成局地疾风。这种近乎封闭的空间布置形式，组成的院落比较完整且具有一定的空地面积，便于组织公共绿化及休息场地，对于多风沙地区，还可阻挡风沙及减少院内积雪。周边布置的组合形式有利于减少冷风对建筑的作用，还有利于节约用地，但是这种布置会有相当一部分房间的朝阳较差。

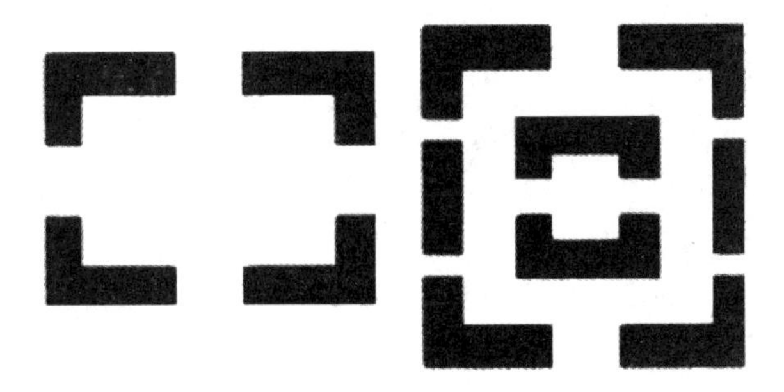

（a）单周边　　　　　　（b）双周边

图 4-6　周边布置的基本形式

（三）严寒地区绿色建筑单体设计的设计方法

1. 控制体形系数

所谓体形系数，即建筑物与室外空气接触的外表面积心 F_0 与建筑体积 V_0 的比值，即：

$$S（体形系数）= F_0/V_0$$

体形系数的物理意义是单位建筑体积占有多少外表面积（散热面）。通过围护结构的传热耗热量与传热面积成正比，显然，体形系数越大，单位建筑空间的热散失面积越大，能耗就越高；反之，体形系数较小的建筑物，建筑物耗热量必然较小。当建筑物各部分围护结构传热系数和窗墙面积比不变时，建筑物耗热量指标随着建筑体形系数的增长而呈线性增长。有资料表明，体形系数每增大 0.01，能耗指标约增加 2.5%。可见，体形系数是影响建筑能耗最重要的因素。从降低建筑能耗的角度出发，应该将体形系数控制在一个较低的水平。

2. 平面布局宜紧凑，平面形状宜规整

严寒地区建筑平面布局，应采用有利于防寒保温的集中式平面布置，各房间一般集中分布在走廊的两侧，平面进深大，形状较规整。平面形状对建筑能耗的影响很大，因为平面形状决定了相同建筑底面积下建筑外表面积，建筑外表面积的增加，意味着建筑由室内向室外的散热面积的增加。假设各种平面形式的底面积相同，建筑高度为 H，此时的建筑平面形状与建筑能耗的关系见表 4-8 所列。

表 4-8　建筑平面形状与能耗的关系

平面形状	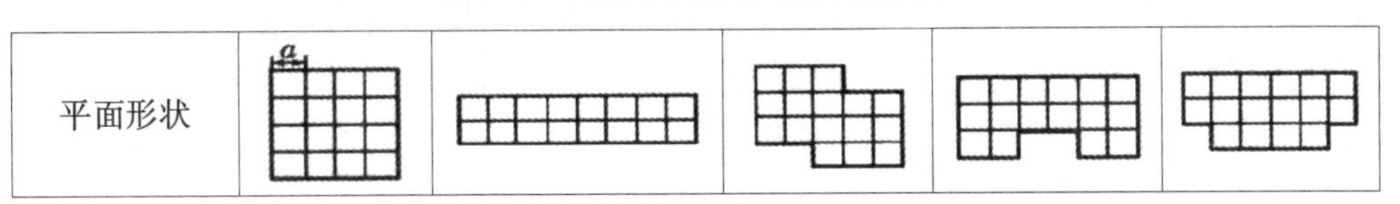

续　表

平面周长	$16a$	$20a$	$18a$	$20a$	$18a$
体型系数	$\frac{1}{a}+\frac{1}{H}$	$\frac{5}{4a}+\frac{1}{H}$	$\frac{9}{8a}+\frac{1}{H}$	$\frac{5}{4a}+\frac{1}{H}$	$\frac{9}{8a}+\frac{1}{H}$
增加	0	$\frac{1}{4a}$	$\frac{1}{8a}$	$\frac{1}{4a}$	$\frac{1}{8a}$

由上表可以看出，平面为正方形的建筑，周长最小、体形系数最小。如果不考虑太阳辐射且各面的平均传热系数相同时，正方形是最佳的平面形式。但当各面的平均有效传热系数不同且考虑建筑白昼获得大量太阳能时，综合建筑的得热、散热分析，则传热系数相对较小、获得太阳辐射量最多的一面应作为建筑的长边，此时正方形将不再是建筑节能的最佳平面形状。可见，平面凹凸过多、进深小的建筑物，散热面（外墙）较大，对节能不利。因此，严寒地区的绿色建筑应在满足功能、美观等其他需求基础上，尽可能使平面布局紧凑，平面形状规整，平面进深加大。

3. 功能分区兼顾热环境分区

建筑空间布局在满足功能合理的前提下，应进行热环境的合理分区，即根据使用者热环境的需求将热环境质量要求相近的房间相对集中布置，这样既有利于对不同区域分别控制，又可将对热环境质量要求较低的房间（如楼梯间、卫生间、储藏间等）集中设于平面中温度相对较低的区域，把对热环境质量要求较高的主要使用房间集中设于温度较高区域，从而获得对热能利用的最优化。

冬季，严寒地区的北向房间得不到日照，是建筑保温的不利房间；与此同时，南向房间因白昼可获得大量的太阳辐射，导致在同样的供暖条件下同一建筑产生两个高低不同的温度区间，即北向区间与南向区间。在空间布局中，应把主要活动房间布置于南向区间，而将阶段性使用的辅助房间布置于北向区间。这样，北向的辅助空间形成了建筑外部与主要使用房间之间的“缓冲区”，从而构成南向主要使用房间的防寒空间，使南向主要使用房间在冬季能获得舒适的热环境。

4. 合理设计建筑入口

建筑入口空间是指从建筑入口外部环境到达室内稳定热环境区域的过渡空间，是使用频率最高的部位。入口空间主要包括门斗、休憩区域、娱乐区域、交通区域等，当受到室外气候环境影响时，入口空间能够起到缓冲和阻挡作用，从而对室内物理环境产生调控作用，同时也可以阻止热量的流失，起到控制双重空间环境的作用。入口空间可以将其划分为低温区、过渡区和稳定区三个区域。

建筑入口位置是建筑围护结构的薄弱环节，针对建筑入口空间进行建筑节能研究，具有很现实的意义。

① 入口的位置。入口位置应结合平面的总体布局，它是建筑的交通枢纽，是连接室外与室内空间的桥梁，是室内外空间的过渡。建筑主入口通常处于建筑的功能中心，既是室内外空间相互渗透的节点，也是"进风口"，其特殊的位置及功能决定了它在整个建筑节能中的地位。

② 入口的朝向。严寒地区建筑入口的朝向应避开当地冬季的主导风向，应在满足功能要求的基础上，根据建筑物周围的风速分布来布置建筑入口，减少建筑的冷风渗透，从而减少建筑能耗。

③ 入口的形式。从节能的角度出发，严寒地区建筑入口的设计主要应注意采取防止冷风渗透及保温的措施，具体可采取以下设计方法：

a. 设门斗。门斗可以改善入口处的热工环境。第一，门斗本身形成室内外的过渡空间，其墙体与其空间具有很好的保温功能；第二，它能避免冷风直接吹入室内，减少风压作用下形成空气流动而损失的热量。由于门斗的设置，大大减弱了风力，门斗外门的位置与开启方向对于气流的流动有很大的影响，如图 4–7 所示。

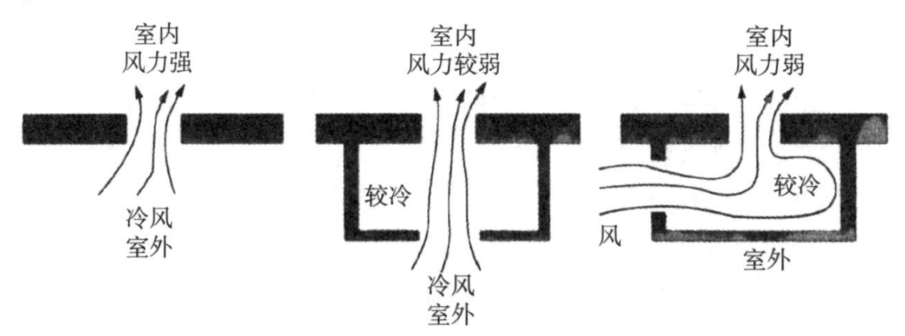

图 4–7　外门的位置对入口热工环境的影响与气流的关系

b. 选择合适的门的开启方向。门的开启方向与风的流向角度不同，所起的作用也不相同。例如，当风的流向与门扇的方向平行时，具有导风作用；当风的流向与门扇垂直或成一定角度时，具有挡风作用，所以垂直时的挡风作用为最大。因此，设计门斗时应根据当地冬季主导风向，确定外门在门斗中的位置和朝向以及外门的开启方向，以达到使冷风渗透最小的目的。

c. 设挡风门廊。挡风门廊适用于冬季主导风向与入口成一定角度的建筑，显然，其角度越小，效果越好。此外，在风速大的区域以及建筑的迎风面，建筑应做好防止冷风渗透的措施。例如，在迎风面上应尽量少开门窗和严格控制窗墙面积比，以防止冷风通过门窗口或其他孔隙进入室内，形成冷风渗透。

5. 围护结构注重保温节能设计

建筑围护结构的节能设计是建筑节能设计的主要环节，采用恰当的围护结构部件及合理的构造措施可以满足保温、隔热、采光、通风等各种要求，既保证了室内良好的物理环境，又降低了能耗，这是实现建筑节能的基本条件。围护结构的节能设计主要涉及的因素有外墙、屋顶、门窗、地面、玻璃幕墙及窗墙比等。

建筑保温是严寒地区绿色建筑设计十分重要的内容之一，建筑中空调和采暖的很大一部分负荷，是由于围护结构传热造成的。围护结构保温隔热性能的好坏，直接影响到建筑能耗的多少。为提高围护结构的保温性能，通常采取以下 6 项措施：

① 合理选材及确定构造型式。选择容重轻、导热系数小的材料，如聚苯乙烯泡沫塑料、岩棉、玻璃棉、陶粒混凝土、膨胀珍珠岩及其制品、膨胀蛭台为骨料的轻混凝土等可以提高围护构件的保温性能。严寒地区建筑在保证围护结构安全的前提下，优先选用外保温结构，但是不排除内保温结构及夹芯墙的应用。采用内保温时，应在围护结构内适当位置设置隔气层，并保证结构墙体依靠自身的热工性能做到不结露。

② 防潮防水。冬季由于外围护构件两侧存在温度差，室内高温一侧水蒸气分压力高于室外，水蒸气就向室外低温一侧渗透，遇冷达到露点温度时会凝结成水，构件受潮。此外，雨水、使用水、土壤潮气等也会侵入构件，使构件受潮受水。围护结构表面受潮、受水时会使室内装修变质损坏，严重时会发生霉变，影响人体健康。构件内部受潮、受水会使多孔的保温材料充满水分，导热系数提高，降低围护材料的保温效果。在低温下，水分在冰点以下结晶，进一步降低保温能力，并因冻融交替而造成冻害，严重影响建筑物的安全和耐久性。为防止构件受潮受水，除应采取排水措施外，在靠近水、水蒸气和潮气的一侧应设置防水层、隔气层和防潮层。组合构件应在受潮一侧布置密实材料层。

③ 避免热桥。在外围护构件中，由于结构要求经常设有导热系数较大的嵌入构件，如外墙中的钢筋混凝土梁和柱、过梁、圈梁、阳台板、雨篷板、挑檐板等这些部位的保温性能都比主体部位差，且散热大，其内表面温度也较低，当低于露点温度时易出现凝结水，这些部位通常称为围护构件的“热桥”现象。为了避免和减轻热桥的影响，首先应避免嵌入的构件内外贯通，其次应对这些部位采取局部保温措施，如增设保温材料等，以切断热桥。

④ 防止冷风渗透。当围护构件两侧空气存在压力差时，空气从高压一侧通过围护构件流向低压一侧，这种现象称为空气渗透。空气渗透可由室内外温度差（“热压”）引起，也可由“风压”引起。由热压引起的渗透，热空气由室内流向室外，室内热量损失；

风压使冷空气向室内渗透，使室内变冷。为避免冷空气渗入和热空气直接散失，应尽量减少外围护结构构件的缝隙，例如，使墙体砌筑砂浆饱满，改进门窗加工和构造方式，提高安装质量，缝隙采取适当的构造措施等。提高门窗气密性的方法主要有两种：

a. 采用密封和密闭措施。框和墙间的缝隙密封可用弹性软型材料（如毛毡）、聚乙烯泡沫、密封膏等。框与扇间的密闭可用橡胶条、橡塑条、泡沫密闭条，以及高低缝、回风槽等。扇与扇之间的密闭可用密闭条、高低缝及缝外压条等。窗扇与玻璃之间的密封可用密封膏、各种弹性压条等。

b. 减少缝的长度。门窗缝隙是冷风渗透的根源，以严寒地区传统住宅窗户为例，一个 1.8m × 1.5m 的窗，其各种接缝的总长度达 11m 左右。为了减少冷风渗透，可采用大窗扇、扩大单块玻璃面积以减少门窗缝隙；同时合理减少可开窗扇的面积，在满足夏季通风的条件下，扩大固定窗扇的面积。

⑤ 合理设计门窗洞口面积。

a. 窗的洞口面积确定。窗的传热系数远远大于墙的传热系数，因此，窗户面积越大，建筑的传热、耗热量也越大。严寒地区的建筑设计应在满足室内采光和通风的前提下，合理限定窗面积的大小。我国严寒地区传统民居南向开窗较大，北向往往开小窗或不开窗，这是利用太阳能改善冬季白天室内热环境与光环境及节省采暖燃料的有效方法。我国《民用建筑节能设计标准》中限定了“窗墙面积比”。以哈尔滨为例，北向的窗墙面积比限值为 0.25；东西向限值为 0.3；南向限值为 0.45。在欧美一些国家，为了让建筑师在决定窗口面积时有一定灵活性，他们不直接硬性规定窗墙面积比，而是规定整幢建筑窗和墙的总耗热量。如果设计人员要开窗大一些，即窗户耗热量多一些，就必须以加大墙体的保温性能来补偿；若墙体无法补偿时，就必须减小窗户面积，显然也是间接地限制窗的面积。

b. 门的洞口面积确定。门洞的大小尺寸，直接影响着外入口处的热工环境，门洞的尺寸越大，冷风的侵入量越大，就越不利于节能。但是，外入口的功能要求门洞应具有一定的尺寸，以满足消防疏散及人们日常使用及搬运家具等要求。所以，门洞的尺寸设计应该是在满足使用功能的前提下，尽可能地缩小尺寸，以达到节能要求。

⑥ 合理设计建筑的首层地面。

建筑物的耗热量不仅与其围护结构的外墙和屋顶的构造做法有关，而且与其门窗、楼梯间隔墙、首层地面等部位的构造做法有关。在建筑围护结构中，地面的热工质量对人体健康的影响较大。普通水泥地面具有坚固、耐久、整体性强、造价较低、施工方便等优点，但是其热工性能很差，存在着“凉”的缺点，地面表面从人体吸收热量多。因此，对于严寒地区建筑的首层地面，还应进行保温与防潮设计。

在严寒地区的建筑外墙内侧0.5 ~ 1.0m范围内，由于冬季受室外空气及建筑周围低温土壤的影响，将有大量的热量从该部位传递出去。因此，在外墙内侧0.5 ~ 1.0m范围内应铺设保温层，地下室保温需要根据地下室用途确定是否设置保温层，当地下室作为车库时，其与土壤接触的外墙可不保温。当地下水位高于地下室地面时，地下室保温需要采取防水措施。

本章小结

我国幅员辽阔，地势东高西低，地形多种多样，这决定了我国气候的多样性。气候是一种重要的自然资源，同时也是自然环境的重要组成部分，对人居环境的可持续发展具有十分重要的意义。一方面，气候是决定人居群落分布的主要因素，另一方面，人类的居住活动在一定程度上对气候的变化产生影响。建筑如同自然植物一样扎根于大地，一代代繁衍生息，逐渐形成了与气候相适应的生存方式，体现了中国传统顺应自然的哲学观念。同时也凝结了人们在建筑营建过程中如何对有利的气候条件加以利用，合理回避不利气候条件的经验与智慧。这些对于指导我国当今的城乡建设具有重要的借鉴意义。

第五章　不同类型建筑的绿色设计

第一节　居住建筑的绿色设计

一、绿色住宅的概念、特征及标准

（一）绿色住宅的概念

绿色住宅强调以人为本以及与自然的和谐，实现持续高效地利用一切资源，追求最小的生态冲突和最佳的资源利用，满足节地、节水、节能、改善生态环境、减少环境污染、延长建筑寿命等目标，形成社会、经济、自然三者的可持续发展。

（二）绿色住宅的特征

绿色住宅除必须具备传统住宅遮风避雨、通风采光等基本功能外，还要具备协调环境，保护生态的特殊功能，在规划设计、营建方式、选材用料方面按区别于传统住宅的特定要求进行设计。因此，绿色住宅的建造应遵循生态学原理，体现可持续发展的原则。

（三）绿色住宅的标准

根据建设部住宅产业化促进中心制定的有关绿色生态住宅小区的技术导则，衡量绿色住宅的质量一般有以下几条标准：（1）在生理生态方面有广泛的开敞性；（2）采用的是无害、无污、可以自然降解的环保型建筑材料；（3）按生态经济开放式闭合循环的原理作无废、无污的生态工程设计；（4）有合理的立体绿化，能有利于保护及稳定周边地域的生态；（5）利用了清洁能源，降解住宅运转的能耗，提高自养水平；（6）富有生态文化及艺术内涵。

《绿色建筑评价标准》GB/T 50378—2014 对住宅建筑和公共建筑的室内环境质量

分别提出了要求，特别是在住宅建筑标准中突出强调了有关室内环境的四项要求：采光、隔声、通风以及室内空气质量与人们日常生活密切相关。各大指标从低到高又分为三个级别：控制项、一般项和优选项三类。

二、居住建筑的用地规划与节地设计

（一）居住建筑用地规划应考虑的因素

居住区设计过程应综合考虑用地条件、套型、朝向、间距、绿地、层数与密度、布置方式、群体组合和空间环境等因素，来集约化使用土地，突出均好性、多样性和协调性。

1.用地选择和密度控制

居住建筑用地应选择无地质灾害、无洪水淹没的安全地段；尽可能利用废地（荒地、坡地、不适宜耕种土地等），减少耕地占用；周边的空气、土壤、水体等，确保卫生安全。居住建筑用地应对人口毛密度、建筑面积毛密度（容积率）、绿地率等进行合理的控制，达到合理的设计标准。

2.群体组合、空间布局和环境景观设计

（1）居住区的规划与设计，应综合考虑路网结构、群体组合、公建与住宅布局、绿地系统及空间环境等的内在联系，构成一个既完善又相对独立的有机整体。（2）合理组织人流、车流，小区内的供电、给排水、燃气、供热、电讯、路灯等管线，宜结合小区道路构架进行地下埋设。配建公共服务设施及与居住人口规模相对应的公共服务活动中心，方便经营、使用和社会化服务。（3）绿化景观设计注重景观和空间的完整性，应做到集中与分散结合、观赏与实用结合，环境设计应为邻里交往创造不同层次的交往空间。

3.日照间距与朝向选择

（1）日照间距与方位选择原则。包括：a.居住建筑间距应综合考虑地形、采光、通风、消防、防震、管线埋设、避免视线干扰等因素，以满足日照要求。b.日照一般应通过与其正面相邻建筑的间距控制予以保证，并不应影响周边相邻地块，特别是未开发地块的合法权益（主要包括建筑高度、容积率、建筑物退让等）。

（2）居住建筑日照标准要求。各地的居住建筑日照标准应按国家及当地的有关规范、标准等要求执行，一般应满足：a.当居住建筑为非正南北朝向时，住宅正面间距应按地方城市规划行政主管部门确定的日照标准以及不同方位的间距折减系数换算，见表5-1、表5-2所列。b.应充分利用地形、地貌的变化所产生的场地高差、条式与点式住宅建筑的形体组合，以及住宅建筑高度的高低搭配等，合理进行住宅布置，有效控制居住建筑间距，提高土地使用效率。

表 5-1　不同方位日照间距折减系数

方位	0 ~ 150（含 150）	150 ~ 600（含 600）	>600
折减系数	1.0	0.9	0.95

表 5-2　不同气候区域的光照时间

<table>
<tr><th rowspan="2">建筑气候区划</th><th colspan="2">Ⅰ、Ⅱ、Ⅲ、Ⅳ气候区</th><th colspan="2">Ⅳ 气候区</th><th rowspan="2">Ⅴ、Ⅵ气候区</th></tr>
<tr><th>大城市</th><th>中小城市</th><th>大城市</th><th>中小城市</th></tr>
<tr><td>标准日</td><td colspan="3">大寒日</td><td colspan="2">冬至日</td></tr>
<tr><td>日照时数（h）</td><td>≥ 2</td><td colspan="2">≥ 3</td><td colspan="2">≥ 1</td></tr>
<tr><td>有效日照时间带（h）</td><td colspan="3">8 ~ 16</td><td colspan="2">9 ~ 15</td></tr>
<tr><td>计算起点</td><td colspan="5">底层窗台面</td></tr>
</table>

住宅小区最大日照设计方式。包括：a. 选择楼栋的最佳朝向。如南京地区为南偏西 5° 至南偏东 30° 。b. 保证每户的南向面宽。c. 用动态方法确定最优的日照条件。

4. 地下与半地下空间利用

（1）地下或半地下空间的利用，与地面建筑、人防工程、地下交通、管网及其他地下构筑物应统筹规划、合理安排；（2）同一街区内，公共建筑的地下或半地下空间应按规划进行互通设计；（3）充分利用地下或半地下空间，做地下或半地下机动停车库（或用作设备用房等），地下或半地下机动停车位达到整个小区停车位的 80% 以上。应注意以下几点：a. 配建的自行车库，宜采用地下或半地下形式；b. 部分公建（服务、健身娱乐、环卫等），宜利用地下或半地下空间；c. 地下空间结合具体的停车数量要求、设备用房特点、机械式停车库、工程地质条件以及成本控制等因素，考虑设置单层或多层地下室。

5. 公共服务配套设施控制

（1）城市新建居住区应按国家和地方城市规划行政主管部门的规定，同步安排教育、医疗卫生、文化体育、商业服务、金融邮电、社区服务、市政公用和行政管理等公共服务设施用地，为居民提供必要的公共活动空间。（2）居住区公共服务设施的配建水平，必须与居住人口规模相对应，并与住宅同步规划、同步建设、同时投入使用。（3）社区中心宜采用综合体的形式集中布置，形成中心用地。社区中心设置的内容和标准见表 5-3 所列。

表 5-3　社区中心设置的内容和标准

居住社区级中心	设置内容	服务半径（m）	服务人口（人）	建筑面积（m²）	用地面积（m²）
居住社区级中心	文化娱乐、体育、行政管理与社区服务、社会福利与保障、医疗卫生、邮政电信、商业金融服务、其他	400 ~ 500	30000	3000 ~ 40000	26000 ~ 35000
基层社区级中心	文化娱乐、体育、行政管理与社区服务、社会福利与保障、医疗卫生、商业金融服务、其他	200 ~ 250	5000 ~ 10000	2000 ~ 2700	1800 ~ 2500

6. 竖向控制

小区规划要结合地形地貌合理设计，尽可能保留基地形态和原有植被，减少土方工程量。地处山坡或高差较大基地的住宅，可采用垂直等高线等形式合理布局住宅，有效减少住宅日照间距，提高土地使用效率。小区对外道路的高程应与城市道路标高相衔接。

（二）居住建筑的节地设计

1. 居住建筑应适应本地区气候条件

（1）居住建筑应具有地方特色和个性、识别性，造型简洁，尺度适宜，色彩明快。（2）住宅建筑应积极利用太阳能，配置太阳能热水器设施时，宜采用集中式热水器配置系统。太阳能集热板与屋面坡度应在建筑设计中一体化考虑，以有效降低占地面积。

2. 住宅单体设计力求规整、经济

（1）住宅电梯井道、设备管井、楼梯间等要选择合理尺寸，紧凑布置，不宜凸出住宅主体外墙过大。（2）住宅设计应选择合理的住宅单元面宽和进深，户均面宽值不宜大于户均面积值的 1/10。

3. 套型功能合理，功能空间紧凑

（1）套型功能的增量，除适宜的面积外，应包括功能空间的细化和设备的配置质量，与日益提高的生活质量和现代生活方式相适应。（2）住宅套型平面应根据建筑的使用性质、功能、工艺要求合理布局；套内功能分区要符合公私分离、动静分离、洁污分离的要求；功能空间关系紧凑，便能得到充分利用。

4.《绿色建筑评价标准》GB/T 50378—2014 对居住建筑“节地与土地利用”的评价标准

（1）绿色建筑评价的总得分按下列公式进行计算，其中，评价指标体系中的 7 类指标评分项的权重 W_1 ~ W_7 按表 5-4 取值。

$$\sum Q = W_1Q_1 + W_2Q_2 + W_3Q_3 + W_4Q_4 + W_5Q_5 + W_6Q_6 + W_7Q_7 + Q_8$$

表 5-4　绿色建筑各类评价指标的权重

		节地与室外环境 W_1	节能与能源利用 W_2	节水与水资源利用 W_3	节材与材料资源利用 W_4	室内环境质量 W_5	施工管理 W_6	运营管理 W_7
设计评价	居住建筑	0.21	0.24	0.20	0.17	0.18	—	—
	公共建筑	0.16	0.28	0.18	0.19	0.19	—	—
运行评价	居住建筑	0.17	0.19	0.16	0.14	0.14	0.10	0.10
	公共建筑	0.13	0.23	0.14	0.15	0.15	0.10	0.10

注：1. 表中“—”表示施工管理和运营管理两类指标不参与设计评价。

2. 对于同时具有居住和公共功能的单体建筑，各类评价指标权重取为居住建筑和公共建筑所对应权重的平均值。

（2）节约利用土地，评价总分值为 19 分。对居住建筑，根据其人均居住用地指标按表 5-5 的规则评分。

表 5-5　居住建筑人均居住用地指标评分规则

居住建筑人均居住用地指标 A（m^2）					得分
3 层及以下	4 ~ 6 层	7 ~ 12 层	13 ~ 18 层	19 层及以上	
35<A ≤ 41	23<A ≤ 26	22<A ≤ 24	20<A ≤ 22	11<A ≤ 13	15
A ≤ 35	A ≤ 23	A ≤ 22	A ≤ 20	A ≤ 11	19

（3）居住建筑场地内合理设置绿化用地，评价总分值为 9 分，并按下列规则评分并累计：① 住区绿地率：新区建设达到 30%，旧区改建达到 25%，得 2 分；② 住区人均公共绿地面积：按表 5-6 的规则评分，最高得 7 分。

表 5-6　住区人均公共绿地面积

住区人均公共绿地面积 A_g		得分
新区建设	旧区改建	
$1.0m^2 \leqslant A_g < 1.3m^2$	$0.7m^2 \leqslant A_g < 0.9m^2$	3
$1.3m^2 \leqslant A_g < 1.5m^2$	$0.9m^2 \leqslant A_g < 1.0m^2$	3
$A_g \geqslant 1.5m^2$	$A_g \geqslant 1.0m^2$	7

（4）合理开发利用地下空间，评价总分值为 6 分，按表 5-7 的规则评分。

表 5-7　地下空间开发利用评分规则

建筑类型	地下空间开发利用指标		得分
居住建筑	地下建筑面积与地上建筑面积的比率 R_r	$5\% \leqslant R_r < 20\%$	2
		$20\% \leqslant R_r < 35\%$	4
		$R_r \geqslant 35\%$	6
公共建筑	地下建筑面积与总用地面积之比 R_{p1}	$R_{p1} \geqslant 0.5$	3
	地下一层建筑面积与总面积的比率 R_{p2}	$R_{p1} \geqslant 0.7$ 且 $R_{p2} < 70\%$	6

三、绿色居住建筑的节能与能源利用体系

（一）建筑构造节能系统

1. 墙体节能设计

（1）体形系数控制。建筑物、外围护结构、临空面的面积大会造成热能损失，故体形系数不应超过规范的规定值。减小建筑物体形系数的措施有：a. 使建筑平面布局紧凑，减少外墙凹凸变化，即减少外墙面的长度；b. 加大建筑物的进深；c. 增加建筑物的层数；d. 加大建筑物的体量。

（2）窗墙比控制。要充分利用自然采光，同时要控制窗墙比。居住建筑的窗墙比应以基本满足室内采光要求为基本原则。建筑窗墙比不宜超过规范的规定值。

（3）外墙保温。保温隔热材料轻质、高效，具有保温、隔热、隔声、防水性能，外墙采用保温隔热材料，能够增强外围护结构抗气候变化的综合物理性能。

2. 门窗节能设计

（1）外门窗及玻璃选择。外门窗应选择优质的铝木复合窗、塑钢门窗、断桥式铝合金门窗及其他材料的保温门窗；外门窗玻璃应选择中空玻璃、隔热玻璃或 Low–E 玻璃等高效节能玻璃，其传热系数和遮阳系数应达到规定标准。

（2）门窗开启扇及门窗配套密封材料。在条件允许时尽量选用上、下悬或平开，尽量避免选用推拉式开启；门窗配套密封材料应选择抗老化、高性能的门窗配套密封材料，以提高门窗的水密性和气密性。

3. 屋面节能设计

（1）屋面保温和隔热。屋面保温可采用板材、块材或整体现喷聚氨酯保温层；屋面隔热可采用架空、蓄水、种植等隔热层。

（2）种植屋面。应根据地域、建筑环境等条件，选择对应的屋面构造形式。推广屋面绿色生态种植技术，在美化屋面的同时，利用植物遮蔽减少阳光对屋面的直晒。

4. 楼地面节能技术

楼地面的节能技术，可根据楼板的位置不同采用不同的节能技术：

（1）层间楼板（底面不接触室外空气）。可采取保温层直接设置在楼板上表面或楼板底面，也可采取铺设木龙骨（空铺）或无木龙骨的实铺木地板。

（2）架空或外挑楼板（底面接触室外空气）。宜采用外保温系统，接触土壤的房屋地面，也要做保温。

（3）底层地面也应做保温。

5. 管道技术

（1）水管的敷设。

a. 排水管道：可敷设在架空地板内；

b. 采暖管道、给水管道、生活热水管道：可敷设在架空地板内或吊顶内，也可局部墙内敷设。

（2）干式地暖的应用。

a. 干式地暖系统。干式地暖系统区别于传统的混凝土埋入式地板采暖系统，也称为预制轻薄型地板采暖系统，是由保温基板、塑料加热管、铝箔、龙骨和二次分集水器等组成的一体化薄板，板面厚度约为 12mm，加热管外径为 7mm。

b. 干式地暖系统的特点。具有温度提升快、施工工期短、楼板负载小、易于日后维修和改造等优点。

c. 干式地暖系统的构造做法。主要有架空地板做法、直接铺地做法。

（3）风管的敷设。

a. 新风换气系统。新风换气系统可提高室内空气品质，但会占用室内较多的吊顶空间，因此需要内装设计协调换气系统与吊顶位置、高度的关系，并充分考虑换气管线路径、所需换气量和墙体开口位置等，在保证换气效果的同时兼顾室内的美观精致。

b. 水平式排风系统。

6. 遮阳系统

（1）利用太阳照射角综合考虑遮阳系数。居住建筑确定外遮阳系统的设置角度的因素有：建筑物朝向及位置；太阳高度角和方位角。应选用木制平开、手动或电动、平移式、铝合金百叶遮阳技术；应选用叶片中夹有聚氨酯隔热材料手动或电动卷帘。

（2）遮阳方式选择。低层住宅有条件时可以采用绿化遮阳；高层塔式建筑、主体朝向为东西向的住宅，其主要居住空间的西向外窗、东向外窗应设置活动外遮阳设施。窗内遮阳应选用具有热反射功能的窗帘和百叶；设计时选择透明度较低的白色或者反光表面材质，以降低其自身对室内环境的二次热辐射。内遮阳对改善室内舒适度，美化室内环境及保证室内的私密性均有一定的作用。

（二）电气与设备节能系统

1. 供配电节能技术

（1）供配电系统节能途径。居民住宅区供配电系统节能，主要通过降低供电线路、供电设备的损耗。a. 降低供电线路的电能损耗。方式有：合理选择变电所位置；正确确定线缆的路径、截面和敷设方式；采用集中或就地补偿的方式，提高系统的功率等。b. 降低供电设备的电能损耗。采用低能耗材料或工艺制成的节能环保的电气设备；对冰蓄冷等季节性负荷，采用专用变压器供电方式，以达到经济适用、高效节能的目的。

（2）供配电节能技术的类型。包括：a. 紧凑型箱式变电站供电技术。b. 节能环保型配电变压器技术。地埋式变电站应优先选用非晶体合金变压器。配电变压器的损耗分为空载损耗和负载损耗。居民住宅区一年四季、每日早中晚的负载率各不相同，故选用低空载损耗的配电变压器，具有较现实的节能意义。c. 变电所计算机监控技术。大型居民住宅区推荐使用变电所计算机监控系统，通过计算机、通信网络监测建筑物和建筑群的高压供电、变压器、低压配电系统、备用发电机组的运行状态和故障报警；检测系统的电压、电流、有功功率、功率因数和电度数据等；实现供配电系统的遥测、遥调、遥控和遥信，为节能和安全运行提供实时信息和运行数据；可减少变电所值班人员，实现无人值守，有效节约管理成本。

2. 供配电节能技术

（1）照明器具节能技术。

a. 选用高效照明器具。包括：第一，高效电光源：包括紧凑型荧光灯、细管型荧光灯、高压钠灯、金属卤化物灯等。第二，照明电器附件：电子镇流器、高效电感镇流器、高效反射灯罩等。第三，光源控制器件：包括调光装置、声控、光控、时控、感控等。延时开关通常分为触摸式、声控式和红外感应式等类型；在居住区内常用于走廊、楼道、地下室、洗手间等场所。

b. 照明节能的具体措施。包括：第一，降低电压节能。即降低小区路灯的供电电压，达到节能的目的，降压后的线路末端电压不应低于 198V，且路面应维持“道路照明标准”规定的照度和均匀度。第二，降低功率节能。是在灯回路中多串一段或多段阻抗，以减小电流和功率，达到节能的目的。一般用于平均照度超过“道路照明标准”规定维持值的 120% 以上的期间和地段。采用变功率镇流器节能的，宜对变功率镇流器采取集中控制的方式。第三，清洁灯具节能。清洁灯具可减少灯具污垢造成的光通量衰减，提高灯具效率的维持率，延长竣工初期节能的时间，起到节能的效果。第四，双光源灯节能。是指一个灯具内安装两只灯泡，下半夜保证照度不低于下一级维持值的前提下，关熄一只灯泡，实现节能。

（2）居住区景观照明节能技术。

a. 智能控制技术。采用光控、时控、程控等智能控制方式，对照明设施进行分区或分组集中控制，设置平日、假日、重大节日等，以及夜间不同时段的开、关灯控制模式，在满足夜景照明效果设计要求的同时，达到节能效果。

b. 高效节能照明光源和灯具的应用。应优先选择通过认证的高效节能产品。鼓励使用绿色能源，如太阳能照明、风能照明等；积极推广高效照明光源产品，如金属卤化物灯、半导体发光二极管（LED）、T8/T5 荧光灯、紧凑型荧光灯（CFL）等，配合使用光效和利用系数高的灯具，达到节能的目的。

（3）地下汽车库、自行车库等照明节电技术。

a. 光导管技术。光导管主要由采光罩、光导管和漫射器三部分组成。其通过采光罩高效采集自然光线，导入系统内重新分配，再经过特殊制作的光导管传输和强化后，由系统底部的漫射装置把自然光均匀高效地照射到任何需要光线的地方，从而得到由自然光带来的特殊照明效果，是一种绿色、健康、环保、无能耗的照明产品。

b. 棱镜组多次反射照明节电技术。即用一组传光棱镜，安装在车库的不同部位，并可相互接力，将集光器收集的太阳光传送到需要采光的部位。

c. 车库照明自动控制技术。采用红外、超声波探测器等，配合计算机自动控制系统，优化车库照明控制回路，在满足车库内基本照度的前提下，自动感知人员和车辆的行动，以满足灯开、关的数量和事先设定的照度要求，以期合理用电。

（4）绿色节能照明技术。

a. LED 照明技术（又称：发光二极管照明技术）。它是利用固体半导体芯片作为发光材料的技术。LED 光源具有全固体、冷光源、寿命长、体积小、高光效、无频闪、耗电小、响应快等优点，是新一代节能环保光源。但是，LED 灯具也存在很多缺点，光通量较小、与自然光的色温有差距、价格较高；限于技术原因，大功率 LED 灯具的光衰很严重，半年的光衰可达 50% 左右。

b. 电磁感应灯照明技术（又称无极放电灯）。此技术无电极，依据电磁感应和气体放电的基本原理而发光。其优点有：无灯丝和电极；具有十万小时的高使用寿命，免维护；显色性指数大于 80，宽色温从 2700K 到 6500K，具有 801m/W 的高光效，具有可靠的瞬间启动性能，同时低热量输出；适用于道路、车库等照明。

3. 智能控制技术

（1）智能化能源管理技术。是通过居住区智能控制系统与家庭智能交互式控制系统的有机组合，以可再生能源为主、传统能源为辅，将产能负荷与耗能负荷合理调配，减少投入浪费，降低运行消耗，合理利用自然资源，保护生态环境，以实现智能化控制、网络化管理、高效节能、公平结算的目标。

（2）建筑设备智能监控技术。采用计算机技术、网络通信技术对居住区内的电力、照明、空调通风、给排水、电梯等机电设备或系统进行集中监视、控制及管理，以保证这些设备安全可靠地运行。按照建筑设备类别和使用功能的不同，建筑设备智能监控系统可划分为：a. 供配电设备监控子系统；b. 照明设备监控子系统；c. 电梯、暖通空调、给排水设备子系统；d. 公共交通管理设备监控子系统等。

（3）变频控制技术。是运用技术手段来改变用电设备的供电频率，进而达到控制设备输出功率的目的。变频传动调速的特点是不改动原有设备，实现无级调速，以满足传动机械要求；变频器具有软启、软停功能，可避免启动电流冲击对电网的不良影响，既减少电源容量还可减少机械惯动量和损耗；不受电源频率的影响，可以开环、闭环；可手动 / 自动控制；在低速时，定转矩输出、低速过载能力较好；电机的功率因数随转速增高、功率增大而提高，使用效果较好。

（三）给排水节能系统

通过调查收集和掌握准确的市政供水水压、水量及供水可靠性的资料，根据用水设备、用水卫生器具供水最低工作压力要求水嘴，合理确定直接利用市政供水的层数。

1. 小区生活给水加压技术

对市政自来水无法直接供给的用户，可采用集中变频加压、分户计量的方式供水。

小区生活给水加压系统的三种供水技术：水池 + 水泵变频加压系统；管网叠压 + 水泵变频加压；变频射流辅助加压。为避免用户直接从管网抽水造成管网压力过大波动，有些城市供水管理部门仅认可“水池 + 水泵变频加压”和“变频射流辅助加压”两种供水技术。通常情况下，可采用“射流辅助变频加压”供水技术。

（1）水池 + 水泵变频加压系统。当城市管网的水压不能满足用户的供水压力时，就必须用泵加压。通常，通过市政给水管，经浮球阀向贮水池注水，用水泵从贮水池抽水经变频加压后向用户供水。在此供水系统中，虽然“水泵变频”可节约部分电能，但是不论城市管网水压有多大，在城市给水管网向贮水池补水的过程中，都白白浪费了城市给水管网的压能。

（2）变频射流辅助加压供水系统。其工作原理：当小区用水处于低谷时，市政给水通过射流装置既向水泵供水，又向水箱供水，水箱注满时进水浮球阀自动关闭，此时市政给水压力得到充分利用，且市政给水管网压力也不会产生变化；当小区用水处于高峰时，水箱中的水通过射流装置与市政给水共同向水泵供水，此时，市政给水压力仅利用 50% ~ 70%，而市政给水管网压力变化很小。

2. 高层建筑给水系统分区技术

给水系统分区设计中，应合理控制各用水点处的水压，在满足卫生器具给水配件额定流量要求的条件下，尽量取低值，以达到节水节能的目的。住宅入户管水表前的供水静压力不宜大于 0.20MPa；水压大于 0.30MPa 的入户管，应设可调式减压阀。

（1）减压阀的选型。a. 给水竖向分区，可采用比例式减压阀或可调式减压阀。b. 入户管或配水支管减压时，宜采用可调式减压阀。c. 比例式减压阀的减压比宜小于 4；可调式减压阀的阀前后压差不应大于 0.4MPa，要求安静的场所不应大于 0.3MPa。

（2）减压阀的设置。a. 给水分区用减压阀应两组并联设置，不设旁通管；减压阀前应设控制阀、过滤器、压力表，阀后应设压力表、控制阀。b. 入户管上的分户支管减压阀宜设在控制阀门之后、水表之前，阀后宜设压力表。c. 减压阀的设置部位应便于维修。

（四）暖通空调节能系统

1.室内热环境和建筑节能设计指标

包括：（1）冬季采暖室内热环境设计指标，应符合下列要求：卧室、起居室室内设计温度取 16℃～18℃；换气次数取 1.0 次 /h；人员经常活动范围内的风速不大于 0.4m/s。（2）夏季空调室内热环境设计指标应符合下列要求：卧室、起居室室内设计温度取 26℃～28℃；换气次数取 1.0 次 /h；人员经常活动范围内的风速不大于 0.5m/s。（3）空调系统的新风量，不应大于 $20m^3$（h·人）。（4）通过采用增强建筑围护结构保温隔热性能，提高采暖、空调设备能效比的节能措施。（5）在保证相同的室内热环境指标的前提下，与未采取节能措施前相比，居住建筑的采暖、空调能耗应节约 50%。

2.住宅通风技术

（1）住宅通风设计的设计原则。应组织好室内外气流，提高通风换气的有效利用率；应避免厨房、卫生间的污浊空气进入本套住房的居室；应避免厨房、卫生间的排气从室外又进入其他房间。

（2）住宅通风设计的具体措施。住宅通风采用自然通风、置换通风相结合技术。住户换气平时采用自然通风；空调季节使用置换通风系统。

a. 自然通风。是一种利用自然能量改善室内热环境的简单通风方式，常用于夏季和过渡（春、秋）季建筑物室内通风、换气以及降温。通过有效利用风压来产生自然通风，因此，首先要求建筑物有较理想的外部风速。为此，建筑设计应着重考虑以下问题：建筑的朝向和间距；建筑群布局；建筑平面和剖面形式；开口的面积与位置；门窗装置的方法；通风的构造措施等。

b. 置换通风。在建筑、工艺及装饰条件许可且技术经济比较合理的情况下可设置置换通风。采用置换通风时，新鲜空气直接从房间底部送入人员活动区；在房间顶部排出室外。整个室内气流分层流动，在垂直方向上形成室内温度梯度和浓度梯度。置换通风应采用“可变新风比”的方案。置换通风有以下两种方式：

第一，中央式通风系统。由新风主机、自平衡式排风口、进风口、通风管道网组成一套独立的新风换气系统。通过位于卫生间吊顶或储藏室内的新风主机彻底将室内的污浊空气持续从上部排出；新鲜空气经“过滤”由客厅、卧室、书房等处下部不间断送入，使密闭空间内的空气得到充分的更新。

第二，智能微循环式通风系统（通常采用）。由进风口、排风口和风机三个部分组成。功能性区域（厨房、浴室、卫生间等）的排风口与风机相连，不断将室内污浊空气排出；利用负压由生活区域（客厅、餐厅、书房、健身房等）的进风口补充新风进入。并根据室内空气污染度，人员的活动和数量，空气湿度等自动调节通风量，不用人工操作。这样就可以在排除室内污染的同时减少由于通风而引起的热量或冷量的损失。

3. 住宅采暖、空调节能技术

在城市热网供热范围内，采暖热源应优先采用城市热网，有条件时宜采用“电、热、冷联供系统”。应积极利用可再生能源，如太阳能、地热能等。小区住宅的采暖、空调设备优先采用符合国家现行标准规定的节能型采暖、空调产品。

小区装修房配套的采暖、空调设备为家用空气源热泵空调器，空调额定工况下能效比大于 2.3，采暖额定工况下能效比大于 1.9。

一般情况下，小区普通住宅装修房配套分体式空气调节器；高级住宅及别墅装修房配套家用或商用中央空气调节器。

（1）居住建筑采暖、空调方式及其设备的选择。应根据当地资源情况，经技术经济分析以及用户设备运行费用的承担能力综合考虑确定。一般情况下，居住建筑采暖不宜采用直接电热式采暖设备；居住建筑采用分散式（户式）空气调节器（机）进行制冷 / 采暖时，其能效比、性能系数应符合国家现行有关标准中的规定值。

（2）空调器室外机的安放位置。在统一设计时，应有利于室外机夏季排放热量、冬季吸收热量；应防止对室内产生热污染及噪声污染。

（3）房间气流组织。应尽可能使空调送出的冷风或暖风吹到室内每个角落，不直接吹向人体；复式住宅或别墅的回风口应布置在房间下部；空调回风通道应采用风管连接，不得用吊顶空间回风；空调房间均要有送、回风通道，杜绝只送不回或回风不畅；住宅卧室、起居室，应有良好的自然通风。当住宅设计条件受限制，不得已采用单朝向型住宅的情况下，应采取以下措施：户门上方通风窗、下方通风百叶或机械通风装置等有效措施，以保证卧室、起居室内良好的通风条件。

（4）置换通风系统。送风口设置高度 $h<0.8m$；出口风速宜控制在 0.2 ~ 0.3m/s；排风口应尽可能设置在室内最高处，回风口的位置不应高于排风口。

4. 采暖系统设计

寒冷地区的电力生产主要依靠火力发电，火力发电的平均热电转换效率约为 33%，再加上输配效率约为 90%，采用电散热器、电暖风机、电热水炉等电热直接供暖，是能源的低效率应用。其效率远低于节能要求的燃煤、燃油或燃气锅炉供暖系统的能源综合效率，更低于热电联产供暖的能源综合效率。

（1）热媒输配系统设计。

a. 供水及回水干管的环路应均匀布置，各共用立管的负荷宜相近。b. 供水及回水干管优先设置在地下层空间，当住宅没有地下层，供水及回水干管可设置于半通行管沟内。c. 符合住宅平面布置和户外公共空间的特点。d. 一对立管可以仅连接每层一个户内系统，也可连接每层一个以上的户内系统。同一对立管宜连接负荷相近的户内系统。e. 除每层设置热媒集配装置连接各户的系统外，一对共用立管连接的户内系统不宜多于 40 个。f. 采取防止垂直失调的措施，宜采用下分式双管系统。g. 共用立管接向户内系统分支管上，应设置具有锁闭和调节功能的阀门。h. 共用立管宜设置在户外，并与锁闭调节阀门和户用热量表组合设置于可锁封的管井或小室内。i. 户用热量表设置于户内时，锁闭调节阀门和热量显示装置应在户外设置。j. 下分式双管立管的顶点，应设集气和排气装置，下部应设泄水装置。氧化铁会对热计量装置的磁性元件形成不利影响，管径较小的供水及回水干管、共用立管，有条件宜采用热镀锌钢管螺纹连接。供回水干管和共用立管至户内系统接点前，不论设置于任何空间，均应采用高效保温材料加强保温。

（2）户内采暖系统的节能设计。

a. 分户热计量的分户独立系统，应能确保居住者可自主实施分室温度的调节和控制。b. 双管式和放射双管式系统，每一组散热器上设置高阻手动调节阀或自力式两通恒温阀。c. 水平串联单管跨越式系统，每一组散热器上设置手动三通调节阀或自力式三通恒温阀。d. 地板辐射供暖系统的主要房间，应分别设置分支路。热媒集配装置的每一分支路，均应设置调节控制阀门，调节阀采用自动调节和手动调节均可。e. 当冬夏结合采用户式空调系统时，空调器的温控器应具备供冷或供暖的转换功能。f. 调节阀是频繁操作的部件，要选用耐用产品，确保能灵活调节和在频繁调节条件下无外漏。

5. 新能源利用系统

应用光伏系统的地区，年日照辐射量不宜低于 4200MJ，年日照时数不宜低于 1400h。

（1）太阳能光伏发电技术。

居住区内的太阳能发电系统分为三种类型：

① 并网式光伏发电系统。太阳能电池将太阳能转化为电能，并通过与之相连的逆变器直流电转变成交流电，输出电力与公共电网相连接，为负载提供电力。

② 离网式光伏发电系统。太阳能发电系统与公共电网不连接，独立向负载供电。离网式系统一般均配备蓄电池，采用低压直流供电。在居住区内常用于太阳能路灯、景观灯或供电距离很远的监控设备等。由于铅酸蓄电池易对环境造成严重污染，已逐渐被淘汰，可使用环保、安全、节能高效的胶体蓄电池或固体电池（镍氢、镍镉电

池），但其购买和使用成本均较高；虽然可节省电费，但投入产出比很低。

③ 建筑光伏一体化发电系统。它将太阳能发电系统完美地集成于建筑物的墙面或屋面上，太阳能电池组件既被用作系统发电机，又被用作建筑物的外墙装饰材料。太阳能电池可以制成透明或半透明状态，阳光依然能穿过重叠的电池进入室内，不影响室内的采光。

（2）太阳能热水技术。

① 太阳能建筑一体化热水的技术要求。包括：a. 太阳能集热器本身整体性好、故障率低、使用寿命长；b. 贮水箱与集热器尽量分开布置；c. 设备及系统在零度以下运行不会冻损；d. 系统智能化运行，确保运行中优先使用太阳能，尽量少用电能；e. 集热器与建筑的结合除满足建筑外观的要求外，还应确保集热器本身及其与建筑的结合部位不会渗漏。

② 太阳能热水器的选型及安装部位。太阳能热水器按贮水箱与集热器是否集成一体，一般可分为一体式和分体式两大类，采用何种类型应根据建筑类别、建筑一体化要求及初期投资等因素经技术经济比较后确定。一般情况下，6 层及 6 层以下普通住宅采用一体式太阳能热水器；高级住宅或别墅采用分体式太阳能热水器。集热器安装位置根据太阳能热水器与建筑一体化要求可安装在屋面、阳台等部位。一般情况下，集热器均采用 U 形管式真空管集热器。

（3）被动式太阳能利用。

被动式太阳房，是指不依靠任何机械动力，通过建筑围护结构本身完成吸热、蓄热、放热过程，从而实现利用太阳能采暖的目的的房屋。一般而言，可以让阳光透过窗户直接进入采暖房间，或者先照射在集热部件上，然后通过空气循环将太阳能的热量送入室内。

① 太阳能被动式利用。应与建筑设计紧密结合，其技术手段依地区气候特点和建筑设计要求而不同，被动式太阳能建筑设计应在适应自然环境的同时尽可能地利用自然环境的潜能，并应分析室外气象条件、建筑结构形式和相应的控制方法对利用效果的影响，同时综合考虑冬季采暖供热和夏季通风降温的可能，并协调两者的矛盾。

② 被动式太阳能的利用。有效地节约了建筑耗能，应掌握地区气候特点，明确应当控制的气候因素；研究控制每种气候因素的技术方法；结合建筑设计，提出太阳能被动式利用方案，并综合各种技术进行可行性分析；结合室外气候特点，确定全年运行条件下的整体控制和使用策略。

（4）空气源热泵热水技术。

① 空气源热泵热水技术原理。是根据逆卡诺循环原理，采用少量的电能驱动压

缩机运行，高压的液态工质经过膨胀阀后在蒸发器内蒸发为气态，并大量吸收空气中的热能，气态的工质被压缩机压缩成为高温、高压的液态，然后进入冷凝器放热，把水加热，如此不断地循环加热，可以把水加热至 50℃ ~ 65℃。在这个过程中，消耗了 1 份的能量（电能），同时从环境空气中吸收转移了约 4 份的能量（热量）到水中，相对于电热水器而言，节约了 75% 电能。

② 特点和适用范围。空气源热泵技术与太阳能热水技术相比，具有占地少、便于安装调控等优点；与地源热泵相比，它不受水、土资源限制。该技术主要用于小区别墅及配套公建的生活热水系统或作为太阳能热水系统的辅助热源。

③ 空气源热泵热水技术设计要点。包括：a. 优先采用性能系数（COP）高的空气源热泵热水机组（COP 全年应平均达到 3.0 ~ 3.5）。b. 机组应具有先进可靠的融霜控制技术，融霜所需时间总和不超过运行周期时间的 20%。c. 空气源热泵热水系统中应配备合适的、保温性能良好的贮热水箱且热泵出水温度不超过 50%。

（5）地源热泵技术。

地源热泵技术又称土壤源热泵技术，是一种利用浅层常温土壤中的能量作为能源的先进的高效节能、无污染、低运行成本的既可供暖又可供冷的新型空调技术。地源热泵是利用地下常温土壤或地下水温度相对稳定的特性，通过深埋于建筑物周围的管路系统或地下水与建物内部完成热交换的装置。地源热泵技术有效利用地热能，可节约居住建筑的能源消耗。同时，要确保地下资源不被破坏和不被污染，必须遵循国家标准《地源热泵系统工程技术规范》GB50366 中的各项有关规定。特别要谨慎地采用：浅层地下水（井水）作为热源，并确保地下水全部回灌到同一含水层。

下列地源热泵系统可作为居住区或户用空调（热泵）机组的冷热源：土壤源热泵系统；浅层地下水源热泵系统；地表水源（淡水、海水）热泵系统；污水水源热泵系统。小区住宅所选用的地源热泵系统，主要有地下水地源热泵系统和地埋管地源热泵系统。

四、绿色居住建筑的节水与水资源利用体系

（一）分质供水系统

根据当地水资源状况，因地制宜地制定节水规划方案。按“高质高用、低质低用”原则，小区一般设置两套供水系统：生活给水系统、消防给水系统，水源采用市政自来水。

景观、绿化、道路冲洗给水系统：水源采用中水或收集、处理后的雨水。

（二）节水设备系统

1. 变频调速技术及减压阀降压技术

小区加压供水系统采用变频调速技术，及在6层及6层以上建筑物需要调压的进户管上加装可调式减压阀，以控制卫生器具因超压出流而造成水量浪费。根据研究，当配水点处静水压 >0.15MPa 时，水龙头流出水量明显上升。高层分区给水系统的最低卫生器具配水点处静水压 >0.15MPa 时，宜采取减压措施。

2. 节水卫生器具

（1）住宅采用瓷芯节水龙头和充气水龙头代替普通水龙头。在水压相同的条件下，节水龙头比普通水龙头有着更好的节水效果，节水量为30% ~ 50%，大部分为20% ~ 30%。而且，在静压越高、普通水龙头出水量越大的地方，节水龙头的节水量也越大。因此，应在建筑中（尤其在水压超标的配水点）安装使用节水龙头，以减少浪费。（2）配套公建采用延时自闭式水龙头（在出水一定时间后自动关闭，可避免长流水现象。出水时间可在一定范围内调节）和光电控制式水龙头。（3）采用6L水箱或两挡冲洗水箱的节水型坐便器。（4）采用节水型淋浴喷头。通常大水量淋浴喷头每分钟喷水超过20L；节水型喷头每分钟只喷水9L水左右，节约了一半水量。

（三）中水回用系统

在建筑面积大于2万 m^2 的居住小区设置中水回用站。对收集的生活污水进行深度处理。处理水质达到国家《杂用水水质标准》。中水作为小区绿化浇灌、道路冲洗、景观水体补水的备用水源。

1. 中水回用处理常用方法

（1）生物处理法。利用水中微生物的吸附、氧化分解污水中的有机物，包括：好氧—微生物和厌氧—微生物处理，一般以好氧处理较多。其处理流程为：

原水→格栅→调节池→接触氧化池→沉淀池→过滤→消毒→出水。

（2）物理化学处理法。以混凝沉淀（气浮）技术及活性炭吸附相结合为基本方式，与传统的二级处理相比，提高了水质，但运行费用较高。其处理流程为：

原水→格栅→调节池→絮凝沉淀池→活性炭吸附→消毒→出水。

（3）膜分离技术。采用超滤（微滤）或反渗透膜处理，其优点是SS去除率很高，占地面积与传统的二级处理相比，大为减少。

（4）膜生物反应器技术。膜生物反应器是将生物降解作用与膜的高效分离技术结合而成的一种新型高效的污水处理与回用工艺。其处理流程为：

原水→格栅→调节池→活性污泥池→超滤膜→消毒→出水。

2. 中水处理的工艺流程选择原则

（1）以洗漱、沐浴或地面冲洗等为主的优质杂排水（CODer 150 ~ 200mg/L，BOD 50 ~ 100mg/L）：一般采用物理化学法为主的处理工艺流程即满足回用要求。

（2）主要以厨房、厕所冲洗水等为主的生活污水（CODer 300 ~ 350mg/L，BOD 150 ~ 200mg/L）：一般采用生化法为主或生化、物化相结合的处理工艺。物化法一般流程为：混凝—沉淀—过滤。

（3）规划设计要点包括：①中水工程设计应根据可用原水的水质、水量和中水用途进行水量平衡和技术经济分析，合理确定中水水源、系统形式、处理工艺和规模。②小区中水水源的选择要依据水量平衡和经济技术比较确定，并应优先选择水量充裕稳定、污染物浓度低，水质处理难度小、安全且居民易接受的中水水源。当采用雨水作为中水水源或水源补充时，应有可靠的调贮量和超量溢流排放设施。③建筑中水工程设计，必须确保使用、维修安全，中水处理必须设消毒设施，严禁中水进入生活饮用水系统。④小区中水处理站应按规划要求独立设置，处理构筑物宜为地下式或封闭式。

（四）雨水利用系统

城市雨水利用是一种新型的多目标综合性技术，可实现节水、水资源涵养与保护、控制城市水土流失和水涝、减少水污染和改善城市生态环境等目标。小区雨水利用主要有两种形式：屋面雨水利用系统；小区雨水综合利用系统。收集处理后的雨水水质应达到国家《杂用水水质标准》。

1. 屋面雨水利用技术

利用屋面做集雨面的雨水收集利用系统，主要用于绿化浇灌、冲厕、道路冲洗、水景补水等。分为单体建筑物分散式系统和建筑群集中式系统，由雨水汇集区、输水管系、截污装置、储存、净化和供水等几部分组成。同时还设渗透设施与贮水池溢流管相连，使超过储存容量的部分雨水溢流渗透。

（1）屋面雨水水质的控制。a. 屋面的设计及材料选择是控制屋面雨水径流水质的有效手段。对油毡类屋面材料的使用加以限制，逐步淘汰污染严重的品种。另外，屋面绿化系统也可提高雨水水质，并使屋面径流系数减小到 0.3，有效地削减雨水径流量。b. 利用建筑物四周的一些花坛、绿地来接纳屋面雨水，既美化环境，又净化了雨水。在满足植物正常生长的要求下，尽可能选用渗滤速率和吸附净化污染物能力较大的土壤填料。一般厚 1m 左右的表层土壤渗透层有很强的净化能力。

（2）屋面雨水处理常用工艺流程及选择。a. 屋面雨水—初期径流弃流—景观水体。仅用于景观水体的补充水。b. 屋面雨水—初期径流弃流—雨水贮水池沉淀—消毒—雨水清水池。用于绿化浇灌、道路冲洗、景观水体补水。c. 屋面雨水—初期径流弃流—雨水贮水池沉淀—过滤—消毒—雨水清水池。用于绿化浇灌、道路冲洗、景观水体补水、冲厕。

2. 小区雨水综合利用技术

利用屋面、地面做集雨面的雨水收集利用系统：主要用于绿化浇灌、道路冲洗、水景补水等。该系统主要用在建筑面积大于 2 万 m^2 的小区。它由屋面、地面雨水汇集区、输水管系、截污装置、储存、净化和供水等几部分组成。同时还设渗透设施与贮水池溢流管相连，使超过储存容量的部分溢流雨水渗透。

（1）雨水水质控制。路面雨水水质控制的方法：a. 改善路面污染状况是最有效的控制路面雨水污染源方法。b. 设置路面雨水截污装置。为了控制路面带来的树叶、垃圾、油类和悬浮固体等污染物，可以在雨水口和雨水井设置截污挂篮和专用编织袋等，以及设计专门的浮渣隔离、沉淀截污井。这些设施需要定期清理；也可设计绿地缓冲带来截留净化路面径流污染物。c. 设置初期雨水弃流装置。设计特殊装置分离污染较重的初期径流，保护后续渗透设施和收集利用系统的正常运行。

（2）雨水渗透。采用各种雨水渗透设施，让雨水回灌地下，补充涵养地下水资源，是一种间接的雨水利用技术。它还有缓解地面沉降、减少水涝等多种效益。a. 分散式渗透技术。设施简单，可减轻对雨水收集、输送系统的压力，补充地下水，还可以充分利用表层植被和土壤的净化功能减少径流带入水体的污染物。但一般渗透速率较慢，而且在地下水位高、土壤渗透能力差或雨水水质污染严重等条件下应用受到限制。b. 集中式回灌技术。深井回灌容量大，可直接向地下深层回灌雨水，但对地下水位、雨水水质有更高的要求，尤其对用地下水做饮用水源的小区应慎重。

（3）雨水回用处理常用方法及处理工艺流程选择。雨水回用处理工艺可采用物理法、化学法或多种工艺组合法等。雨水回用处理工艺流程应根据雨水收集的水质、水量及雨水回用水质要求等因素，经比较后确定。

（4）规划设计要点。a. 低成本增加雨水供给。合理规划地表与屋面雨水径流途径，最大限度降低地表径流；采用多种渗透措施，增加雨水的渗透量；合理设计小区雨水排放设施，将原有单纯排放改为排、收结合的新型体系。b. 选择简单实用、自动化程度高的低成本雨水处理工艺。一般情况下采用以下工艺：小区雨水—初期径流弃流—贮水池沉淀—粗过滤—膜过滤—紫外线消毒—雨水清水池。c. 提高雨水使用效率。采用循序给水方式，即设有景观水池的小区，其绿化及道路冲洗给水由景观水提供；消耗的景观水再由处理后的雨水供给。同时，绿化浇灌采用微灌、滴灌等节水措施。

第二节 商业建筑的绿色设计

一、现代商业空间形态的新变化

近年来，我国商业发展迅猛，商业建筑的类型日趋增多，并出现一些新的变化。

（一）商业形态的多元化、综合化

随着人们消费观念的更新，传统单一的“物质消费”已经不能满足多元化、高品质生活的需要。文化、娱乐、交往、健身这些“精神消费”日益成为时尚。购物行为已不仅是一个生活必需品的补充过程，还成为一种社会关系相互作用、人与人之间相互交往的过程。因而，传统以购物空间为主体的商业建筑日益向多功能化、社会化方向发展。

1.“购物 +N 种娱乐”的多元化模式

现代商业建筑常根据社会需求、时尚热点和消费水平来界定功能空间的分区，日益呈现“购物 +N 种娱乐”的模式。体现在：（1）满足不同层次的消费需求。如设置名品专卖廊、形象设计室、文化读书廊、博物馆、健身娱乐厅等新的消费区。（2）购物与休闲娱乐相结合。如购物中心中设置电影院、夜总会、特色餐馆等空间。

2.不同的商业建筑形式

不同的业态和销售模式产生了不同的商业建筑形式，如百货商场、超级市场、购物中心、便利店、专卖店、折扣店等，可以满足不同购物人群的要求。

（二）建筑形态的集中化、综合化

现代城市商业建筑空间中引入文化、休闲、娱乐、餐饮等多种功能，形成各种规模的商业综合体建筑，它在商业客源共享的同时，也使多元化与综合化这两种商业空间出现交叉和重叠，如专卖店加盟百货商场以提高商品档次，超级市场、折扣店进驻购物中心以满足消费者一站式的购物需求等。

二、商业建筑的规划和环境设计

（一）商业建筑的选址与规划

1.商业定位、选址条件及原则

商业建筑在选址中，应深入进行前期调研，其商业定位应以所在区段缺失的商业内容为参考目标。商业地块及基地环境的选择，应考虑物流运输的可达性、交通基础

设施、市政管网、电信网络等是否齐全，减少初期建设成本，避免重复建设而造成浪费。场地规划应合理利用地形，尽量不破坏原有地形地貌，降低人力物力的消耗，减少废土、废水等污染物，避免对原有环境产生不利影响。

2. 城市中心区商圈的商业聚集效应

很多的城市中心区经过多年的建设与发展，各方面基础设施条件都比较完备齐全，消费者的认知程度较高，逐渐形成了中心区商圈，有些会成为吸引外来游客消费的城市景点。在商圈中的商业设施应在商品种类、档次、商业业态上有所区别，避免对消费者的争夺。一定的商圈范围内集中若干大型商业设施，相互可利用客源。新建商业建筑在商圈落户，会分享整个商圈的客流，具有品牌效应的商业建筑更能提升商圈的吸引力和知名度。这些商业设施应保持适度距离，避免过分集中造成的人流拥挤，使消费者产生回避心理。

3. 商业空间与城市公共交通一体化设计

城市轨道交通具有速度快、运量大等优势，而密集的人流正是商业建筑的立足之本。因此，轨道交通站点中的庞大人群蕴藏着商业建筑的巨大利益，使这一利益实现的建筑方法正是商业空间与城市公共交通的一体化设计。通过一体化设计，轨道交通与商业建筑以多种形式建立联系、组成空间连接，形成以轨道交通为中心，商业建筑为重心的城市新空间，达到轨道交通与商业建筑的双赢。商业建筑规划时应充分利用现有的交通资源，在邻近的城市公共交通节点的人流方向上设置独立出入口，必要时可与之连接，以增加消费者接触商业建筑的机会与时间，增加商业效益。

在轨道交通站点与商业建筑一体化设计中，其空间形态与模式主要有轨道交通站点空间、商业空间和一体化空间。轨道交通站点空间，即包含乘车、候车、换乘、站厅、通道等交通属性空间，也可以按消费行为划分为消费区域和非消费区域；商业建筑空间，即包含购物、娱乐、餐饮等多功能服务的空间；过渡空间则是一体化过程中产生的各类公共空间的集合，过渡空间既可以作为建筑内部的功能空间，也可以作为交通组织的联系空间。

（二）商业建筑的绿色环境设计

理想的商业建筑环境设计，不仅可以给消费者提供舒适的室外休闲环境，而且，环境中的树木绿化可以起到阻风、遮阳、导风、调节温湿度等作用。绿色环境设计包括：

1. 绿化的选择

应多采用本土植物，尽量保持原生植被。在植物的配置上应注意乔木、灌木相结合，不同种类相结合，达到四季有景的效果。

2. 硬质铺地与绿化的搭配

商业建筑室外广场一般采用不透水的硬质铺装且面积较大，在心理上给人的感觉比较生硬，绿化和渗透地面有利于避免单调乏味并增加气候调节功能。硬质铺装既阻碍雨雪等降水渗透到地下，无法通过蒸发来调节温度与湿度，造成夏季城市热岛效应加剧。

3. 水环境

良好的水环境不宜过大过多，应该充分考虑当地的气候和人的行为心理特征。如一些商业建筑在广场、中庭布置一些水池或喷泉，既可以提升景观空间效果、吸引人流，也可以很好地调节室内外热环境。水循环设计要求商业建筑场地要有涵养水分的能力。场地保水策略可分为“直接渗透”和“贮集渗透”两种，“直接渗透”是利用土壤的渗水性来保持水分；“贮集渗透”模仿了自然水体的模式，先将雨水集中，然后低速渗透。对于商业建筑来说，前者更加适用。

三、商业建筑的绿色节能设计

（一）商业建筑的平面设计

1. 建筑物朝向选择

朝向与建筑节能效果密切相关。南向有充足的日照，冬季接收的太阳辐射可以抵消建筑物外表面向室外散失的热量，但夏季也会导致建筑得热过多，加重空调负担。因而选择坐北朝南的商业建筑在设计中可采用遮阳、辅助空间遮挡等措施解决好两者之间的矛盾。

2. 合理的功能分区

商业建筑平面设计应统一协调考虑人体舒适度、低能耗、热环境、自然通风等因素与功能分区的关系。一般面积占地较大的功能空间应放置在建筑端部并设置独立的出入口，若干核心功能区应间隔分布，其间以小空间穿插连接以缓解大空间的人流压力。商业建筑的库房、卫生间、设备间等辅助空间，热舒适度要求低，可将它们安排在建筑的西面或西北面，作为室外环境与室内主要功能空间的热缓冲区，降低西晒与冬季冷风侵入对室内热舒适度的影响，同时应将采光良好的南向、东向留给主要功能空间。

3. 各种商业流线的组织

商业建筑应细化人流种类，防止人流过分集中或分散引起的能耗利用不均衡；物流、车流等各种流线尽可能不交叉；同种流线不出现遗漏和重复以提高运作效率。

（二）商业建筑的造型设计

建筑体形系数小及规整的造型，可以有效地减少与气候环境的接触面积，降低室外不良气候对室内热环境的影响，减少供冷与供暖能耗，有利于建筑节能。大型商业建筑一般体形系数较小，但体型过分规整不利于形成活跃的商业氛围，也会造成室内空间利用上的不合理。因而，可适当采取体块穿插、高低落差等处理手法，在视觉上丰富建筑轮廓。高起的体型还能遮挡局部西晒，有利于节能。

（三）室内空间的材质选择

（1）商业建筑室内装饰材料的选用，首先要凸显商业性、时尚性，同时还应重点考虑材料的绿色环保特性。商业建筑室内是一个较封闭的空间，往来人员多，空气流通不畅；柜台、商铺装修更换频繁，应该选用对环境和人体都无害的无污染、无毒、无放射性材料，并且可以回收再利用。

（2）在设计过程中，应该避免铺张奢华之风，用经济、实用的材料创造出新颖、绿色、舒适的商业环境。

（3）在具体工程项目中应考虑尽量使用本土材料，从而可以降低运输及材料成本，减少运输途中的能耗及污染。

（4）应采用不同的材质满足不同的室内舒适度要求。需要通过人工照明营造室内商业氛围的空间，要求空间较封闭，开窗面积较小，因而采用实墙处理更有利于人工控制室内物理环境；而主要供消费者休息、空间过渡之用的公共与交通部分，可以采用通透的处理手法，既能使消费者享受到充足的阳光，又有利于稳定室内热环境。

（四）商业中庭设计

1. 中庭热环境设计

中庭是商业建筑最常用的共享功能空间，其顶部一般设有天窗或是采光罩引入自然光，减少人工照明能耗。夏天，利用烟囱效应，将室内有害气体以及多余的热量进行集中，统一排出室外；冬天，利用温室效应将热量留在室内，提高室内的温度（图5-7），但应注意夏季过多的太阳辐射对中庭内热环境的影响。

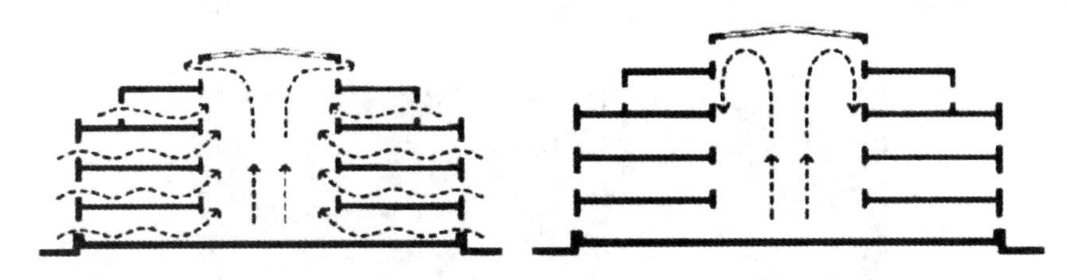

（a）夏季中庭利用烟囱效应通风降温　　（b）冬季中庭受辐射温度上升

图 5-7　中庭的热环境分析

2. 中庭绿化

高大的中庭空间为种植乔木等大型植物提供了有利条件。合理配置中庭内的植物，可以调节中庭内的湿度，有些植物还具有吸收有害气体和杀菌除尘的作用。另外，利用落叶植物不同季节的形态还能达到调节进入室内太阳辐射的作用。

（五）地下空间利用

商业土地寸土寸金，立体式开发可以发挥土地利用的最大效益，保证商家获得最大利益。地下空间的利用方式有：

1.在深层地下空间发展地下停车库

目前，全国的机动车数量上升迅速，开车购物已成为一种普遍的生活方式，购物过程中的停车问题也成为影响消费者购物心情与便捷程度的重要因素。现代商业建筑可利用地下一、二层的浅层地下空间发展餐饮、娱乐等商业功能，而将地下车库布置在更深层的空间里，在获得良好经济效益的同时，也实现了节约用地的目标。

2.地下商业空间与城市公共交通衔接

大型商业建筑将地下空间与城市地铁等地下公共交通进行连接，可减少消费者购物时搭乘地面机动车或自己驾车给城市交通带来的压力，充分利用公共交通资源，达到低碳生活的目的。

深圳连城新天地商业街 2012 年建成，这是国内首个连接两个地铁站的地下商业街，定位为购物、休闲、主题商业街。商业街面积 2.6 万平方米，共分为 A、B、C 三个区域，其中 A 区定位为动感流行坊，B 区定位为风尚名品坊，C 区则定位为缤纷美食坊。它内设 19 个出入口，将 2 个地铁站、9 座甲 A 级写字楼、5 家五星级酒店、2 家四星级酒店、4 家购物中心以及多个住宅楼串联在一起，构成了福田 CBD 最大的商业矩阵。交通方面，这条商业街连接了 4 条地铁线路（1、2、3、4 号线）、广深港客运专线、会展中心和购物公园均是换乘站。而对于想到这里逛街的有车一族来说，从地上转到地下也十分方便，商业街附近有多个大型停车场，距离地下商业街的出入口都很近，停车十分便利，如图 5-8 所示。

图 5-8　深圳连城新天地商业街地铁商业空间

3. 商业承租模式与建筑空间的灵活性

有些商业建筑承租户更替频率比较高，因此，在租赁单元的空间划分上应该尽量规整，各方面条件尽量保持均衡，而且做到可以灵活拆分与组合，满足不同承租户的需求，便于能耗管理。

四、商业建筑空间环境的设计方式

（一）室内空间室外化处理

现代购物方式要求商业空间既有能提供安全舒适的全天候购物的室内环境，又要求能营造一种开敞自由、轻松与休闲的气氛。“室内空间室外化”普遍的设计手法是在公共空间上加上玻璃顶或大面积采光窗，它一方面可以引入更多的室外自然光线和景观；另一方面有助于加强内外视觉交流、强化商业建筑与城市生活的沟通。此外，将自然界的绿化引入室内空间，或者将建筑外立面的装饰手法应用到商业建筑的室内界面上也是室内空间室外化的处理手法。“室内空间室外化”还表现在对轻松休闲的气氛和街道情趣的追求，即在商业公共空间或室内商业街中运用一些如座椅、阳伞、灯柱、凉棚、铺地、招牌等的室外设施来限定空间，以形成一种身处室外的宜人气氛，它吸引消费者的消费欲望，可增加长时间购物过程中的舒适性感受。

（二）商业环境景观化、园林化

建筑环境景观化、园林化，其一表现在室内设计中的绿化、水体和小品的设计上。为了重现昔日城市广场的作用和生机，不仅室内绿化有花卉、绿篱、草坪和乔灌木的搭配，水体设计还大量运用露天广场中的喷泉、雕塑、水池、壁画相结合的方法来营造商业建筑的核心空间。其次，采用立体绿化，充分利用建筑的屋顶、台阶、地下的空间进行景观设计，把建筑变成一个三维立体的花园。有的为求商品与环境的有机结合，而创造出特殊氛围的商业环境。如用人工创造出秋天野外的情景给人以时空、季节的联想；用自然的材料，如竹、木、砖等来中和机械美和工业化带来的窒息，使环境产生自然亲和力，给人们以喘息的空间。

（三）购物方式步行化

为了消除城市汽车交通和商业中心活动的冲突，以及人们对于购物、休息、娱乐、游览、交往一体化的要求，通过人车分离，把商业活动从汽车交通中分离出来，于是形成了步行街或步行区。这里，各类商业、文化、生活服务设施集中，还有供居民漫步休憩的绿地、儿童娱乐场、喷泉、水池及现代雕塑等。邻近安排停车场与各类公共交通站点，有的引进地铁或高架单轨列车，形成便捷的交通联系。成功的步行街常常成为城市的象征及其市民引以为荣的资本，在欧洲，人们常把步行街当作户外起居室。有的城市以特色命名的步行街作为其象征，如有“中华商业第一街”的上海南京路商业步行街，集购物、餐饮、旅游、休闲为一体的商业文化步行街，已经成为国内最具盛名的步行街之一。

步行街的设计要点包括：

（1）步行街的尺度。在步行街的设计中，首先应考虑的是步行街的尺度与客流量的关系问题。适当的道路宽度、步行长度、可坐性以及空间形态的确定是体现“人性化”设计需要考虑的原则。有研究表明，持物的客人想要休息的步行距离为200 ~ 300m。关于人的行动空间尺度，有研究成果：① 4m²/ 人：每位步行者可在各个方向自由活动。② 2m²/ 人：对周围人持警戒态度。③ 1.5m²/ 人：步行者之间的逆流、冲突不可避免。

（2）步行街的可坐性。有学者研究过关于“坐”的问题，由于人们的心理状态不同，行为意愿也不同。独自坐、成组坐、面向街道坐、背向街道坐、阳光下坐、庇荫下坐……应有多种可能供人选择。应尽量扩大商业建筑空间的“可坐性”，将建筑构件及元素设计得有“可坐性”。

（3）步行空间的多样化形态。不同步行空间的形态对于引导人流、形成氛围有着不同的效果。①“城市中心广场”的“中心放射型”与“环行”相结合的空间布局把城市广场和商业购物的功能相结合，可以形成较大的城市景观。②“线性广场”的设计，赋予街道以广场的特性，强调人流的自由穿行和无方向运动，使步行街具有休闲、观赏的功能。③“多层玻璃拱廊式室内步行街”是建筑空间从“外向型”建筑布局转向按步行活动要求作“内向型”布局，既能满足人们全天候购物的需要，又能创造出阳光灿烂、绿树如荫的室外环境的特殊氛围。④“四季中庭”的向心性与场所感构成综合商业建筑的中心，其相对静态的休闲、观赏的功能与流动的商业人流和街道人流形成互补的力态的均衡，是商业建筑社会化的有效形式。

（四）公共空间社会化

历史上的公共开放空间街道和广场是城市社会活动的集中地。但是，随着汽车时代的到来，广场和街道渐渐成为交通空间。现代购物方式已成为集合多种社会关系的行为。为适应这种购物方式，商业建筑应具有相应的公共开放空间，包括广场、庭院、柱廊、步行街（廊）等，它是商业建筑与城市空间的有效过渡。

商业建筑要引入城市生活，首先需要改变内向性特点，把内部公共空间向城市开放。其次，应处理好商业建筑公共空间与城市街道的衔接与转换，在城市与建筑之间架设视线交流的轨道。如有的设计把公共空间置于沿街一侧，形成“沿街中庭”

或“单边步行街”，这非常有利于提高公共空间的开放性。如“纽约大都会时代广场”，是以大片玻璃幕墙向街道展示中庭空间的实例；巴尔的摩港口节日市场的公共平台、埃林百老汇中心的露天广场充当了“城市广场”的作用，成为吸引城市人流的魅力所在。

五、商业建筑结构设计中的绿色理念

商业建筑通常需要高、宽、大的特殊空间，内部空间的自由分割与组合是商业建筑的特点，因而应以全寿命周期的思维去分析，合理选择商业建筑的结构形式与材料，在满足结构受力的条件下，结构所占面积尽量最少，以提供更多的使用空间。尽量缩短施工周期以实现尽早盈利。

（一）钢结构商业建筑

钢结构的刚度好、支撑力强、有时代感，能凸显建筑造型的新颖、挺拔，目前已成为商业建筑最具优势的结构形式。虽然钢结构在建设初期投入成本相对较高，但是在后期拆除时，这些钢材可以全部回收利用，从这一角度讲，钢结构要比混凝土结构更加节能环保。

土耳其伊兹密尔的阿斯马卡提（Asmacati）购物中心和聚会中心位于伊兹密尔城市中心，这个中心融合当地温和的气候条件，半开放的商店设施自然地在商店之间形成娱乐区。由自然材料做成的凉亭为人们提供休闲和遮阴的地方，钢结构顶棚设计模仿的是当地景观中的葡萄藤叶形状，如图 5-9 所示。

图 5-9　土耳其 Asmacati 购物中心钢结构商业建筑

（二）木结构商业建筑

在国外，小型商业建筑也有采用木结构形式的。木材属于天然材料，其给人亲和力的特点优于其他材料，对室内湿度也有一定的调节能力，有益于人体健康。木材在生产加工过程中不会产生大量污染，消耗的能量也低得多。木结构在废弃后，材料基本上可以完全回收。但是，选用木结构时应该注意防火、防虫、防腐、耐久等问题。此外，可以将木结构与轻钢结构相结合，集合两种结构的优点，创造舒适环保的室内环境。

六、商业建筑围护结构的节能设计

（一）外墙与门窗节能

商业建筑沿街立面一般比较通透明亮，橱窗、玻璃幕墙等大面积的玻璃材质较多，非沿街立面一般实墙面积较大。在外围护结构的设计上，不仅要考虑造型美观的因素，还要注意保温性能的要求。

1. 实墙保温做法

包括：① 传统实墙做法，一般用干挂石材内贴保温板。② 采用新型保温装饰板。它将保温和装饰功能合二为一,一次安装，施工简便，避免了保温材料与装饰材料不匹配引起的节能效果不佳，节省了人力资源和材料成本。这些保温装饰板可以模仿各种形式的饰面效果，避免了对天然石材的大量开采。

2. 玻璃幕墙的绿色节能设计

商业建筑运用通透的玻璃幕墙能给人以现代时尚的印象，更能在夜晚使商业建筑内部氛围充分展现，吸引消费者的注意。但普通玻璃的保温隔热性能较差，大面积的玻璃幕墙将成为能量损失的通道。解决玻璃幕墙的绿色节能问题，首先应选择合适的节能材料。

（1）选择节能玻璃。a. 防太阳辐射玻璃。商业建筑白天的使用时间较多，因此，应该选用防太阳辐射较好的玻璃，常用玻璃的防太阳辐射效果从强到弱依次为反射玻璃、吸热玻璃、普通玻璃。热反射玻璃将大部分可见光反射到室外，虽然节约了空调能耗，却导致自然采光不足，增加了人工照明能耗，而且容易造成光污染。吸热玻璃与热反射玻璃类似，也会对自然采光造成影响。b.Low-E 玻璃。又称低辐射玻璃，是在玻璃表面镀上多层金属或其他化合物组成的膜系产品，具有优异隔热效果和良好的透光性，其镀膜层具有对可见光高透过及对中远红外线高反射的特性。夏季，Low-E 玻璃可以将日光中的远红外光挡在室外，减少得热；到了冬季，又可以将室内的远红外辐射反射回室内，保持室内的温度。

（2）玻璃幕墙节能型材选择。玻璃幕墙框料也是能量流失的薄弱环节，框料有显框与隐框之分。幕墙可选用断热型材，框料由绝热材料连接，防止冷热桥的形成。

这类材料强度高、刚性好、耐腐蚀，而且颜色多样，装饰性强，还可以回收再利用，有利于节能环保，同时可以和其他装饰材料复合使用。

（3）选择合适的窗墙面积比和其他节能措施。窗墙面积比是影响门窗能量损失的重要因素。产品展示等功能为营造室内环境，更多的是选用人工照明和机械通风，因此，这些部分对开窗面积要求并不高。在中庭、门厅、展示等公共部分则往往会大面积地开窗。商业建筑的门窗面积越大，空调采暖的负荷就越高。所以，商业建筑门窗要选择节能门窗，夏季做好隔热、遮阳措施，冬季采用采暖设备及其他防止冷风入侵的措施，都十分必要。

（二）屋顶保温隔热

商业建筑一般为多层建筑，占地面积较大导致屋顶面积较大。屋顶不仅要承受一定的荷载，还必须做好防水及抵御室外恶劣气候的能力。屋顶与外界环境交换的热量更多，相应的保温隔热要求比墙体更高。

设置屋顶花园是提高商业建筑屋顶保温隔热性能的有效方法之一，并且可以提高商业建筑的休闲品位。屋顶花园首先要解决防水和排水问题，屋顶花园的防水层构造必须具备防根系穿刺的功能，防水层上铺设排水层；应尽量采用轻质材料以减小屋顶花园的最大荷载量，树槽、花坛等重物应该设置在承重构件上；在植物的选择上应该以喜光、耐寒、抗旱、抗风、植株较矮、根系较浅的灌木为主，少用乔木。另外，架空屋顶、通风屋面等也是实现商业建筑屋面保温隔热的良好措施。

（三）商业建筑遮阳设计

商业建筑采用通透的外表面较多，为了控制夏季太阳对室内的辐射，防止直射阳光造成的眩光，必须采用遮阳措施。由于建筑物所处的地理环境、窗户的朝向，以及建筑立面要求的不同，所采用的遮阳形式也有所不同。外立面可选用根据光线、温度、门窗的不同朝向，自动选取、调节外遮阳系统的类型和构造形式，各种遮阳形式之间也可交叉、互补。

1.内遮阳和外遮阳

（1）内遮阳。内遮阳造价低廉，操作、维护都很方便。但它是在太阳光透过玻璃进入到室内后再进行遮挡、反射，部分热量已经滞留室内，从而引起商场室内温度上升。商业建筑中庭顶部和天窗可选用半透光材料的内遮阳形式，既保证遮阳效果，又可使部分光线进入室内，满足自然采光需求，还可以适当提高中庭顶部空气温度，加强自然通风效果。

（2）外遮阳。外遮阳多结合商业建筑造型一体化设计，在获得良好节能效果的同时也加强了立面装饰感。外遮阳可以将阳光与热量一同阻隔在室外。外遮阳通常可以获得 10% ~ 24% 的节能收益，而用于遮阳的投资则不足 2%。

2. 水平遮阳、垂直遮阳与综合性遮阳

水平遮阳与垂直遮阳对于不同角度的入射阳光有着不同的遮挡效果。水平遮阳比较适用于商业建筑南向遮阳，而从门窗侧面斜射入的太阳光，水平遮阳则很难达到遮阳效果，这时就要采取垂直遮阳的措施。综合性遮阳是将水平遮阳与垂直遮阳进行有机结合，对于太阳高度角不高的斜射阳光效果较好。

3. 固定遮阳和活动遮阳

（1）固定遮阳。固定遮阳结构简单、经济，但只能对固定角度的阳光有良好的遮挡效果。固定遮阳多结合商业建筑造型做一体化设计。

（2）活动遮阳。活动遮阳则可以根据光线、角度不同或使用者的意愿进行灵活调节。自动遮阳系统与温感、光感元件结合，能够根据光线强弱与温度高低自动调节，使商业建筑室内光热环境始终处于较为舒适的状态。

七、商业建筑空调通风系统的节能设计

商业建筑的空调能耗是商业建筑的能耗的主要部分，空调制冷与采暖耗能占到了公共建筑总能耗的 50% ~ 60%。有关资料表明，商业建筑的空调与通风系统有很多相似和相通之处，新风耗能占到空调总负荷的很大一部分，除了提高空调的能效之外，处理好两者之间的关系，也有利于降低空调的能耗。已建成的商业建筑空调节能具有投资回收期短、效益高的特点。美国供热、制冷与空调工程师协会标准 ASHRAE（美国采暖、制冷与空调工程师学会），由于其在制冷、空调领域的权威性，成为中国商业建筑的主要技术参考。

八、商业建筑采光照明系统的节能设计

商业建筑消耗采光照明上的能源占到了总能源的 1/3 以上。其中，夏秋季节，照明系统能耗占总能耗的比例为 30% ~ 40%；冬春季节，则要占到 40% ~ 50%，节能潜力很大。

（一）商业建筑的人工照明

商业建筑为了烘托商业气氛多采用人工照明，而自然采光则很难实现这部分功能，而且商业建筑每日的人流高峰多集中于傍晚，也需要使用人工照明。

1. 选择优质高效的光源

优质高效的光源是照明的基础。发光体光线应无害；应使用先进的照明控制技术，使亮度分布均匀，并拥有宜人的光色和良好的显色性；宜选用近似自然光的光

源，有助于提高顾客对商品的识别性；应控制眩光和阴影；灯具应采用无频闪的光源，频闪会使视觉疲劳，导致近视。

2. 商业建筑常用光源的类型

商业建筑的光源主要包括卤钨灯、荧光灯、金卤灯、LED 灯等。（1）陶瓷金卤灯。经过实验比较发现，陶瓷金卤灯在显色性、光效、平均照度、平均寿命等方面都达到了较高水平，在相同面积下，功率密度低、用灯量少、房间总功率小，而且在全寿命周期中产生的污染物与温室气体非常少，是一种理想的环保节能灯具。（2）LED 灯。LED 灯色彩丰富，色彩纯度高，光束不含紫外线，光源不含水银，没有热辐射，色彩明暗可调，发光方向性强，安全可靠寿命长，节能环保，非常适用于商业建筑。

3. 商业建筑智能化联动系统

商业建筑选用智能化的照明控制设备与控制系统，同时与安保、消防等其他智能系统联动，实现全自动管理，将有效节约各部分的能源和资源。商业建筑人工照明系统的设计不能只满足基本的照明需求，更需要建筑师与相关专业人员合作探讨，创造出生态、节能、健康，又具有艺术气息的人工照明系统。

（二）商业建筑的自然采光

自然阳光可以满足人们回归自然的心理，增强人体的免疫能力，还具有杀菌作用。自然采光对于商业建筑而言，不仅意味着安全、清洁、健康，还利于减少照明能耗。

自然采光可分为侧窗采光与天窗采光。大型商业建筑顶层、中庭或室内步行街，多数都采用天窗采光。天窗采光可以使光线最有效地进入商业建筑的深处，通常采用平天窗。为保证采光效果，天窗之间的距离一般控制在室内净高的 1.5 倍，天窗的窗地比要综合考虑天窗玻璃的透射率、室内需要的照度以及室内净高等多方面因素，一般取 5% ~ 10%，特殊情况可取更高。设计天窗时应注意防止眩光，还要结合一定的遮阳设施，防止夏季太阳辐射过多进入室内增加空调能耗。

另外，商业建筑的地下空间在进一步利用后也对自然光有着一定的要求，但现有的采光系统较难实现。近年来，导光管、光导纤维、采光隔板和导光棱镜窗等新型采光方式陆续出现，它们运用光的折射、反射、衍射等物理特性，满足了这部分空间对阳光的需求。

九、商业建筑可持续管理模式

（一）购物中心人流量的周期性特点

1. 商业人流量的周循环特点

消费者一周工作、休息的作息时间，决定了商业建筑人流量一般在一周内循环变化。周一到周五工作时间人流量少且多集中到晚上。周四开始人流慢慢变多并持续上升，在周六下午和晚上达到最高值，周日依然保持高位运转，随后逐渐降低。到周日晚间营业结束降至最低点，然后开始新一周的循环。

2. 商业人流量的日循环特点

商业建筑每一天的人流量也同样存在着一定的规律性。一般早晨 9 ~ 10 点开始营业，到中午之前人流不多；从中午开始，消费者逐渐增多，到傍晚至晚上达到高潮。不同功能的商业建筑也都存在周期性变化。

3. 假日经济的周期性特点

商业建筑另外一个周期性特点就是每年的节假日、黄金周，如元旦、春节、五一、十一、清明、中秋、端午等节日，再加上国外的圣诞节、情人节等，由此催生的假日经济带来了更多的消费机遇。针对以上各种周期性特点，管理者应该合理安排，利用自动以及手动设施控制不同人流、不同外部条件下的各种设备的运行情况，避免造成能耗浪费或舒适度不高。

（二）购物中心节能管理措施

（1）建立智能型的节能监督管理体系。对各种能耗进行量化管理，直观显示能耗情况。（2）对于独立的承租户进行分户计量。根据能耗总量研究设定平均能耗值，对节能的商户采取鼓励政策，有利于提高承租户自身的节能积极性。（3）对各种能耗指标进行动态监视。精确掌握水、电、煤气、热等的能耗情况。（4）各系统具有相对独立性。一旦某个系统出现能耗异常可以及时发现，不应影响到其他系统的使用。（5）管理者应定期对整个购物中心进行全面能耗检查，及早发现并解决问题。

十、商业建筑防火与节能

近年来，随着保温材料等节能措施的不断应用，由其引发的火灾也频频发生。且商业建筑货物集中、人员密集，一旦发生火灾将造成巨大的生命与财产损失。商业建筑的节能应与防火措施紧密结合。

1. 保温材料的防火设计

有机保温材料的保温性能良好，但多数防火性能较差，燃烧时还会产生有毒气体和烟尘，导致人员中毒、窒息。保温材料在外墙上都是贯通的，一旦起火，将会迅速蔓延至整个建筑。商业建筑设计保温材料时，应更多考虑难燃和不燃的无机保温材料。如果必须使用可燃的有机保温材料，必须对材料进行阻燃处理，使其满足防火要求。

2. 中庭防火设计

在发生火灾危险时，中庭及其上部的通风口能够快速有效地将室内的浓烟及有害气体排出室外，避免室内人群因浓烟窒息。但是中庭的拔风作用也会对火势起到加强效果，要注意在中庭周边设置防火卷帘，防止火势借中庭空间窜至其他楼层，在中庭还应布置灭火设施。

3. 其他防火措施

（1）照明设备选择。应尽量选择发热量小的产品，提高能源的转化效率，防止产生过多的热量，造成火灾隐患；同时，还能减少能源浪费和空调负荷。（2）注意商业建筑外围广告牌的设计。巨大的广告牌包围不仅造成商业建筑外立面的混乱，也是火灾隐患，一旦出现火情，为及时扑救带来很大困难。因此，在进行商业建筑的设计时，要特别注意。

第三节　办公建筑的绿色设计

一、办公建筑的定义、类型、空间组成及主要特征

（一）办公建筑的定义

办公建筑就是供机关、团体和企事业单位办理行政事务和从事业务活动的建筑物。以空间特点来定义，即是以非单元式小空间划分，按层设置卫生设备的用于办公的建筑。

《绿色办公建筑评价标准》GB/T 50908—2013 对绿色办公建筑、综合办公建筑的定义为：（1）绿色办公建筑。在办公建筑的全寿命期内，最大限度地节约资源（节能、节地、节水、节材）、保护环境和减少污染，为办公人员提供健康、适用和高效的使用空间，与自然和谐共生的建筑。（2）综合办公建筑。办公建筑面积比例 70% 以上，且与商场、住宅、酒店等功能混合的综合建筑。

（二）现代办公建筑的类型

办公建筑的种类繁多，按主要功能定位分类，主要有：（1）行政机关办公建筑，如政府、党政机关办公楼；法院办公楼等。（2）企事业单位办公建筑，各种企事业单位、公司总部 / 分部办公楼。（3）广播、通讯类办公建筑，如广播电视大楼。（4）学校办公建筑，如研究中心、实验中心、教育性办公楼等。

（三）办公建筑的空间组成

办公建筑一般由办公用房、公共用房、服务用房等空间组成，一般还包括地下停车场和地面停车场。

（四）办公建筑的主要特征

（1）空间的规律性。办公模式分为小空间或大空间两种，其空间模式基本上都是由基本办公单元组成且重复排列、相互渗透、相互交融、有机联系以使工作交流通畅。

（2）立面的统一性。空间的重复排列自然导致了办公建筑立面造型上的元素的重复性及韵律感。办公空间要求具有良好的自然采光和通风，这使得建筑立面有大量的规律排列的外窗。其围护结构设计应力求与自然亲密接触而非隔绝。

（3）建筑耗能量大且时间集中。现代办公建筑使用人员相对密集、稳定，使用时间较规律。这两种特征导致了在“工作日”和“工作时间”中能耗较大。

办公建筑一般全年使用时间为 200 ~ 250 天，每天工作 8h，设备全年运行时间为 1600 ~ 2000h。以北京某办公楼为例，该楼单位面积全年用电量为 100 ~ 200kW·h/（m^2·a），其中空调系统所占耗能比重最大，达到 37%；其次是照明能耗和办公设备耗能分别占 28% 和 22%；电梯除上下班高峰外的其他时间使用率不高，用电量所占比重约为 3%。

二、现代办公建筑的发展过程及发展趋势

（一）现代办公建筑的发展过程

从历史发展来看，自人类社会形成固定居民点以来，就有了原始办公建筑的雏形。从原始部落居民点、中央的议事建筑到奴隶社会和封建社会的衙署、会馆、商号等都涌动着办公建筑的影子。近代真正意义上的办公建筑的诞生是在西方工业革命之后，1914 年，格罗皮乌斯在科隆设计的“德意志制造联盟展览会办公楼”是现代办公建筑的开端。

传统的办公楼立足于自然通风和采光，多以小空间为单位排列组合而成，具有较小的开间和进深尺寸。现代办公楼常注重设计具有人情味的办公环境及优雅的周围环境，带有绿化的内庭院或中庭等。其中的景观办公室可以在大空间中灵活布局，有适当的休息空间，用灵活隔断和绿化来保证私密性。而信息时代的到来，出现了智能化的生态节能办公楼，极大地改善了办公的舒适度与灵活性，提高了办公效率，有效地使用能源，是“以人为本”思想的完美体现。

20 世纪 90 年代后，我国的高层建筑由原来的单一使用功能变为集办公、商贸、金融、饮食、观光为一体的办公—商业综合体，高层建筑的设计高度和结构也发生了

质的飞跃。同时，办公建筑设计也配备了许多先进的元素，如楼宇控制系统、消防系统、闭路电视监控系统、中央空调系统和垂直、手扶、观光电梯系统等。

（二）现代办公建筑的发展趋势

1. 整体设计风格——特色化倾向

现代办公建筑设计日益倾向于突出地方主义、理性主义和现代主义倾向，强调地域景观特色，日益体现与城市人文环境融合，设计结合自然的理念与趋势。办公建筑的外部空间环境设计也应设计出满足人的视觉与情感需求的空间，体现整体设计的特色化。

2. 高技主义——智能生态办公倾向

智能化设计趋势，即利用高科技手段创造的智能生态办公楼建筑。从广义上讲，智能办公建筑是一个高效能源系统、安全保障系统、高效信息通信系统以及办公自动化系统。其评价指标为3A、5A，是指建筑有三个或五个自动化的功能，即通讯自动化系统、办公自动化系统、建筑管理自动化系统、火灾消防自动化系统和综合的建筑维护自动化系统。智能生态建筑发展有两大趋势：（1）调动一切技术构造手段达到低能耗，减少污染，并可持续性发展的目标。（2）在深入研究室内热工环境和人体工程学上的基础上，依据人体对环境生理、心理的反映，创造健康舒适而高效的室内办公环境。生态智能办公建筑因其高舒适度和低能耗的特点，具有很高的价值。

3. 办公环境设计——绿色生态倾向

即办公环境设计倾向于景观化、生态化。生态办公不仅意味着小环境的绿色舒适，还意味着针对大环境的节能环保，既让员工快乐工作、提高工作效率，又能节省运营费用，提供经济效益。现代生态办公已成为一种趋势，价值最高的楼不再是最高的楼，而是环境最好、最舒适的楼。

“生态办公”的内涵就是在舒适、健康、高效和环保的环境下进行办公。在这种办公环境下，空气质量较好，对人体健康是有利的，在高效地利用各种资源的同时又有利于提高工作效率。在办公楼内可以布置餐饮、半开放式茶座、观景台等非正式交流场所，有的甚至在写字楼内部建有绿地或花园等，使人、建筑与自然生态环境之间形成一个良性的系统，真正实现建筑的生态化，办公环境的生态化。

4. 办公建筑的节能设计趋势

办公建筑作为公共建筑的重要组成部分，普遍属于高能耗建筑。调研数据显示，商业办公楼能耗强度差异非常大，其每年能耗平均量为90.52kW·h/（m^2·a），最高能耗约为最低能耗的32倍。大型政府办公建筑能耗平均值为79.61kW·h/（m^2·a），最高能耗约为最低能耗的10倍。因此，按照《绿色办公建筑评价标准》GB/T

50908—2013 来规范我国办公类建筑可以产生很好的节能减排效果。

办公类建筑，尤其是大型政府办公建筑社会影响大，部分地方的白宫式政府办公楼追求大面积、高造价的前广场，豪华的玻璃幕墙，夸张的廊柱，对材料和土地资源浪费严重，对社会产生了较为严重的负面影响。绿色办公楼建筑提倡资源、能源节约，加强办公建筑节能减排力度，按照绿色办公建筑评价标准的要求，全面提高办公建筑的“绿色”品质。

三、绿色生态办公建筑的设计要点及要求

（一）绿色生态办公建筑的设计要点

（1）减少能源、资源、材料的需求，将被动式设计融入建筑设计之中，尽可能利用可再生能源，如太阳能、风能、地热能以减少对于传统能源的消耗，减少碳排放。

（2）改善围护结构的热工性能，以创造相对可控的、舒适的室内环境，减少能量损失。

（3）合理巧妙地利用自然因素（场地、朝向、阳光、风及雨水等），营造健康、生态的室内外环境。

（4）提高建筑的能源利用效率。

（5）减少不可再生或不可循环资源和材料的消耗。

（二）绿色生态办公空间的设计要求

（1）集成性。绿色办公建筑的建设用途和维护方法很重要，为保证建筑的完成与建筑物维护相分离，由建筑功能出发的建筑设计至关重要，这意味着高效能办公建筑的整体设计必须在建筑师、工程师、业主和委托人的合作下，贯穿于整个设计和建设过程。

（2）可变性。高效能办公室必须能够简单、经济地装修，必须适应经常性的更新改造。这些更新改造可能是由于经营方重组、职员变动、商业模式的变化或技术创新。先进的办公室必须通过有效采用不断涌现的新技术，如电讯、照明、计算机技术等，通过革新设备，如电缆汇流、数模配电，来迎接技术的发展变化。

（3）安全、健康与舒适性要求。居住者的舒适度是工作场所满意度的一个重要方面。在办公环境中，员工的健康、安全和舒适是最重要的问题。办公空间设计应提高新鲜空气流通率，采用无毒、低污染材料和系统等要求。

随着时间的推移，现代高效能办公空间将能够提供个性化气候控制，允许用户设定局部的温度、空气流通率和风量大小。员工们可以接近自然，视野开阔，有相互交往的机会，还可以控制自己周边的小环境。

四、现代绿色办公建筑的生态设计理念

（1）绿化节能，符合生态要求的高科技元素在建筑中给予充分的考虑。在室内创造室外环境，即把室外的自然环境逐渐地引入室内，如将植物的生长、阳光等空间形态引入室内，提供一种室内类似于自然的环境。

（2）自然采光，有效组织自然气流。

（3）高效节能的双层幕墙体系，使用呼吸式幕墙，改变人工环境，产生对流空间，有利通风换气，从而创造一种自然环境，它改变了以往写字楼纯封闭式，依靠机器、人工的通风环境。

（4）节能设备的广泛应用，极大提高办公楼的使用品质及舒适度，节约能源，体现可持续发展的思想。

（5）应用自然的建筑材料，达到一种自然的状态，给人创造一种舒服的生态环境。

五、现代绿色办公建筑的空间表现形态

绿色景观办公区来源于霍华德的“花园城市”理念，一般坐落于大城市边缘的新城，低密度、小体量的办公楼与优美的绿色园林景观相结合，使工作者能在休闲的环境中产生更多灵感。如 EOD（ecological office district）绿色生态办公环境，办公环境舒适、环保、健康、高效，处处体现亲近自然，尊重自然，爱护自然的理念，将商务与生态完美结合，更体现出以人为本的理念。

（一）生态低层庭院式商务楼

1. 低密度生态办公模式——“商务花园”

商务园的核心理念是强调人与自然的和谐，希望能够使人们重归自然，并将工作、生活和创意重新结合在一起。商务花园非常重要的特征在于低密度及与环境的营造。生态低层庭院式商务花园最典型的景观办公区是美国硅谷的商务花园。遵循“综合、共享、现代和交流”的建筑理念，其由各种各样的商务园花园群落组成，像著名的甲骨文公司就沿湖而建，整个建筑群在湖边徐徐展开，景观如画。现在在国内也有很多模仿这一理念设计的商务花园（图 5-10）。

2. 北京“BDA 国际企业大道”（图 5-11）

北京的“BDA 国际企业大道”是花园式独立企业建筑，由 43 栋三、四层高的小独栋建筑构成，每栋办公楼的总面积为 3000 ~ 5000 平方米。低层、低密度满足使用者对阳光、空气的追求；企业独门独户，又可以自己决定物业的装饰风格、内部布局。其办公和休憩相结合的办公空间和办公区域，体现“双生态”的概念。所谓的

“双生态”，就是符合自然生态和产业生态，这两种生态结合在一起，打造了一个像硅谷一样有优美的办公空间的环境。

图 5-10 美国硅谷的商务花园——甲骨文公司

图 5-11 北京“BDA 国际企业大道”

（二）带室内花园、通风中庭的办公楼

1. 中庭空间的特点和设计要求

（1）室内中庭使得其周围的办公空间能够自然通风换气，并能将日光引进建筑内部深处。

（2）在中庭处，每层均可设置带通透栏杆的室内阳台，增强了视觉效果。

（3）中庭开口处，每层均应设置加密喷淋保护，防止火灾发生时大火向中庭内部蔓延。

（4）中庭的通风，可在中庭顶部的玻璃天窗侧面设智能控制的电动百叶窗，在不同季节、气候和时间，均可调节电动百叶以控制通风量。夏季天气炎热，空调开启

时，关闭百叶窗，提高制冷效率；冬季和春、秋季部分时间，气温较低时，可不开空调，利用自然通风调节室内环境温度，这时可开启百叶窗和中庭下部引风门，利用中庭的烟囱效应加强通风，带走室内的污浊空气和热量。通风中庭还是一个巨大的“空气缓冲器”，它可调节室外温度变化对建筑的影响，形成相对稳定的建筑内部空间小气候，使室内保持健康、宜人的工作环境，同时节约大量的能源。

2.“垂直花园式”办公楼：让工作成为一种享受

现代办公环境应具有舒适、自然、健康的特征。以人为本、高效率、人性化的办公空间，运用先进的现代建筑设计理念，以人为中心，合理布局，充分考虑办公人员的各方面需求。在综合办公楼的环境设计中，强调将自然引入建筑，在室外、室内、半室外、屋顶等处，根据不同的环境条件进行不同的绿化布置，全方位地营造绿色空间。可设计“空中共享”的小中庭，内置大量绿色植物，营造立体化、多层次的绿色空间，与大自然融为一体，成为生态的办公环境。

六、现代绿色办公建筑的生态技术策略

（一）提高外围护结构的保温隔热性能

建筑外围护结构的能耗有三个方面：外墙、门窗、屋顶。在大面积的墙体做围护结构的办公建筑中，能耗方面外墙是主要的，现在多采用复合墙体，主要分为外墙内保温和外墙外保温。其中外墙外保温的做法比较好，可防止冷热桥。另外，屋顶的保温和隔热也是不容忽视的。在现代的办公楼中很多采用大面积的玻璃幕墙，这种透明围护结构容易产生冷热桥作用，增大建筑的能耗，设计中可采用“双层玻璃幕墙”作为主要节能手段。

1.被动式节能设计——双层玻璃幕墙

被动式节能建筑就是指在完全不使用其他能源的基础上实现建筑的隔热与保温。双层幕墙，也称为双层皮幕墙、热通道幕墙、呼吸式幕墙等。20 世纪 90 年代在欧洲出现，并逐渐得到应用，它对提高玻璃幕墙的保温、隔热、隔声功能有很大的作用。

（1）双层呼吸式幕墙的通风类型。主要分为外循环自然通风、外循环机械通风、内循环机械通风三种。

（2）双层呼吸式幕墙的构造层次。由内、外两层玻璃幕墙组成，两层幕墙中间形成一个通道，外层幕墙同时设置通风口和出风口。其构造层次包括：a. 外层幕墙（外层皮）：外层幕墙一般采用隐框、明框和点式玻璃幕墙，通常采用强化的单层玻璃，而且可以全为玻璃幕墙，也可以是玻璃百叶，能够打开也可完全密闭。b. 内层幕墙（内层皮）：内层幕墙一般为明框幕墙或铝合金门窗，采用隔热双层中空玻璃单元

（白玻、Low-E 玻璃、镀膜玻璃等），这层可以不完全是玻璃幕墙；内层皮的窗可开启，带动房间内的通风。对于通风气流，内侧幕墙有时采用推拉窗或悬窗结构形式，有的顶部设置通风器。c. 空气间层：可以是自然通风或机械通风，宽度根据功能而定，至少 200mm，宽的可到 2m 以上，这个宽度会影响立面的维护；空气间层内设可调节的遮阳系统。

（3）双层玻璃幕墙的优点。主要有以下四点：① 良好的保温、隔热、绝热性能。利于冬季保温，夏季隔热，改善了室内环境。② 空气间层在水平和垂直两个方向上被划分，使得其内部的气流循环互不干扰，有利于防火；即使地处闹市也能较好地阻隔噪音。③ 良好的遮阳性能。能选择性地利用自然采光，遮阳系统可根据天气状况调节。④ 良好的通风性能。办公区可以自然通风，因为空气间层内的对角气流使得室内办公空间的空气静压小于双层幕墙空气间层的空气静压，从而形成一个空气压力差值，迫使室内不新鲜的空气被抽出，从而提高工作空间的空气质量，减少室内综合征的发生，也可降低能源消耗。

2. 使用 Low-E 节能玻璃

Low-E 玻璃也叫作低辐射镀膜玻璃，是一种表面镀有极低表面辐射率的金属或其他化合物组成的多层膜层的特种玻璃。Low-E 玻璃是绿色、节能、环保的玻璃产品，具有良好的阻隔热辐射透过的作用。普通玻璃的表面辐射率在 0.84 左右，Low-E 玻璃的在 0.25 以下。冬季，它对室内暖气及室内物体散发的热辐射，可以像一面热反射镜一样，将绝大部分反射回室内，保证室内热量不向室外散失，从而节约取暖费用；夏季，它可以阻止室外地面、建筑物发出的热辐射进入室内，节约空调制冷费用。此外，由于 Low-E 玻璃的可见光反射率一般在 11% 以下，与普通白玻璃相近，低于普通阳光控制镀膜玻璃的可见光反射率，可避免造成反射光污染。

3. 屋面的节能设计——“种植屋面”

屋面不仅具有遮挡和绝缘作用，还具有采光、通风、遮阳、收集雨水和太阳能集热、发电等作用。屋顶构造一般由钢筋混凝土板、防水层、保温层和屋顶环保系统组成。屋顶环保系统包括种植屋面、蓄水屋面、架空通风屋面等。种植屋面具有较好的适应性，可以美化环境调节微气候。

（二）尽量利用自然通风和自然采光

理想的办公建筑的采光首先应该充分考虑自然采光，还要考虑自然采光与人工照明的互动，光线不仅应该符合各种类型工作的要求，而且应该能够激发员工的工作激情和灵感。

办公建筑应缩短办公区的进深，使工作区域内都能得到良好的自然采光，光线不足时才辅以人工照明；可以通过窗户的形状、室内材料表面的反射性能来提高室内采光照明，外窗开得越大，室内照明越好。如柱子、顶棚、地面应采用浅色明亮的材料作为装饰完成面，窗框采用浅色表面能降低室内外光线明暗对比，有利于舒缓人的眼睛。

诺曼·福斯特设计的柏林议会大厦改建项目，斜置的卵型伦敦市政厅竖立于泰晤士河滨，主体结构为钢网架，外覆玻璃，既轻盈又通体透明，将室内光线与阴影精心优化，将适宜的自然光和外部河景引入室内。在南边顺势形成有节奏的错层，上层的挑出部分可以为下一层遮阳。改建后，其上部通透的玻璃体穹顶结构同时采用了发热发电及热能回收的尖端技术，其为中央议会大厅的“呼吸”通道，它具备良好的自然通风和采光的作用，另外，其内部的旋转观景平台为市民旁听议会提供了便利，这体现了政府的新形象——民主、开放和公开性，如图 5-12 所示。

图 5-12　柏林议会大厦改建项目

（三）避免眩光及采用有效的遮阳系统

1. 避免眩光及采取外墙遮阳装置

为了降低空调能耗和办公室眩光，往往需要在建筑物南向和东、西向设置遮阳装置。但是不恰当的遮阳设计会造成冬季采暖能耗和照明能耗的上升。因此，外窗遮阳方案的确定，应通过动态调整的方法，综合考虑照明能耗和空调能耗，最终得到最佳的外遮阳方案。

2. 玻璃幕墙的遮阳

在大面积的玻璃幕墙的办公建筑中，有效的遮阳是很重要的降低夏天能耗的措施。具体措施如下：（1）使用双层幕墙，在双层幕墙空气间层内集成地设置一个遮阳系统，可以全面地保护整个建筑，防止室内办公空间失控性地被晒热。（2）空气间层内设置可下拉的金属百叶，可以防止过强的阳光照射。（3）遮阳系统是灵活的，可以单独调节。(4)考虑人的心理因素,与室外良好的视觉联系是很重要的,金属遮阳百叶在被拉下的情况下也能保证内外视线的联通。

(四)提高能源系统与能源利用效率

1. 办公建筑的主要能源问题

(1)常规能源利用效率低,可再生能源利用不充分;(2)无组织新风和不合理的新风的使用导致能耗增加;(3)冷热源系统方式不合理,冷冻机选型偏大,运行维护不当;(4)输配电系统由于运行时间长,控制调节效果差,导致电耗较高;(5)照明及办公设备用电存在普遍的浪费现象。

因此,在优化建筑围护结构、降低冷热负荷的基础上,应提高冷热源运行效率,降低输配电系统的电耗,使空调及通风系统合理运行,降低照明和其他设备电耗,这一系列无成本、低成本的措施可以有效降低建筑能耗。

办公空间有潜在的高使用率和办公机器得热,人体散热和机器散热这两部分的内在热辐射不容忽视。实践证明,这两部分得热加上日照辐射热、地热以及建筑的高密闭性,就可为建筑提供充足的热量。此外,热回收可利用建筑通风换气中的进、排风达到能量回收的目的,这部分能量往往至少占 30% 以上。新风与排气组成热回收系统,是废气利用、节约能源的有效措施。

2. 可再生能源利用

太阳能和地热能取之不尽、清洁安全,是理想的可再生能源。太阳能光电、光热系统与建筑一体化设计,既能够提供建筑本身所需电能和热能,又可以减少占地面积。地热系统是利用地层深处的热水或蒸汽进行供热,并可利用地层一定深度恒定的温度对进入室内的新风进行冬季预热或夏季预冷。

3. 水能源回收与利用

办公建筑用水量主要体现在使用人数和使用频率上,主要包括饮用水、生活用水、冲厕水以及比例较小的厨房用水。(1)节水。节水不仅仅要求更新节水设备,更要求每位使用者养成节水的习惯。(2)中水的回收利用。中水的回收利用已经是较成熟的技术,但在单个建筑设置中水回收不仅造价高而且并不一定有效,这就需要城市提供建筑节能绿色的基础设施系统。雨水经屋顶收集处理后可用于冲洗厕所,可以浇灌植被。

七、整体设计——实现办公建筑绿色节能的三个层面

生态设计不是建筑设计的附加物,不应把它割裂看待。目前普遍的一个误区是建筑设计完成后把生态设计作为一个组件安装上去。事实上,从建筑设计之初就应该考虑生态的因素,并以此作为出发点,衍生出一套适合当地气候特点的建筑设计方案。

第一层面，在建筑的场址选择和规划阶段考虑节能，包括场地设计和建筑群总体布局。这一层面对于建筑节能的影响最大，这一层面的决策会影响以后各个层面。

第二层面，建筑设计阶段考虑节能，包括通过单体建筑的朝向和体型选择、被动式自然资源利用等手段减少建筑采暖、降温和采光等方面的能耗需求。这一阶段的决策失当最终会使建筑机械设备耗能成倍增加。

第三层面，建筑外围护结构节能和机械设备系统本身节能（表 5-7）。

表 5-7 办公建筑实风绿色节能的三个层面

<table>
<tr><th>层面层次</th><th colspan="2">采暖</th><th>降温</th><th>照明</th></tr>
<tr><td rowspan="3">第一层面选址与规划</td><td colspan="2">①地理位置</td><td>①地理位置</td><td>①地形地貌</td></tr>
<tr><td colspan="2">②保温与日照</td><td>②防晒与遮阳</td><td>②光气候</td></tr>
<tr><td colspan="2">③冬季避风</td><td>③夏季通风</td><td>③对天空的遮挡状况</td></tr>
<tr><td rowspan="7">第二层面建筑设计</td><td rowspan="4">基本建筑设计</td><td>①体形系数</td><td>①遮阳</td><td>①窗</td></tr>
<tr><td>②保温</td><td>②室外色彩</td><td>②玻璃种类</td></tr>
<tr><td>③冷风渗透</td><td>③隔热</td><td>③内部装修</td></tr>
<tr><td>被动式采暖</td><td>被动式降温</td><td>昼光照明</td></tr>
<tr><td rowspan="3">被动式自然资源利用</td><td>①直接受益</td><td>①通风降温</td><td>①天窗</td></tr>
<tr><td>②特隆布保温墙体</td><td>②蒸发降温</td><td>②高侧窗</td></tr>
<tr><td>③日光间</td><td>③辐射降温</td><td>③反光板</td></tr>
<tr><td rowspan="4">第三层面机械设备和电气系统</td><td>加热设备</td><td>降温设备</td><td colspan="2">电灯</td></tr>
<tr><td>①锅炉</td><td>①制冷机</td><td colspan="2">①灯泡</td></tr>
<tr><td>②管道</td><td>②管道</td><td colspan="2">②灯具</td></tr>
<tr><td>③燃料</td><td>③散热器</td><td colspan="2">灯具位置</td></tr>
</table>

八、现代绿色办公建筑的低碳三要素

（一）要素一：采用“被动式设计”，减少能源需求。

从建筑的设计初期就应将能源的概念引入，可以大大降低整个建筑寿命周期内的各项成本。总的来讲，降低能源需求最有效的方法是“被动式设计”。

“被动式绿色建筑”的设计内容及流程：（1）根据太阳、风向和基地环境来调整建筑的朝向；（2）最大限度地利用自然采光以减少使用人工照明；（3）提高建筑的保温隔热性能来减少冬季热损失和夏季多余的热；（4）利用蓄热性能好的墙体或楼板获得建筑内部空间的热稳定性；（5）利用遮阳设施来控制太阳辐射；（6）合理利用自然通风来净化室内空气并降低建筑温度；（7）利用具有热回收性能的机械通风装置。流程图如图 5-13 所示。

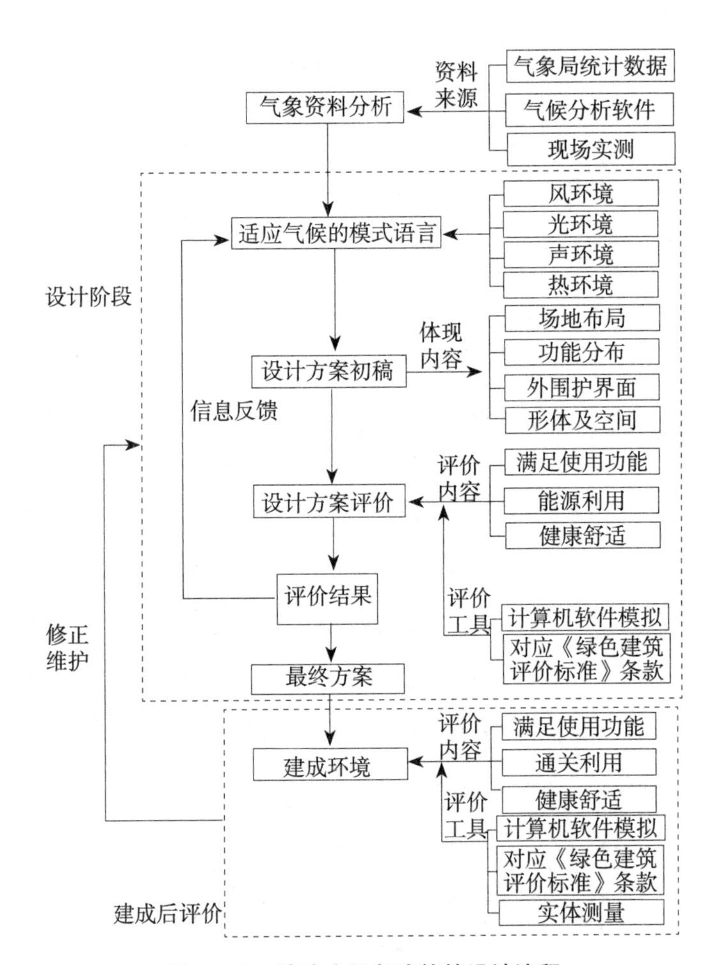

图 5-13 被动式绿色建筑的设计流程

（二）要素二：降低“灰色能源”的消耗

“灰色能源”，即在制造和运输建筑材料及建造过程中消耗的能源，比起建筑中使用的供热、制冷能源来讲，它是隐性的消耗。当上述显性能源消耗降低时，隐性能源的消耗比例自然升高。灰色能源消耗占有相当的比重，所以，尽量使用当地材料，减少运输过程中的能源消耗，从而减少灰色能源的消耗以及温室气体的排放。

（三）要素三：应用可替代能源和可再生能源

（1）太阳能。可以用来产生热能和电能。太阳能光电板技术发展迅速，如今其成本已经大大降低，而且日趋高效。太阳能集热器是一种有效利用太阳能的途径，目前主要用来为用户提供热水。

（2）地热能。也是一种不容忽视的能源，由于地表下探到一定深度向其温度相对恒定且土壤蓄热性能较好，所以，利用水或空气与土壤进行热交换，既能够在冬季供热也可在夏季制冷，同时冬季供热时能够为夏季蓄冷，夏季制冷时又为冬季蓄了热。

本章小结

现代建筑类型多种多样，各类建筑所追求的功能价值有所不同。居住建筑强调以人为本以及与自然的和谐。现代商业建筑类型丰富，特别是大型商业建筑功能复杂、空间规模大、人员流动性大，全年营业时间长。由于消费者片面追求高舒适度，现代商业空间过多采用人工环境，设备常年运转，能源与资源消耗节节攀升。高能耗、高排放等问题都严重制约了商业的进一步发展。因此，对商业建筑的绿色节能设计已经刻不容缓。办公建筑与居住建筑一样，属于大量使用的居民建筑，它们既是城市背景的主要组成部分，也因为其高大和丰富的体型，成为城市的标志性建筑，并引发人们关注。办公建筑应以城市整体环境功能和形态考虑为先，研究城市与相邻建筑间的关系进行建筑单体设计。现代办公建筑的发展趋势更向特色化、智能化、生态化和绿色节能方向发展。

第六章　现代建筑中的材料语言

第一节　传统材料在建筑中的表达

一、中国传统建筑中材料表达的历史启示

因为地理上的相对封闭性，在所有现存的古老文明中，中华文明是最为特殊的。英国建筑理论家安德鲁·博伊德在《插图本世界建筑史》一书中这样描述中国文化：中国文化成长于中国自身的新石器文化上，不受外来干扰而独立地发展，很早就达到了十分成熟的地步。从公元前15世纪的青铜时代直至最近的一个世纪，在发展的过程中始终保持连续不断、完整和统一。建筑的发展是文化史的一种，更是集大成者，这种四千余年的相继相承在中国传统建筑上得到了鲜明的体现。以传统木构架为主的中国传统建筑体系很早就发展出自己的个性，自原始社会出现，伴随着历朝历代的更迭和演变，最终确立了“土木为隶，五材并举”的材料策略并一直相继相承地绵延到近代西方文明的强势融入，直到现代还或多或少地保持着一定的传统。

（一）传统建筑演变中的材料表达

根据我国古代文献记载，“上古之世，人民少而禽兽众，人民不胜禽兽虫蛇。有圣人作，构木为巢，以避群害。”（《韩非子·五蠹》）、“昔者先王未有宫室，冬则居营窟，夏则居橧巢。”（《礼记》），可以看出先民们为了躲避严寒酷暑与狂风骤雨等自然灾害，利用土木等自然材料，创造出了穴居与巢居两种最原始的建筑形式，以此为基础开始了我国传统建筑构造的发展演变。其中，直接构筑在树木上的巢居经过演变成为在柱底架上建筑以脱离地面的干栏式构造，而穴居则经历地下、半地下再到地上的发展过程，成为中国传统土木构造的主要渊源。中国传统建筑在发展中一脉相承，

变化缓慢，很难对其进行分期断代，以下以朝代更迭为依据，探讨每个时期建筑演变中不同的材料表达方式。

自商周起，木构榫卯、夯土加工等土木建筑技术就已经大量传播，广泛运用在宫廷建筑和高台建筑之中，而生产力的发展也带来了陶材、青铜等新的人工材料，与土、木相结合，发展出新的材料表达方式。其中，陶代替原本的茅草成为新的屋顶覆层，青铜则主要以连接构件的形式出现在木构件的端部，不仅具备结构上的功能，同时对建筑进行一定的装饰。值得一提的是，周朝已经建立一套完整的礼仪制度以明确贵贱尊卑之别，维护宗法制度。《周礼·冬官考工记》中关于建筑方面的记载涉及建筑的规模形制以及材料的选择、色彩的使用等多个方面，而西周《尚书》所记载“所谓正色，即青、赤、黄、白、黑；所谓间色，即绿、红、碧、紫、骝黄”确立了正色为尊，间色为卑的色彩等级制度，为以后明确的色彩等级划分打下了基础。至此，中国传统建筑体系开始与礼制相结合并有了不同的等级划分。

春秋战国时期的百家争鸣对建筑的发展与传播带来了极大的影响。其中，高台建筑发展到了巅峰，各国诸侯争相筑台，已经成为当时君王展示实力的途径。以夯土高台为基础，上筑高大的宫室建筑，以土、木、陶、铜等不同材料的属性表达为基础，创造出丰富的建筑形式和群体空间。这一期间对建筑色彩的礼制规范与儒家思想相结合，《礼记》记载“楹，天子丹，诸侯黝，大夫苍，士黄”，如此进一步明确了不同等级的建筑色彩差异。

秦汉时期，中国进入封建社会时代。全国一统带来的文化交融使传统建筑体系得到了完善和定型，“穿斗式”和“抬梁式”结构形式已经成熟并成为主要的结构样式，歇山、悬山、硬山、庑殿等多种屋顶样式的出现尽管依然在礼制的约束下，仍在一定程度上丰富了建筑的表现形式。这一时期的屋顶形式与后世所常见的曲线造型不同，屋架为直，屋面为平，整体风格硬朗雄状。同时，制砖技术和石材的加工技术都已趋向成熟并运用到了建筑的实践中，现代遗留的汉代石阙和砖石建造的拱顶墓穴无不表明当时的砖石已经被大规模生产并应用。至此，中国传统建筑在土、木、砖、石、瓦五材以及“穿斗式”“抬梁式”两大结构类型的基础上已经形成完整的体系。

之后的两晋南北朝时期，佛教大兴。佛教建筑如寺院、塔刹等大肆建造，《南朝寺考》中记载：“梁世合寺二千八百四十六，而都下乃有七百余寺。”佛教建筑的发展带来的外来建筑文化对木结构与砖结构的发展起到巨大的作用，尤其是用砖砌筑的佛塔为中国砖建筑的发展带来巨大的变化。后来在建筑中大量出现的琉璃瓦也是出现在这一时期，最早多被用作建筑上的装饰。

隋唐时期是中国封建社会最强盛的阶段，这种强盛同样体现在建筑上。对传统建筑体系来说，隋唐时期木构造技术成熟，为宋代“以材为祖”的模数化制度奠定基础；同时，斗拱技术得到了大的发展；“举折”的做法打破了秦汉以来屋顶硬朗的直线条，形成坡度平缓，反宇为阳的屋面曲线。在隋唐时期，斗拱的尺度和结构作用都达到了历史巅峰。梁思成先生评价五台山佛光寺大殿“斗拱雄大，出檐深远”，从其测量数据中可以看到，斗拱断面尺寸为 210×300 厘米，屋檐深出达 3.96 米，这样的规模无论在隋唐之前还是之后的朝代都很难找到相媲美者。佛光寺大殿的结构、构造以及装饰在斗拱的基础上紧密结合，反映了传统木建筑构造在功能、美学以及力学上的一致。

从某种意义上来讲，中国传统建筑体系经过一千多年的发展，在宋朝完成了一个中期总结。这种说法的主要原因在于《营造法式》的颁布，其中材分模数制为中国传统建筑的标准化做出了巨大贡献。《营造法式》以材料类别为依据划分为十二卷，包含对土、木、石、砖、瓦、竹等多个材料的处理规范，可见这一时期的传统建筑已经开始对多种材料综合运用，从客观上鲜明地体现了中国传统建筑在单体构造上的结构理性和对材料的建构性表达。相对于隋唐时期气魄宏伟、严整开朗的建筑风格而言，宋朝建筑则体现出精致柔美的格调，在材料的处理及工艺上，主要体现为斗拱减小、柱身加高、屋顶坡度加大、檐角起翘加高、注重建筑装饰、追求色彩华丽等多个方面。

宋朝之后的建筑发展主要是结构上从简去华，装饰上趋于繁缛。主体木构架一步步地简化，并强化整体性和稳定性。斗拱则是逐渐从结构性构件蜕变成为装饰部件，在清明时期的建筑中，斗拱的模数功能和等级象征意义得到了进一步的阐述。在建筑色彩方面的等级更加严苛，如青、赤、黄三色被规定为皇家色彩，禁止民间使用，民居只能使用灰色砖瓦，木构件也必须保持原本色彩，不得使用彩色油漆。从故宫建筑群来看，这一时期琉璃瓦已经在建筑中得到了普遍应用，提高了建筑的美观性，玻璃也逐渐取代糊纱糊纸出现在皇宫建筑中，提高了建筑的采光性能。有别于宋朝的《营造法式》，清朝颁布的《工程做法则例》以斗口为标准单位，制度严密，进一步提高了建筑的规格化与程式化，强化了统治阶级的地位，却限制了传统建筑的发展与创新，这一时期中国传统建筑已经逐渐走向僵滞。至此，中国传统木建筑的发展已经接近尾声，取而代之的是工业化的建筑材料和结构形式。

（二）“五材并举”的材料选择策略

中国传统建筑以木构造为主，但绝不能简单地认为中国建筑在材料的选择上对木材有所偏重。事实上，“五材并举”才是中国传统建筑对材料的选择策略。所谓“五材”，古人认为是金木水火土，泛指一切材料，宋代李诫在《进新修<营造法式>序》

中提到“五材并用，百堵皆兴”，就明确认为在建筑营造中，无论什么样的材料都应该基于需要而被使用，不能有偏颇。以木材作为主要构造材料只是因为中国古代的匠人们认为这种材料符合建筑构造的需要。在多数传统建筑中都会运用到多种材料，以砖铺地，以石为基，以土填充，以木为构，以瓦范顶，以金属材料进行装饰以及对木材构造的保护，使每种材料都能够充分发挥各自的自然属性和结构属性。古人在建筑营造过程中对材料性能的认识和运用对今天的本土建筑材料表达仍有借鉴意义。在今天的建筑研究中，大多数人认为“五材”是指中国传统建筑中最为重要的五种材料：土、木、砖、瓦、石。

（三）结构理性与人文感性的交织

材料表达不仅仅是单纯的对建筑材料的营造，而是人的审美意识与历史背景在建筑构造的基础上和谐统一的过程。对中国传统建筑来说，材料表达的理念特征可以总结为结构理性和人文感性的交融。这种相互的交融主要源于古时标准化的营造以及传统文化带来的人文氛围。

1. 标准营造带来的结构理性

从宋《营造法式》中的“材分模数制”和清《工程做法条例》中的“斗口制”可以看出，中国的古人很早就已经在材料理性逻辑特征的基础上完成了建筑构造的模数化解读，并建立一套经得起历史考验的技术标准。模数化以及标准化的建造准则使得中国传统建筑在单体表现上并不突出，早先甚至有很多西方建筑理论家因此认为中国传统建筑毫无艺术性可言。然而与西方古建筑对个体的强调不同，中国传统建筑更加注重群体布局的完整和变化。在传统建筑灵巧多变的群体布局中，建筑单体与群体意境相呼应，更能凸显标准化营造带来的结构理性的价值。

中国传统建筑单体的平面通常是以柱网或者屋顶构造的布置为基础进行表现的，建筑的平面也就等同于是结构的平面。所以，传统建筑的面积大小一般使用“间”“架”这样源自结构的名词来表达，其中，“间”是指纵向轴线之间的面积，又叫“开间”，“架”是指檩木，在模数化的建筑构造中用来表达房间进深。在规定柱网的前提下，口语以及官方文献中都是以“几间几架”来表达建筑的平面形式，这种表达方法一直沿用到今天。标准化的理性结构带来了建筑平面上的雷同，为了适应不同的使用要求，在结构上就利用“增减柱距”和“减柱造”等手法来调整构造的变化，由此在结构理性的前提下满足使用需求。

在材料的表达方面，传统建筑的结构理性主要表现在古时匠人对材料本真的深刻理解和真实的结构表达。中国传统建筑强调结构因素对建筑整体或者局部构造的影响，工匠在建筑营造过程中忠实于材料的真实特性。每个材料都根据其独特的力学特征有着不同的建构方式，就像木材之于框架结构，砖石之于拱券结构，即使是在主流的木构造建筑中，土木砖瓦石也因其不同的特性有着不同的安排，相互组合、弥补。中国传统木建筑虽然在清明时期从成熟走向繁缛，斗拱也从结构象征演变为建筑装饰，但我们不可否认，全盛时期的中国传统建筑在材料表达上对结构理性的体现和追求。

2.传统文化带来的人文感性

中国传统文化从来都是以人为中心的，体现在建筑上，就是以理性的结构营造出的传统建筑却戏剧性地表露出人文感性的氛围。先民们在建筑中躲避自然灾难的危害，认为建筑是人从天地中划分出的一个人为的“小天地”，而建筑所用的材料都来自土地，古人认为是“大地的恩赐”，所以最初的建筑文化是由崇天拜地的文化思想发展而来的，具有法天象地的意味。从很多宫殿建筑的比例来看，都明显地带有对“天圆地方”的传统思想的呼应。

在儒家思想的影响下，对天地的崇拜逐渐演变成对“天人合一”的追求，取之自然的众多材料按照其自身独特的属性特征以人为中心进行组合，建立建筑与自然的联系。从哲学的角度来看，中国传统建筑一致是在“天人合一”的哲学思想的指导下进行构建的。

具体在材料的表达上来说，传统工匠们对材料的运用往往会遵循一定的形式美原则，包括统一、比例、节奏、韵律、协调等内容。中国传统建筑群体在色彩上一般都保持高度的一致性，单纯的统一可能会使建筑群体产生单调乏味的感觉，而通过不同材料之间的差异就会形成对比变化，突出各种材料不同的质感。例如，室内木材的温暖柔软与室外砖石的坚硬冰冷之间的对比，砖块和石材不同大小形状的对比等都让整个建筑群产生一种生机感。多种材料遵循各种不同的形式美原则相互组合、搭配，展现了中国传统建筑文化中的人文感性。

二、传统材料在现代建筑中的表达

（一）传统建筑材料的属性特征

传统建筑材料就是在传统建筑中普及应用并沿用至今，多为天然或者经过简单人工处理的材料，在中国建筑理论中多指“土、木、砖、瓦、石”。这五种传统材料从秦汉时期就已经被大量使用，是中国传统建筑文化的重要载体，探究其属性特征以及在传统建筑中的应用状态有助于在现代建筑设计中对传统材料进行解读。

1.土

土是最古老的建筑材料，早在先民们从天然的山洞中走出，并以穴居的方式生存在大地上，就与土结下了缘分。从象形汉字的溯源来讲，墙、壁、基、坛等字无不表明了土材料在中国传统建筑中的重要性。运用在传统建筑中的土有两种，一种是自然状态下的生土，一种是经过人工夯实之后的夯土。其中，夯土结构紧密，有效克服了生土松软、吸水等缺点，多被用为夯筑台基和构筑墙体。除了夯土之外，古人在长期的建造实践中发现黏土沾水之后具有较强的可塑性和黏结性，因此，采用“以土为基，置骨加筋”的手法将麦秸、稻草等纤维材料添加在泥土之中，待其干结硬化之后得到硬度、韧度都大大提高的土坯。这样的结构模式与现在盛行的钢筋混凝土有异曲同工之妙。土坯工艺的出现极大地拓展了土材料在建筑中的应用，时至今日，在北方地区很多的乡村仍在使用土坯作为建筑材料，与砖材共同砌筑形成“里生外熟”的墙体，既保证了墙体的坚固耐久，又大大提升了建筑的保温隔热性能（图 6–1）。

图 6–1　“里生外熟”的墙体

作为建筑材料，土耐久性和适应性强，更是能够就地取材，节约开采和运输中耗费的人力物力。从保护生态环境的角度来看，土取之于大地，又归于大地，实现完全的循环利用，极大限度地减少对自然生态的破坏。热功能效益出众是土建筑极为显著的一点，土质墙体一般都较为厚实，对热量的传导性较低，能够较好地隔绝室内外温差，形成冬暖夏凉的室内环境。

2. 木

在中国传统建筑体系中，木材是最主要的建筑语言。木材的广泛应用以及在数千年发展中成熟的榫卯、斗拱等高水平技术和艺术成就使中国传统木建筑相对于其他建筑文明中的木构建筑来说，更加独树一帜。正因为如此，中国人对木材有种独特的爱好，它承载着我们对传统建筑的印象，给人以亲近历史的感觉。作为传统建筑中的主要结构材料，木材具有极佳的力学性能，尤其在其顺纹方向上具有较高的抗压和抗拉强度。并且木材自重轻，韧性强，使木构建筑具有良好的抗压和抗冲击的能力。应县木塔是中国现存最古老的木构塔式建筑，依赖其优秀的木结构减震性能使之在近千年的历史中经历了多次强烈地震的考验后，仍能屹立至今（图 6-2）。然而木材的易腐蚀以及不耐火的特性同样决定了木构建筑的使用寿命，太多被载入史册的传统木建筑耐不住时光以及战火的侵蚀消失在历史长河之中。

图 6-2　应县木塔

木材不仅可以作为结构材料，同时也是装饰性材料，其天然质感带来的木纹肌理与柔和光泽在材料的表达中充满自然质朴的艺术氛围。木材的年轮肌理不仅具有丰富的美学效果，而且通过对时光流逝的记录表达独特的人文感性。与土材料一样，作为自然生长的绿色材料，可再生、无污染的木材具有极高的生态价值，在追求可持续发展的今天，木材是表达建筑生态性的重要载体之一。

3. 砖

砖作为建筑材料的历史非常悠久，早在秦汉时期就已经被大量运用，故有“秦砖汉瓦”之说。砖是以泥土制坯然后烧制而成，是先民智慧与经验的结晶。因为烧制的原因，砖材本身较脆，受力性较差，抗拉、抗弯性能同样不尽如人意，但是其优异的抗压强度和保温隔热性能使砖成为极佳的砌墙材料。砖的质感斑驳而温暖，受烧制过程的影响，表面较为粗糙。从色彩上来看，砖主要分为青砖和红砖。中国古建筑一般使用青砖，如北京四合院、徽州民居等都是以青砖砌筑，展现朴实的建筑色彩。而当代民居则多用红砖，追求温馨的暖色调。

中国传统建筑体系中，只有宗教类建筑以及墓穴寝陵以砖作为结构材料并大量运用。在这两类建筑中，砖构造并没有发展出与木构造那样复杂多变的建筑细节，却在表面纹饰下了较多的功夫——砖雕和砖绘（图 6-3），后来这种表达手法逐渐普及，砖雕成为传统建筑中常见的一种装饰表达。在砖材上有目的地进行雕刻绘制，并与具体的建筑构件——影壁、山墙等相结合，使其与建筑空间的意境相符，是对传统文化艺术表达的升华。

（a）砖雕

（b）砖绘

图 6-3　砖材装饰性表现

在材料表达方面，单体的砖材以雕花镂空的形式展现其艺术价值，而在整体表达上则要依赖于砖墙丰富的纹理。与木材天生纹理不同，砖墙纹理的形成多依赖砖与砖之间的灰缝与其砌筑方式，不同的砌筑使砖与灰缝组合成不同的纹理，这种以人工为主导的肌理创造方式恰恰体现了建筑的人情化特色。传统建筑对砖墙肌理的处理一般采用一顺一丁、梅花丁、三顺一丁等砌筑形式，集美观与实用于一体（图 6-4）。

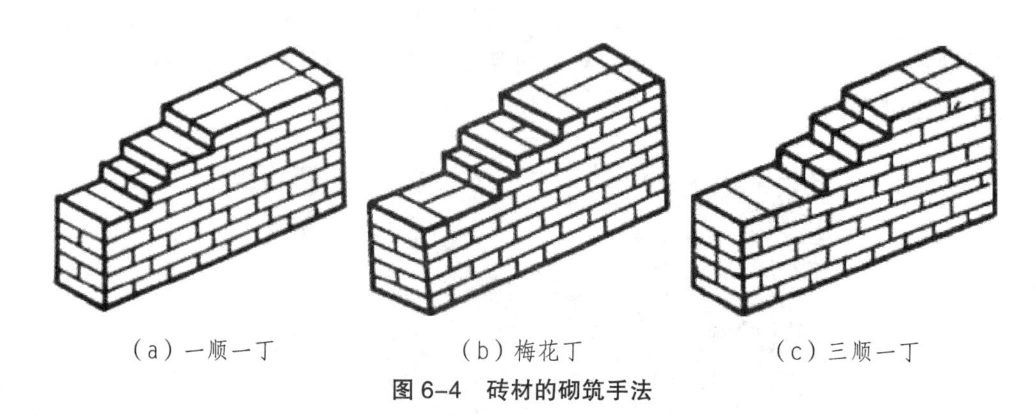

（a）一顺一丁　　（b）梅花丁　　（c）三顺一丁

图 6-4　砖材的砌筑手法

4. 瓦

从制作根源上来讲，瓦和砖是极为相似的，大多都是由泥土烧制而成。相对砖来说，瓦材被更早地运用在中国传统建筑之中。根据考古发现，在两千多年前的西周时期，古人们就已经用瓦片替代茅茨成为新的屋顶覆盖材料。瓦作是中国传统建筑工艺中极其重要的一部分，在建筑材料的表达中集美观、实用于一体，从一定程度上表达传统建筑的屋顶艺术，同时体现着森严的礼仪等级。

从功能上来讲，中国传统建筑常用的瓦分为盖瓦、脊瓦和瓦当。其中，盖瓦用于铺设屋顶坡面，有鱼鳞瓦、仰合瓦等多种表达手法（图 6-5）。脊瓦则用于屋顶脊线的覆盖，在宫殿建筑的脊瓦上多装饰仙人走兽等构件，以突出殿宇威严并带有祈福的意味，是中国古建筑的一大特色。瓦当则是用以覆盖建筑屋檐前端，其上多被绘制装饰纹样。瓦当上绘制的纹样内容涵盖极广，有表达自然的草木虫鱼、表达祥瑞的麒麟龙凤等图案，也有各种造型华美的文字。古代的工匠在有限的空间里对社会百态以及文化思想进行艺术加工，使其具有极高的装饰性和审美价值，大大提高了瓦材的人文表现力（图 6-6）。

（a）仰合瓦

（b）鱼鳞瓦

图 6–5　瓦材的铺设手法

图 6–6　瓦当的表现形式

从不同材质来说，瓦又分为青瓦、琉璃瓦、铜瓦、石板瓦、木瓦等，其中最为常用的是青瓦和琉璃瓦。青瓦常见于民居建筑，因不上釉显青灰色，是运用最多也是等级较低的一种瓦件。琉璃瓦则是在陶瓦的基础上上釉，表现出黄、绿等多种色彩，是比较高贵的建筑材料之一。依照中国传统建筑的瓦作形制，分为大、小瓦作。其中，大瓦作被规定用于宫殿、寺庙等建筑，多使用琉璃瓦，而用于民居的小瓦作则只能使用小青瓦，并且屋脊上禁止有吻兽等构件，以体现传统礼制。

5. 石

同木材一样，石材也是天然材料，其自重较大，坚硬耐久。从力学性能上来看，石材的抗压性能极为优异，因此，西方古建筑以石材作为承重结构。在中国传统建筑里，对石材和砖材的处理手法具有极大的相似度，同样不被用于主流结构构造，同样以雕刻绘画带来装饰性作用。但是与砖材不同的是，中国人对石材的追求带有更高的精神文化需求。从春秋之时孔子以玉比德，到后世文人墨客寄情于石，再到民间对泰山石的灵物崇拜，石文化俨然已是中国传统文化的重要组成部分。古典园林建筑可以说是用石艺术的集大成者，浑然天成的假山、奇形怪异的太湖石等无不体现古人“虽由人作，宛自天开”的意境追求。

在传统建筑中，石材多用来作为木构建筑的台基和栏杆等。在元代以前，台基一般都是由普通石材砌筑而成，其上并无过多的装饰雕刻。自清明之时起，传统建筑较之以往更加注重装饰效果，台基上慢慢出现一些简单的图案，如云纹、花纹等，增加了建筑的细节特征。台基主要分为普通台基和须弥座两种，普通台基就是夯土外包石材，多用于普通的建筑。须弥座是我国建筑特有的一种造型，华丽大气，广泛运用于宫殿建筑中（图 6–7）。

图 6–7　故宫须弥座台基

相对于皇家宫殿的高贵典雅，传统民居尤其是山地民居对石材的运用就稍显粗犷，多用不加雕琢的石块进行砌筑，体现山野情趣和自然之美，对当代建筑中石材的表达手法有很大的借鉴意义。

（二）传统材料的结构表达

全球化背景下的文化交融促进了当代建筑艺术的发展，人们对建筑功能、空间、形式等方面也都有了更高的要求。传统的材料技术已经不能满足建筑发展的需求，建筑师开始尝试使用新的工艺来探索传统材料在表达方面更多的可能性。

1. 新的材料工艺

传统的材料工艺主要是依靠人力对自然材料进行表面化的处理，材料的性能却不会得到改善。科学技术为材料的加工带来了新的发展方向，对材料的性能进行提升，丰富了传统材料的表达方式。

当代土材料的发展主要在于夯土墙制作中对生土与石灰、混凝土等添加物的配比，在中国美院的“水岸山居”项目中，王澍以夯土墙作为主要承重墙体，克服了传统夯土建筑墙体裂缝、大面积脱落等缺陷。“水岸山居”中的夯土墙以中国美院生土实验室的研究成果为指导，选择合适的材料配比和金属模版等设备进行建造，暖黄色的色调温暖而质朴，与其木屋架结构共同营造出传统江南乡村的生活氛围（图 6–8）。

（a）

（b）

图 6–8　“水岸山居”的新夯土墙工艺

现在的木材加工技术多以集成材为主，主要是在材料加工过程中将板材中的木节、裂纹等部位剔除，经过去水处理然后粘贴压合形成。相对于传统木材来说，集成材突破传统木材的天然偏差，具有均匀的结构强度，并且其尺寸和形状都可以按照设计的需求进行深度定制，给建筑的材料表达方式带来更大的自由度。另外，在加工过程中可以通过化学处理的手段以弥补传统木材不耐火、易腐蚀的特点。日本冈山县“花美人的故乡”是一座以花为主题的公共建筑，建筑师为了表现花的主题并与周围木建筑环境相融合，使用了大量的预制集成材作为结构表现材料。弯曲的集成材结构对花的造型进行抽象化（图 6–9），与木材的天然质感相呼应，形成一个柔和温暖的空间氛围。

图 6–9　集成木材的表现

传统砖瓦材料由于其制作过程中对耕地与环境的破坏，已经逐渐被淘汰，取而代之的是以工业废料和生活肥料制成的粉煤灰砖、炉渣砖等新型的非烧结砌块。对石材而言，现代技术的发展尤其是新的切割技术使其颠覆了传统块石沉重的形象，让石材能够在保持原有色泽和纹理的前提下达到较为轻薄的效果。平滑石材还可进行抛光、哑光、烧毛等表面处理工艺，产生不同的艺术效果。

2. 传统构造的更新

因为技术的限制，传统的构造方式完全遵循材料的力学特征，对土材进行夯筑，砖石进行砌筑，木材则是搭建形成梁柱体系。随着科技的进步，借助于钢材、钢筋混凝土等现代材料的力学性能，传统材料摆脱了力学上的限制，创造出更多的构造方式。其中，以木材和石材应用的成就最为显著。

建筑的木构造多以榫卯为连接结构，通过不同凹凸的紧密穿插巧妙地将各个方向的木构件穿插在一起，既保持了整体结构的简洁一致，又能使结构构件结合部分具有一定的强度、韧性和变形能力，但结构刚度较低。在现代木结构建筑中，木材的应用通常会与钢结构相结合，利用金属构造节点代替传统的榫卯结构为木构造提供更多的灵活性，在适应更复杂结构要求的同时丰富了木结构建筑的构造形式。“水岸山居”中的特殊的屋顶木结构是王澍对传统的木构造屋顶的总结与创新，以相互交叉的杆件来形成稳定的屋顶支拧结构。整个屋顶杆件结构可以分为两种序列，在主要序列以及一些受力情况复杂的次要序列中添加钢骨作为杆件的构造节点，以提高结构的刚性和对屋盖顶棚的承载力（图 6–10）。

图 6-10　创新的木杆件结构

以传统石材作为结构材料时，多与钢筋混凝土结构相结合，一般以构造柱或者圈梁的形式对墙体进行加固，以保证石砌墙体的结构稳定性，或者将石材作为不承重的填充砌体与混凝土框架相结合以保证石材建筑的稳固。例如，在马清运的玉山石柴中，房子的外墙就是以钢筋混凝土框架结构结合当地的鹅卵石砌筑而成，随意添加的石块显示出不同的色调，形成如同河边石滩一般的肌理（图 6-11），蕴含着大西北的泥土气息。

图 6-11　玉山石柴

（三）传统材料的人文表达

在现代建筑的表现中，表皮材料获得越来越多的关注。在材料表达没有被强调之前，现代建筑主要是以空间的表达为强调元素，表皮只是空间感知的衍生物。随着现代建造技术的发展，单一材质的墙体表现逐渐演变成为多层次、多材质的覆层建造，在适宜的建造技术下，建筑表皮完全可以独立于结构与功能的表达之外，单独呈现出其相应的知觉属性。传统材料作为传统建筑文化的主要载体，在其功能结构属性已经相对落后的情况下，更适合作为建筑表皮进行使用，便于表达传统建筑文化的人文感性。

1.质感表达

传统建筑材料的质感是通过视觉和触觉传达的，可以分为天然质感和人工质感两种类型。天然质感是指传统材料自身的质感，人工质感则是天然质感经过现代技术的加工之后产生变化形成的，是材料属性的人工呈现。

在传统材料表皮化设计中，较多地使用材料的天然质感来表现建筑“土生土长”的本土意境。建筑师通过独特的设计手段将木材的柔和、石材的粗犷、砖材的细腻、土材的古朴等自然的质感在建筑中呈现出来。在五女山高句丽博物馆的建造中，建筑师采用外墙垒石组合墙体的构造，以青石为表现材料在结构墙体的外层构造出石材表皮，天然朴拙，呼应当地传统高句丽建筑的积石文化。天然石材的表达使参观者走进博物馆就像走进时空转换的古代高句丽，将传统文化直接呈现在人们眼前(图 6–12)。

图 6–12　青石的天然质感

经过现代的加工处理手段，传统材料会呈现出精细的人工质感，这种人工质感可以是材料天然质感的另一种表现形式，也可以体现现代工业化的独特美感。经过工艺的处理，传统材料会呈现出精细的人工质感。北京建筑工程学院的学生综合楼为表达建筑几何逻辑关系，使用抛光后的木材作为切口内外墙材料，形成细腻的木墙质感，与切口外的清水砼墙体相呼应（图 6–13）。

图 6-13　木材的人工质感

2. 肌理表达

建筑材料的肌理是指材料的肌体特征和表面纹理结构在光照的作用下反映出材料的独特感官效果，从而给人以不同的印象。以材料表面的光滑程度来说，表面光滑的材料充满现代感，而表面粗糙的材料则传达出自然原始的粗犷美感，极具历史韵味。在建筑中，人们感受到的肌理主要是由建筑表皮不同的构造方式和材料的自然肌理共同决定的。对传统建筑材料来说，根据材料不同的属性，肌理的创造手法主要是对木材的编织、对砖石的砌筑以及对土材的夯筑。

木材独特的线性特征使其能以编织的构造方式完成对建筑表皮肌理的创造。编织构造具有极大的灵活性，可以根据设计需求采用不同的编制手法，并且对材料密度和大小进行控制，创造出性格各异的具有透明性的建筑表皮。马清运的朱家角行政中心以木质格栅编织形成建筑表皮，与建筑的玻璃辐墙相结合，形成传统与现代、透明与半透明的对比与交融。其中，木格栅的竖向模数与建筑外墙的青砖模数相一致，形成立面的韵律（图 6-14）。

现代建筑结构技术的发展，尤其是钢筋混凝土结构的出现对砖石材料的肌理表达具有深刻的意义。在脱去建筑结构承重责任的情况下，砖石砌筑肌理的艺术表现得到了突破性的进展。砖石的肌理分为两种，一种是砌筑肌理，一种是贴面肌理，两者的差别就在于砌筑所带来的“三维”表达效果，而贴面则只能实现立面上的“二维”表现。在目前的建造技术下，无论承重与否，以砌块形式出现的砖石材料都需要遵循自身的属性特征以及建构逻辑，而贴面肌理则相对随意很多，可见砌筑的肌理更能体现建筑真实性建构的意义。

图 6–14　木栅格肌理

影响砖石砌筑肌理表达的因素主要有材料本身的知觉特性、砖石在砌筑过程中的位置顺序以及砖石与砌筑缝隙之间的纹理关系。当代建筑中砖石的砌筑肌理主要取决于建筑师选择的砌筑方式，主要包括随机性砌筑方式和规则性砌筑方式。砖石材料的随机性砌筑是最为原始的一种砌筑方式，施工难度低，耗时短，曾经普遍运用于民居建筑中，呈现出自然野性的粗犷美感。规则性的砌筑方式除了传统的一顺一丁、梅花丁、三顺一丁等顺丁组砌方式，还发展出了更多打破常规的新方式，以达成建筑师的表达目的。红砖美术馆是目前国内较少以砖为表现主体的建筑，建筑师在钢筋混凝土结构的基础上，以砖材的不同砌筑手法表达砖墙的肌理，呈现出纯粹自然的建筑美感（图 6–15）。建筑中使用了大量非传统的砌筑手法进行创作，如外墙阳角交接的英式砌法、室内墙体的砖块点阵、百叶式的镂空墙以及砖墙边角的凹凸处理等，将砖材的表现力发挥得淋漓尽致。

图 6–15　砖材的砌筑肌理

按照土材的不同加工方式，当代建筑中土材料的肌理表达可以分为夯土夯筑肌理和土坯砌筑肌理。其中，土坯砌筑肌理是以砖石砌筑的方式形成不同的肌理形式，与土坯天然肌理相结合，形成变化丰富的肌理效果。夯土夯筑肌理主要是夯实的过程中产生的，一般是由夯筑的方式或者材料的配比所决定。张永和在二分宅的设计中以钢板作为模具对夯土墙进行处理，施工中每次放土然后夯实的过程形成相应的痕迹，在模板拆除后展现出夯土墙体水平韵律的线条肌理（图 6–16），同时也是对施工过程的记录。

图 6–16　二分宅：夯土墙夯筑肌理

第二节　现代材料在建筑中的表达

一、现代典型建筑材料的属性特征

工业革命之后，机械生产水平大幅度提高，玻璃、钢筋混凝土、钢铁等新的建筑材料的出现和应用，给当时的建筑设计带来了极大的冲击。首先是突破了传统材料对建筑跨度高度的限制，现代材料出色的力学性能满足了建筑更高、更大的空间需求和造型趋向。其次是现代建筑材料可控制的造型、质感、肌理和色彩极大地拓展了当代建筑的表现性。本节针对玻璃、混凝土和金属这三种在当代建筑中应用最为广泛的典型材料进行讨论，研究其属性特征以了解各种材料的性能，有助于解读其在当代建筑中的表达手法。

（一）玻璃

与绝大多数人的认知不同，玻璃材料同样具有悠久的历史，根据史料记载，公元前 1500 年的埃及就有了用玻璃制作器皿的工艺，现存最古老的古罗马宝石玻璃制品——“波特兰”花瓶也是诞生在 2000 多年前的罗马帝国时期，在当时的技术与生产条件下，玻璃完全是可以与黄金相媲美的贵重物品，无法大肆生产，更不可能在建筑中得到应用。随着技术的进步，平板玻璃制造工艺诞生，玻璃逐渐从贵重物品演变成为工业材料并得到了进一步的推广，也真正实现了在建筑中的广泛应用，但这一时期的玻璃主要大量应用于窗户等采光部件。20 世纪以来，玻璃的制造工艺和菘墙技术都得到了迅速发展，玻璃材料在建筑设计中的应用已经不再局限于采光部件，而是扩展到墙体、屋顶、地板甚至建筑承重结构等部位，给建筑设计带来巨大的可发挥空间。

玻璃是一种复合加工材料，种类繁多，材料特性也各不相同。从材料的知觉特性来看，玻璃可以分为普通玻璃、磨砂玻璃、有色玻璃等，在建筑中各有不同的应用。在现代建筑实践中，玻璃最被建筑师重视的是它独特的透明性和反射性。这两种特性对建筑的影响极大，使光线从此成了重要的设计元素。1914 年，德意志制造联盟科隆展览会中，建筑师陶特设计建造的玻璃展览馆大放异彩。展览馆除了结构材料以外，全部使用各种各样的有色玻璃和玻璃砖，通过光线的反射与折射形成一座完全屈于光的建筑。光线在穿过玻璃的同时，也将自然带进了建筑内部。玻璃带来的透明度改变了室内外空间完全隔绝的状态，形成自然空间与人工空间的过渡，与中国传统文化中对自然和谐交融的态度不谋而合。TAO 迹 · 建筑事务所设计的水边会所坐落在盐城的一条小河边，风景秀美纯净。为了最大限度地减少建筑对环境的影响，建筑师以玻璃盒子为原型，通过玻璃材质的透明性来消解建筑本身的物质性，创造出流动而透明的空间，将景观、人与建筑和谐地统一在一起（图 6–17）。

图 6–17　玻璃表皮的透明性

玻璃的肌理特征在材料表达中同样起到了重要作用。玻璃的肌理特征分为两种，一种是玻璃在生产过程中因压花、蚀刻等特殊的工艺和处理手法产生的，如磨砂玻璃、印花玻璃等，这些纹理不仅使单纯玻璃辐墙的建筑立面有了细微而丰富的细节，同时削弱玻璃的透明、折射反射等性质，微小的细节使光线更加弥散柔和，建筑空间隐约可见，呈现出朦胧含蓄的美感。另一种则是类似砖石砌筑方式的分割肌理，一般用在大型的玻璃幕墙设计中。

（二）混凝土

人类使用混凝土的历史可以追溯到金字塔的建造，当时混凝土已经作为辅助材料被埃及人使用，后来混凝土技术经希腊传入罗马，罗马人用它建造了万神庙等多个蔚为壮观的建筑。19 世纪中期以后，为了改善混凝土的受拉性能，钢筋混凝土结构技术开始出现。钢筋混凝土结构就是把钢筋加入混凝土之中，利用钢材在受拉方面的优势，使混凝土结构在受拉和受压两个方面都拥有良好的性能。

在现代建筑设计中，钢筋混凝土是主要的结构材料之一，也是建筑造型的主要表现材料。目前主流的混凝土表现可以分为两类，以柯布西耶等现代建筑大师为代表的西方建筑中的混凝土表现特征主要是强烈的雕塑造型和粗犷的表面形象，而以安藤忠雄为代表的日本建筑师则追求细腻纯净的材质和严谨的表面形象（图 5–3）。在中国当代建筑中，混凝土的应用多种多样，建筑师根据创作环境的需求，不拘泥于一定的风格，拓展出混凝土表达的更多空间。

（a）昌迪加尔法院（柯布西耶）

（b）小筱邸（安藤忠雄）

图 6–18　不同的混凝土表现形象

从材料属性上来说，混凝土是一种工程复合材料，具有极强的造型塑造能力，再加上钢筋混凝土对结构性能的增强，使很多原本只能出现在速写本上的建筑概念成为现实。杭州中山路改造项目——“太湖石房”，可以说是对混凝土造型塑造能力的物尽其用。抛开文化因素，王澍先生以混凝土的造型能力重塑太湖石，并体现出其“皱、漏、透、瘦”的美学特质（图 6–19）。

从材料质感来说，混凝土的制作工艺使其肌理、颜色同样可以被塑造。模板的选择、骨料的类型、浇筑的手法、特殊的添加剂等因素都能够对混凝土质感的塑造产生影响。混凝土的肌理分为两种，一种是采用特殊的模板进行浇筑，形成的表面肌理与模板相契合，例如，“竹条模板混凝土”“木条模板混凝土”等处理手法；另一种则是清水混凝土，需要以高超的施工工艺一次性浇筑成型，不做任何处理，形成平整光滑、色彩均匀的朴素界面。混凝土色彩主要分为灰色系和彩色系两种，其中，清水混凝土的颜色一般为灰色系，也较为常见。

图 6–19　太湖石房

（三）金属

早在数千年前，金属就已经作为装饰构件出现在中国传统建筑中，在现代建筑刚刚起步的阶段，金属材料多以“钢结构”“金属构件”的形象出现。随着时代的发展，建筑艺术进一步突破，金属在建筑创作中得到更全面的应用，从内部结构到外层表皮，金属材料都能发挥自己独特的作用。建筑中的金属材料多为合成金属，包括钢铁、铝合金、铜合金等，种类众多，性能也大不相同。金属材料在结构应用方面主要以钢结构为主，是现代建筑的主流结构形式之一。

钢材强度高、自重轻，同时具备较高的延展性和抗拉性能，是目前建筑工程中运用最多的金属材料。与梁、架、柱以及拱券等传统的静态结构构件相比，钢结构构件形式变化多样，以极具力感的构造方式表达出动态的结构逻辑，给人以视觉的冲击。北京奥运会主场馆“鸟巢”以线性编织的手法进行构建，三层钢架结构相互穿插，并以同样的尺寸展现在建筑表皮，使人感受到钢构件相互之间的动态平衡，形成“乱中有序”的艺术韵律感（图 6–20）。

在材料质感方面，金属材料具有极为鲜明的时代特征，依托现代技术展现出相应的肌理特征，反映技术理性的美感。金属材料工艺性极强，可以通过磨光、打毛等手段获得光滑或者粗糙的表面质感，也能够根据设计者的需求，通过蚀刻、喷砂等技术形成凹凸变化的纹理。在建筑表皮的表达中，金属材料的这种丰富变化和高度可塑性为建筑立面的创造提供了更多的可能，也使金属材料与其他材料能够更融洽地搭配组合。

图 6-20　鸟巢

金属作为与人类文明发展息息相关的主要材料往往还被赋予相应的文化意义，就像青铜已经超脱材料的限制，成为中国传统文化的重要部分。在殷墟博物馆的创作中，为了呼应商代的青铜文化，建筑师以铜为材料构筑中央庭院。青铜墙面风格粗犷，带有少量的商文化图案肌理，朴实厚重。何镜堂院士在安徽省博物馆新馆的创作中，以体量材质化的处理手法，将青铜纹理与木质衬里相结合，以现代的视角重现传统历史（图 6-21）。

图 6-21　殷墟博物馆青铜墙面

二、对传统建筑构造的诠释

（一）传统工艺的重置

中国古代并没有建筑师的职业，盖房子、造园林都是由工匠来完成的。在传统建造技术发展过程中，匠人们对前人的建造工艺及经验进行总结和提升，既是房屋的建造者，也是传统工艺的传承人。经过长时间的实践发展，传统工艺作为中国传统建筑体系中的重要组成部分，已经完整地包含材料选择、构件加工、结构建造等多个流程的技艺与方法。传统的建造多是以纯手工的方式进行，匠人们自然地将自己的情感倾注其中，给传统建筑带有更多的人文感性。传统工艺并不是一种定式的技术，而是一种随着环境变换而不断改进的传统材料营造手段，在改进的过程中会不断吸收更先进的理念和更合理的技术。但是近年来，随着传统材料的相对没落，传统工艺的作用和价值都在逐渐消逝，慢慢地退出建筑艺术的舞台，甚至面临失传的危机。对传统工艺进行重置，就是对其进行改进更新以适应现代材料，并挖掘传统工艺与现代材料的结合点，对建筑中的材料表达具有重要的意义。

不可否认，工业化的材料处理和标准化的材料生产给现代建筑工程带来了极高的效率，但制造出的建筑往往会缺少人情味。建筑师试图将人工的不确定因素和传统工艺的情感色彩带入到建筑标准化的施工中。在康巴艺术中心的建设中，建筑师以当地藏族传统的石材砌筑方式打乱混凝土砌块机械化的层层堆叠，重新构建墙体的凹凸逻辑（图 6–22）。建筑施工开创性地用传统的砌筑口诀和技术工法来代替现代施工所需要的立面详图，使工匠在一定的范围内自由发挥，重塑传统的建造方式。在外墙粉刷上也抛弃现代化的涂抹方式，以白色涂料经手工不均匀涂抹砌块墙面，形成粗犷的立面美感，回应传统的藏族文化。宁波博物馆的外墙设计展现了传统与现代的交融。在钢筋混凝土墙体上，创作者王澍并没有采用一般的机械抹平处理，而是让工匠以江南地常见的竹条作为混凝土浇筑模板，在混凝土墙面上留下大小不一的竹条内部凹梢印记，形成天然粗糙的独特肌理。“竹条模版混凝土”的处理手法以竹材的天然质感来缓和混凝土墙体带给人冰冷坚硬的感觉，形成独特的艺术美感，在很多混凝土建筑都被使用（图 6–23）。

图 6–22　康巴艺术中心

图 6-23　宁波博物馆外墙

（二）传统结构的转译

早在殷商时代，以榫卯连接梁柱的中国传统的木构造体系已经基本成型，并一直延续发展到近代，形成了梁柱、榫卯、斗拱等极具特色的结构构件。随着科技的发展以及近代西方建筑文明的传入，钢材与混凝土等新型材料的普及运用带来新的建筑结构形式，传统的木构造被取代，逐渐失去了实践意义。近年来，中国建筑界对过去多年的发展进行反思，重新探讨传统木构造的合理性与实践意义，传统的结构模式被重新重视起来。以现代材料对传统结构模式进行抽象化的转译，是表达建筑本土性的一个重要途径。从转译对象来说，斗拱以其独特的传统建筑文化代表意义受到众多建筑师的青睐。

斗拱是中国传统建筑的重要构件，从最初的结构意义到后来的装饰意义，再到现在斗拱逐渐演变成中国传统建筑的代表符号，甚至已经成为中国本土文化的代表符号。在上海世博会中国馆的竞赛中，最重要的评判标准是“唯一性、标志性、地域性和时代性”，最终被选中的是何镜堂先生主持设计的“东方之冠”方案（图 6-24）。中国馆用现代立体构成的手法对传统建筑结构进行独特的演绎，建筑语言简单凝练，纵横交错的直线条构成了平衡和稳重，对斗拱的造型与结构特征进行了简化和再现。建筑整体采用钢筋混凝土筒体加组合楼盖的结构体系，生成一个层层悬挑的三维立体造型体系，从结构上体现了现代建筑材料与工程技术共同产生的力学美感。为了能够体现中国特色并呼应世界发展，建筑以具有层次感的“中国红”作为主色调，选择铝板作为外墙材料并以凹凸变化的垂直条纹肌理模拟长城的蜿蜒起伏，颇具文化意味。红色的金属外墙与带有传统纹理的彩釉玻璃相互映衬，整个斗拱造型传达出极为震撼的视觉效果，尽显中国时代发展的磅礴大气。

图 6-24　东方之冠

三、对传统建筑文化的诠释

中国传统建筑文化源远流长，当代的本土建筑创作很难将其具象在某一座建筑中，最好的做法莫过于从总体中进行选择提取然后进行表达。传统建筑文化包含两个部分，一是传统建筑的表现特征，包括色彩、造型等多个方面。二是传统建筑的文化意境，包括建筑营造理念、价值审美、空间环境氛围等，反映出传统的文化内涵。从现代材料表达的角度来说，主要从建筑的色彩、造型以及意境三个方面对传统建筑文化进行诠释。

（一）对传统建筑色彩的诠释

中国传统建筑中涉及的色彩极为丰富，不同的色彩蕴含着多姿多彩的文化意味，在世界建筑体系中都可以说是独树一帜。梁思成先生曾经评价中国古代匠人可能是世界上最敢于也是最善于使用颜色的了。中国传统建筑色彩等级制度使主流的美学一直存在两种并行的审美态度，一种是如皇家建筑追求华丽精致，如明清故宫青、赤、黄三色对比鲜明，彰显皇家威严；一种如民居建筑多使用一些朴素的色彩，像中原地区民居多以宵砖灰瓦为主色调，色彩质朴平和，徽州、苏州等地的民居建筑色彩淡雅，如水墨画一般的黑白灰色调使建筑恰当地融入烟雨江南的风光之中。在以现代材料对传统建筑色彩的诠释中，多以这两种审美意识为借鉴。其中对皇家建筑色彩的应用以红色为主，以“中国红”的色彩表达来体现传统韵味，如上海世博会中国馆以及重庆国泰艺术中心都使用红色来引起人们的民族意识共鸣；传统民居建筑色彩同样受建筑师的青睐，例如，万科第五园以及苏州博物馆新馆都是以苏州和皖南民居的黑白灰色调来表现建筑的传统文化底蕴。

我国是一个地大物博多民族的国家，不同的地域环境、不同的生活方式以及文化观念对传统建筑的色彩表现都产生一定程度的影响，这些影响使中国传统建筑色彩表现呈多元化发展，例如，藏族地区建筑崇尚红白两色，云南地区建筑以蓝白较多，闽南地区建筑则多以红色为主色调。由此可见，色彩不仅是我国传统建筑文化的一部分，也是地域文化的重要体现。以现代材料对传统建筑色彩进行诠释，是本土建筑设计中延续地域文脉的重要手法。拉萨火车站位于拉萨河南岸，与布达拉宫遥相呼应，建筑大师崔愷以红白映衬的建筑色彩来回应藏区传统建筑文化（图 6–25）。与中原地区的传统建筑不同，西藏传统建筑秉承藏区独特的宗教信仰和民族传统文化，在建造方式、材料色彩等方面都有着独特的地方特色。尤其是在色彩方面，藏区传统建筑色彩鲜明，极具特色。白色在藏族文化中象征着吉祥纯洁，以天然的石灰浆塑造的白色岛墙在阳光下耀眼夺目，与湛蓝色的天空形成和谐明朗的色彩氛围。红色在藏族文化中象征尊严，在大面积白色墙体的映衬下更加凸显，形成精神和心灵的刺激。在拉萨火车站的设计中，考虑到传统的藏区建筑材料已经不能够满足现代大型建筑的建造需求，建筑师综合考虑自然气候和施工条件，选择耐久性和耐候性较强的彩色混凝土作为建筑色彩表达的材料，大面积的白色与红色墙面形成强烈的色彩对比，使建筑远观效果极具视觉冲击力，红、白色的预制混凝土墙板与空间界面的穿插交替相结合，使色彩成为建筑空间表达的重要语汇。同时建筑师对彩色混凝土表面质感进行处理，形成竖向条纹的人工打毛肌理，并根据混凝土色彩的不同进行纹理粗细的调整形成建筑界面的层次感。以现代混凝土材料来表达传统的色彩文化，使建筑充满藏族风情又不失时代感。

图 6–25　拉萨火车站

（二）对传统建筑造型的诠释

经过数千年的发展与完善，中国传统建筑造型集形式、功能及技术于一体，逐步形成独特的建筑艺术体系。造型是中国传统建筑结构理性与人文感性的结合统一，受到中国传统哲学美学思想和建造技术的影响，显现出独特的本土性特征。中国传统建筑“三段式”构图比例均衡而和谐，通过一系列的处理手法表现出或雄伟或灵动，或高崇或飘逸的独特建筑韵味，为当代建筑的现代材料表达提供了重要的参考。但是，对传统建筑造型的诠释并不是一味地生搬硬造，更不是说只要有大屋顶、亭廊、院子等符号就是对中国传统建筑造型的诠释。现代材料对传统建筑造型的诠释主要是从最基本的建筑文化和传统生活方式出发，提取传统建筑造型的精华并以现代建筑语汇进行表达，主要是从整体造型和细部装饰两个方面进行的。

对传统建筑整体造型的诠释多是以去繁从简的手法对传统建筑整体造型进行凝练和总结，并以现代的建筑材料和技术进行展现。掀起居住区新中式热潮的万科第五园吸收岭南园林、徽派建筑与晋派建筑等众多传统建筑的精华，与现代建筑特色相糅合，形成独特的本土建筑风格。第五园的创作并没有机械地模仿传统建筑的造型，而是摒弃传统江南建筑中高墙小窗以及挑檐等与现代生活方式冲突的造型元素，用白色涂料平涂的混凝土墙体、深灰色的铝合金压顶和坡屋面营造出“粉墙黛瓦”的传统印象。为了突出墙体元素，第五园建筑多采用双重墙体，以实墙开洞的手法对外层墙体进行造型处理，而内层墙体则按照现代生活需求进行开窗、通风、遮阳的设计，虚实相合，透出淡淡的儒家韵味（图 6–26）。

图 6–26　深圳万科第五园

中国传统建筑在数千年的发展中产生了大量精美而又富含传统人文特色的建筑细部装饰。在传统建筑体系中，这些细部装饰往往兼具功能和美观的双重意义，并被视为传统建筑文化的符号。当代建筑师用现代材料对传统建筑细部装饰进行抽象和提炼，使本土建筑的传统性和现代性得到共同表达。从创作手法上来说，对建筑细部装饰的诠释一般采用移植和拓展的手法。移植即是对传统细部装饰的直接引用，在万科第五园的创作中，设计师为了突出中式民居的传统氛围，移植了大量传统民居的细部装饰，如徽派建筑的马头墙、北京四合院的垂花门、云南建筑的“一颗印”等。设计师对这些细部装饰进行重新组合和构筑，从而突破传统的限制形成一种本土化的建筑环境。拓展的手法则是以完全现代的手法在新的建筑材料上进行细部装饰，在很多高层建筑上，建筑师为了体现传统的韵味，借助现代印花玻璃的肌理特征再现传统建筑的窗棂装饰，既丰富了建筑肌理，又能在现代中延续传统文脉（图 6–27）。

图 6–27　细部装饰的拓展

（三）对传统建筑意境的诠释

意境是中国传统艺术的重要范畴之一，也是传统建筑美学所要研究的重要问题。从字面上就可以看出，意境是主观范畴的“意”与客观范畴的“境”相互融合，追求客观美感与心灵感悟的结合，是形、神、情、理的统一。意境是以人为本衍生出的精神境界，依托于人的精神思想而存在，建筑意境因建筑被人感知而产生，是人与建筑在精神上的和谐统一。建筑的意境根植于建筑文化，不同的建筑文化氛围必然产生不同的意境，就像中国人喜欢赏月已经成为一种文化传统，而在西方没有这样的文化氛围，自然也不会出现“举杯邀明月，对影成三人”的审美意境。由此可以认为，本土建筑设计中，现代材料对传统建筑意境的诠释关键在于如何让人们产生本土文化上的共鸣。

建筑大师贝聿铭先生的封山之作——苏州博物馆新馆（图 6–28）就是利用现代的钢铁、混凝土、玻璃等材料对传统江南建筑的文化意境进行诠释。新馆位于苏州东北街，与太平天国忠王府和拙政园毗邻。特殊的地理位置再加上独特的古典园林文化内涵使建筑师必须重视这个将现代建筑与古老姑苏完美结合的艺术臻品，贝聿铭先生以他对东方哲学艺术的认识和对现代建筑材料的了解交上一份令人满意的答卷。苏州博物馆新馆整体运用轻型钢架和混凝土构筑建筑主体以隐喻传统的木框架结构。整体建筑黑白灰的水墨画色彩与现代建筑材料本身的冷峻质感相映衬，加上建筑内部随处可见的晶莹剔透玻璃天棚，形成幽闭而又通透的空间氛围，影射传统园林建筑中的儒道文化。值得称道的是贝聿铭先生在建筑细部上对传统建筑文化意境的营造，建筑屋顶中并没有使用传统意义的瓦材，而是采用黑灰色的钢材框架结合玻璃、灰色花岗岩等多种材料进行构建，既体现出坡屋面美感又弥补了传统屋顶在采光上的缺陷。大门是展示博物馆形象的重中之重，金属梁架结构搭配玻璃形成重檐两面坡的入口形象，既有传统韵味，又展示现代风格。综上可见，苏州博物馆新馆的意境美主要在于其整体含蓄、自然、内敛的传统建筑美学与现代美学价值观的融合。

图 6–28　苏州博物馆新馆

第三节　现代建筑中的材料表达策略

在全球化发展的背景下，当代建筑的发展并不是一味地回归传统，而是强调传统文化与现代文明的交融与互补。相应的材料表达策略同样不拘泥于传统与现代，而是立足于当代，关注于材料所呈现出来的状态和表达的文化底蕴。

一、“因材施技”的表达策略

（一）适宜的技术策略

在各种高新技术层出不穷的现代社会，科技的进步确实为建筑材料带来更多的新型技术，然而并不是所有材料都适用于新的技术，就像用模压、铸造等新机械加工出的材料未必就比传统技术人工处理的材料更适用于本土建筑的表达，那些经典建筑往往是因为建筑师对现有技术的深刻理解和巧妙运用而令人叹服。建筑设计并不像一些科技产业那样，必须以高水平的技术才能达到相应的设计需求，从这个角度来说，建筑材料表达中的高技术与低技术并不存在各自的优势。但是当前社会功利与虚荣的风气使建筑设计很容易被“技术至上”的思想误导，盲目追求技术能力，成为炫技的表演。我们要清楚地认识到技术的本质仅仅是建筑材料表达的手段，而不是目的。面对纷乱繁多的材料技术，我们应当选择适宜的技术策略。

适宜的技术策略是现代技术和传统技术以地域和材料的适应性为基础相结合的产物，并不拘泥于技术水平的发达与否，而是根据当地建造技术水平、材料资源以及环境、经济和文化等因素进行综合考虑，其目的在于探寻一条适宜本土并科学有效的技术路线。准确来说，适宜的技术策略就是一种本土技术资源的选择，使用或者创造符合地方技术特点和发展状况的建造技术不仅可以减少经济投入和资源消耗，保障施工技术的灵活可行，同时可以与区域文化联系在一起，使当地民众产生认同感。

正处于发展中的中国大部分地区经济技术落后，但却具备深厚的传统文化底蕴、悠久的技术传承以及良好的生态与资源优势。在本土建筑的创作中，针对不同的材料和地区，我们应该有意识地探索相对应的适宜技术。以对材料适宜本土的表达方式为基准，综合经济水平的合理性和施工条件的允许度进行考虑，选择适宜技术策略的主要原则包括：

（1）关注材料表达的本身需求，体现材料的本土意志。

（2）注重所选技术与地域生态环境、经济发展状况以及人文特征的协调，避免脱离实际，导致目标与效益失衡。

（3）积极融合现代技术并对其进行本土化改造。

（4）关注并改善传统技术，保证地区传统技术精华传承的完整和延续。

（二）真实的材料表达

就如现代建筑大师路易斯·康所说，现代建筑运动最鲜明的主张就是真实的表达。现代建筑美学在建筑材料表达上存在一个严谨的理性框架，强调对建筑材料进行真实理性的建构。这种建筑美学观念对中国当代建筑的材料表达策略深有影响。真实的表达并不是为了追求材料的本真而拒绝一切人为的因素，毕竟玻璃、混凝土等现代典型材料的质感肌理色彩都是可以在生产过程中加以控制的。真实的表达主要是映衬出材料背后的技术审美，从而体现材料建构中的时代美学。综合来看，当代建筑中材料真实性表达策略是指忠诚于材料本身的属性特征，包括力学性能、质感特性等，即是在建筑结构构造中真实地表达材料自身的力学属性和建构逻辑，在材料物质性的表现中体现材料的天然特性。

在现代建筑实践中，材料的力学性能越来越受重视。从建构的角度出发，建筑结构的具体形式决定了建筑一部分的内在表现力，特别是在体育场、展览馆等大型建筑中，充分发挥材料自身的力学性能和构造手段，以极为恰当的技术形态来表达结构美感。每个材料都有它独特的结构形式，表达着属于材料自身的结构美感。材料的表达形式取决于建筑结构内在的力学逻辑，建筑师只有对材料力学逻辑有着深刻的理解，才能以真实性的策略赋予材料独特的表达形式和艺术质感。

新的技术发展开拓了结构材料的选择范围，钢铁、混凝土、砖石、木材等材料都各有其独特的力学逻辑（表 6–1）。

表 6–1　典型材料的真实性建构特征

材料	特征
钢材	在钢材的真实性建构表达中，突出钢材自身的结构逻辑
钢筋混凝土	在钢筋混凝土真实性建构中，突出钢筋混凝土的承重属性
木材	在木材的真实性建构中，突出木材自身的杆件力学原理
砖石	在砖石的真实性建构中，突出砖石砌筑的受力逻辑

在适宜技术的背景下，建筑材料对力学逻辑的表达主要遵循集约复合与高效逻辑的原则。集约复合原则是在真实性表达的前提下，以材料的相互组合来实现力学属性的互补，共同优化建筑的整体效果，例如，在木构造中使用钢材节点以增加结构的稳定性。高效逻辑原则是指在建筑创作中以最少的材料资源最大限度地完成建筑预期效果，即优化结构形式以更好地发挥材料的力学属性，体现出更具美感的力学逻辑。

材料真实物质性的表现即是在建筑材料表达中，不使用任何附加的装饰，材料的质感、肌理与色彩完全由材料本身的相关属性以及相应的加工技艺所决定。如果说建构性表达体现出材料理性的一面，那么物质性表现则体现材料人文感性的一面。建筑师必须在创作中充分表现出材料的形体、色彩、肌理等各方面的真实美。在建筑设计中，材料是文化的物质载体，而材料的物质性则是连接生活现实与建筑艺术的媒介，人们通过材料物质性的表现感受到建筑本身的性格特征。反过来说，建筑师需要根据建筑的风格来选择具备合适物质性的材料。就像在山野地区以不经加工的天然石材进行建构，与周围的环境相得益彰，但如果是城市中的银行、法院等行政办公楼项目，天然的石材显然不能表达建筑庄重严肃的气氛而需要选择经过加工的光滑有纹理的石板进行构筑。

二、“因时而变”的表达策略

（一）建筑文脉的延续

“文脉”一词并不是中国传统建筑艺术中的语汇，属于“舶来品”，英文原意为Context，最早源于语言学范畴，是指文章的脉络，即上下文之间的逻辑关系。在建筑学范畴，文脉主要是指建筑及其文化在时间上的动态关联。建筑文化的不断发展，总是在一定的文化背景、民族传统以及人文风貌中进行的，是延续性和创造性的统一。人们不可能脱离原有的人文环境去凭空建造，也不能机械地重复传统的建筑模式，建筑本身就是在顺应历史的同时创造历史，并沿着一条不断延续并更新的文脉进行发展。

建筑文脉在时间上的延续是建筑文化历时性和共时性的辩证统一。历时性是指建筑文化的发展是一个历史的过程，存在一定的先后顺序，体现了建筑文化的发展脉络。共时性是指同一时代具有不同的建筑文化，古今中外的建筑文化作为共生的事物存在，相互兼容和协调。从这个角度来说，建筑文脉的延续具有双重的意义，纵向历史轴线的演替和横向时代轴线的并存，既是说建筑始终受到过去历史的影响，又必须高度地表达现在的时代。我们在本土建筑材料表达中不得不面对这样的问题：一是如何继承并超越传统的建筑文脉，二是如何与当代的建筑文明进行对话。

传统文脉的延续并不拘泥于传统形制，生搬硬造，更在于对建筑艺术和美学的传承。建筑师应该清醒地认识到历史的发展和时代的变迁对建筑文化以及大众审美模式的影响，一味地模仿只会破坏城市以及建筑的发展。就像中国城市发展中曾经出现数次对传统元素生搬硬造的“大屋顶行动”，造就了众多所谓“维护传统风貌”的建筑。而相对应的，张锦秋院士主持设计的大唐芙蓉园依托西安城市的文脉传承，综合利用传统材料与现代材料，在建筑的环境、尺度等方面体现传统建筑艺术和美学，兼具宫廷建筑的传统礼制文化和古典园林的诗情画意，使游人感受到盛唐时期的长安风流（图6-29）。

建筑文脉是一个动态的概念，永远不会在一个历史的原点上停滞不前。俄国思想家车尔尼雪夫斯基认为每个时代的美都是独特地为这个时代而存在，新的时代必然会产生新的美学意识。对建筑文脉而言，这个问题实际上就是建筑创作需要在文化、技术以及功能等方面响应时代的发展，使建筑获得属于当前时代的艺术和美学。从当代的巴黎城市建设我们可以看到，埃菲尔铁塔、蓬皮杜文化艺术中心等代表工业时代文化精神的“新建筑”为秩序和谐的巴黎城区注入一股新的生机与活力。尤其是贝聿铭先生设计的卢浮宫玻璃金字塔以玻璃材质独特的透明性消解了自身形体的存在感，同时映衬出了卢浮宫灰褐色的石材肌理，使古老的皇宫在现代文明中达到完美（图 6-30）。

图 6-29　大唐芙蓉园的传统美学

图 6-30　卢浮宫玻璃金字塔：古老与现代的对话

（二）场所精神的契合

建筑的发展是人类社会发展的一个缩影，从聚落到城市，逐渐形成人类集体价值取向和文化需求的聚集体。城市是本土建筑创作的主要场所，以自然环境为基础，寄托人类的物质与精神文明，形成本土建筑发展的物质背景和文化背景。

本土建筑的创作并不是在城市中强势插入一座新的建筑物，而是以契合场所精神的态度融入现有的环境中。根据前文提到过的场所精神的方向感、认同感和归属感的特点，本土建筑的创作可以从空间形态和历史记忆两个方面进行材料表达以便对场所精神加以诠释。

从根源上来讲，“场所”概念是空间情感性的延伸，空间形态揭示了场所精神的存在逻辑。场所并不是单纯的均质化空间形态，而是行为性和情感性的建筑空间。由此可见，场所空间形态的重构对木土建筑的场所精神营造起着至关重要的作用。就像在北京菊儿胡同的改造中，吴良镛先生在维持原有街区肌理的基础上进行扩建改造，使新的建筑与原有的建筑共同维持胡同—院落的空间形态，以维持居民对新的胡同场所的认同。作为建筑空间的物质载体，材料的表达是重构空间形态的根本所在（图 6-31）。

图 6-31　北京菊儿胡同

场所精神不仅来自空间形态的文化内涵，而且与人的社会心理有很大程度的关联。建筑凝聚着人们对场所的历史记忆，但显然这种记忆对人类的影响是潜移默化的，就像人们往往会因为时过境迁而忘记很多具体的事情，但当离家多年的游子踏上故乡的土地，看到曾经生活的街道和老屋，就会唤醒一些记忆中的片段，再现多年前的场所体验。因此，与人们历史记忆契合的建筑在观者看来就像从环境中自然生长出来的，自始至终都融于环境之中，使人们对其产生认同感和归属感。在利用建筑材料对场所的历史记忆进行表达时，不仅可以使用当地的传统材料以增强人们对记忆的印象，也可以使用现代材料，融入原有的场所空间中，形成对比和映衬，更能体现建筑的历史韵味。上海新天地是在原石库门基础上进行改造的商业性历史街区，在项目改造过程中，设计师在保护原有建筑的基础上，在局部使用现代材料，传统清水砖墙与现代玻璃幕墙相结合，尊重历史的同时又为街区注入了现代元素，建筑形象新颖又亲切（图 6-32）。

图 6-32　上海新天地

三、“因地制宜”的表达策略

（一）利用地方材料

作为我国古代建造活动的选材原则之一，“就地取材”体现了建筑师对地方材料充分的了解和重视，在今天的建造活动中依然需要遵循。生产力的进步逐渐打破建筑材料的地域性限制，新的技术和材料极大地扩展了建筑师的创作途径和表现手法，而地方材料因为其所承载的地域文化因子，受到众多建筑师的青睐。从这个意义上来说，今天对地方材料的使用已经从过去单纯的客观需要演变为客观与人文情感的双重需求。地方材料的使用包括两个方面，一个是当地建材，另一个则是地方上的废弃材料。

地方建材包括传统的土木砖石，也包括混凝土等现代材料。受不同的地域环境的影响，每个地区盛产的建筑材料都有所差异，地方技术也各有不同，因此形成了不同的人居地域特色。即使是在交通技术发达的现代社会，人们也大多长期生活在一个固定的地域内。长时间的耳濡目染使人们对区域内建筑材料的认知已经超越了物质层面，人们的生活与这些材料的质感、肌理与色彩甚至气息都息息相关。地方材料与人的活动共同组成了人们对地域的记忆和情感，是人们对场所产生归属感的主要物质载体。除了独特的地域文化属性，生产、运输以及施工技术资源等方面的区域便捷性使地方材料具备极高的经济效益。在本土建筑创作中，采用地方材料不仅可以增强建筑与环境的协调，更能够降低建造工程的经济成本，以实现地方资源和劳力的有效利用和可持续发展。

快速的城市化发展造成了城市建筑大范围的拆迁和改建，产生了大量的地方废弃材料，主要包括废旧砖瓦、建筑渣土、废弃混凝土以及一些钢材、玻璃等。根据调查报告显示，2015 年，拆迁建筑面积达 2 亿平方米，产生的地方废弃材料多达 4 亿吨，其中以碎砖瓦和混凝土为主。在这样的情况下，建筑界对废弃材料的二次使用越来越重视。

地方废弃材料的二次利用，一方面实现了建筑材料的循环再生，降低了不可再生资源的消耗和生态环境的压力，另一方面与人类情感产生共鸣，实现了使用者精神和记忆的再生，对建筑本身的本土性表达奠定了物质基调。近年来，在本土建筑的实践创作中，地方废弃材料得到越来越多的运用，比较典型的是刘家琨的“再生砖”（图 6–33）和王澍的“瓦爿墙”（图 6–34）。“再生砖”以废弃材料作为砌块的骨料，参考土坯的做法以秸秆等可再生材料作为纤维骨架，再加上一定配比的水泥混合制成，加工技术简单，多作为当地民居的墙体填充材料。“瓦爿墙”曾经盛行于浙江地区民间，以废弃的砖瓦等材料作为墙体主材，采用泥土石灰等为黏合材料经层层叠砌而成。王澍创新性地将瓦爿墙与混凝土相结合，在中国美院象山校区、宁波博物馆等项目中大量运用，使建筑呈现出一种与生俱来的传统意韵。

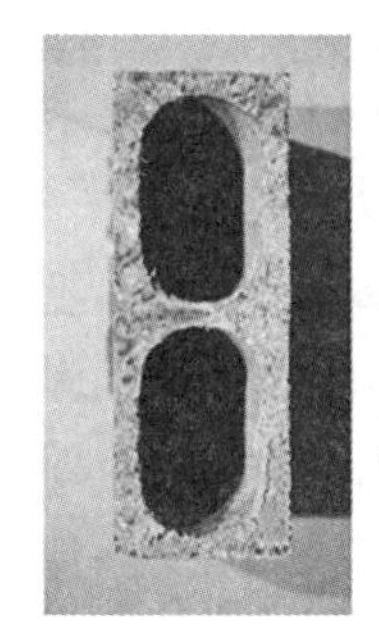

图 6-33　再生砖

图 6-34　瓦爿墙

（二）适应地域气候

从人类出现伊始，就已经开始了对环境的适应。所谓“物竞天择，适者生存”的进化论观点就是指地域气候环境对人类活动的影响。在原始社会，先民们“挖地成穴，构木筑巢”的时候，建筑就已经成为人类适应自然气候、抵御外界风雨的场所。随着科技的发展，人们往往淡化了建筑适应自然气候的本质，更多地依赖于机械来创造出人工的气候环境，形成了人与自然环境的隔绝，并消耗了大量不可再生的资源能源，破坏了地域生态平衡。所以在今天的建筑创作中，需要强调对地域气候的利用而非索取，并以相应形式回应不同的气候影响因素，从而获得建筑存在于特定地域的充分理由，使建筑的本土性得到表达。材料作为建筑物质存在的基础，在适应地域气候的表达中发挥着重要作用。

目前很多关于建筑气候适应性的研究都认为，传统建筑在适应地域气候方面有着最佳的营造策略，甚至有的学者从气候适应性的角度来诠释传统建筑的营造技术。传统建筑的材料选择表达往往被认为是为了适应地域气候的特定安排。尽管这些观点略显偏颇，但相对于现代建筑来说，传统建筑依据最基本的自然规律并采用适应气候环境的手法进行营造，更能实现建筑的本土化表现和资源的可持续利用。这样看来，在一些落后的地区使用当地传统的建筑材料和营造手法既能满足建筑低造价、低能耗的需求，同时又能满足建筑自身“保温隔热”的气候需求。就如同黄土高原上的窑洞建筑，利用天然的夯土材料优势，保证室内温度始终保持在稳定舒适的程度，夏冬两季都无须任何降温或者采暖的手段。而在北方的平原地区并无大量的优质夯土资源，则是以“里生外熟”的混合墙体砌筑方式，以土坯作为内墙材料以提升建筑“保温隔热”的气候适应力。

借鉴传统建筑适应地域气候的营造方式，当代建筑多以被动式的理念进行设计，通过建筑材料、构造以及空间模式三个方面来创造适宜的室内人居气候环境。从材料表达的角度来说，主要是依靠建筑的屋顶、外墙等围护结构，充分利用外部气候环境的特点形成相对应的“保温隔热、通风遮阳”的结构体系，以减少人们对现代机械的依赖，降低能源消耗。比较典型的手法包括钢筋混凝土或者钢架结构的双层屋顶，利用植物进行缓冲的绿植屋顶以及玻璃与百叶相结合的多层外墙围护体系。在青浦新城建设展示中心的设计中，建筑师刘家琨采用密集排列的竖向青石百叶来应对建筑南向立面的遮阳需求（图 6–35a）。青石百叶在遮挡阳光直射的同时还能够以其粗糙的材质表面对光线进行漫反射，形成柔和的室内光感效果。青石百叶的边缘经过手工的打磨，以石材生动的天然质感来缓冲建筑本身线性造型带来的规则感（图 6–35b）。

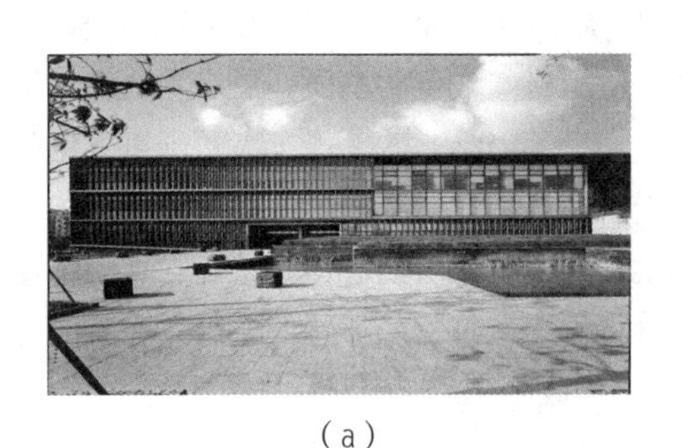

（a）

（b）

图 6–35　青浦新城展示中心

（三）回应地域景观

建筑的创作并不是在一片白纸上随意勾勒，而是在一个特定的地域内通过材料、空间以及形式的表现自然地与周围环境相结合，生成特定的建筑形象。这样看来，以地域景观为主要代表的环境背景是本土建筑创作中必须要考虑的重要影响因素之一。地域景观包括自然景观和人工景观，是建筑创作的重要环境背景，与建筑共同构成了相对应的关系。其中，人工景观主要包括村落以及城镇，是人类活动和影响的产物。从建筑的视角来看，人工景观由建筑空间与公共空间共同组成，是建筑文化的高度集合与延续。人工景观包含了人类社会文化、功能以及形式的发展，是一个不断变迁的建筑创作背景，相对于自然景观而言更具有时间方面的意义。

自然景观主要是山石、植物、水体等景观要素的结合，由此呈现出高山、平原、丘陵、盆地等不同的地形地貌。从古至今，人类的建筑活动必然根植于土地，地形地貌是建筑形态产生的场地基础。就像中国传统园林营造追求“虽由人作，宛自天开”的意境，建筑与地形地貌相互适应，最终融为一体。

建筑回应地形地貌的材料表达一般是从建筑形式入手，通过相应的材料构建出契合地貌特征的建筑形态。就像中国传统建筑在平原地区一般都是以抬梁式作为结构形式，而在山野之中，抬梁式并不能形成满足地形变化的灵巧空间，所以传统山地建筑一般使用穿斗式作为建筑结构，到了黄土高原地区，窑洞建筑多使用拱形的结构来适应地形地貌。在流水别墅中，莱特以杏黄色的钢筋混凝土栏板创造出建筑深远奇险的出挑，长方形的体块上下前后错落层叠，形成突出鲜明的建筑形象，以及如山体一般起伏嶙峋的层次感，使建筑整体与周围山石流水的环境有机地融合在一起（图6–36）。

图 6–36 流水别墅

在中国传统文化中，自然景观并不是单纯的空间实体，往往还涉及先民们对自然秩序的体验与解读，尤其是将日月星辰、山川草木都以人的思想进行神化，这种传统的自然信仰使人类赋予自然景观特殊的文化意蕴，同时成为人类文化与自然相联系的纽带，形成“天人合一”的传统哲学观念。这种传统的自然观念为本土建筑对地域景观的回应提供了更深层次的材料表达策略。本土建筑创作对传统自然观念的回应一般是以适宜材料的质感、肌理以及色彩来营造出相应的空间感受，体现与自然相融合的意境氛围。例如，崔恺在中国国际建筑艺术实践展中的作品——竹下斋就是以透明的玻璃材质和盘根错节的竹根创造出与竹林环境相融合的建筑空间，身处其间使参观者体会到心与自然的和谐（图 6–37）。

图 6–37　竹下斋

本章小结

随着时代的发展，建筑文化被不断拓展，传统建筑中材料表达的结构理性和人文感性也将在现代建筑中得到新的诠释。在现代建筑设计理念和材料技术的影响下，传统材料作为传统建筑文化的物质载体得到了新的技术发展和表现形式。通过对土、木、砖、瓦、石五种常见的传统材料和玻璃、混凝土、金属三种典型的现代材料的属性特征的分析，探究了如何使传统建筑材料在新的时代背景下得到发挥和适当表达以及现代建筑创作中如何用现代材料来表达本土特征。在此基础上，对现代建筑中的材料表达手法进行归纳总结，提出了“因材施技”“因时而变”“因地制宜”三种材料表达策略。

第七章　现代建筑对传统建筑文化的传承

第一节　传统设计思想对现代建筑的启示

一、中国传统的人与自然的共生设计思想

中国传统思想崇尚自然、顺应自然，将人、建筑和自然有机地统一在环境中。中国传统的人与自然和谐共存的儒家思想包含两个层面：一是人与自然和谐共存，这种自然观与中国文明的起源、与农业自然经济模式有密切联系，传统观念中人应该顺应自然而生活。二是人与自然本质同源并且人高于自然的生存观，人与自然共同组成大自然，自然与人是有机连续的一体。

现代社会的发展所导致的环境污染和生态危机越来越威胁着人类自身生存，许多设计师在分析环境危机、探寻未来设计发展方向时，都同时转向中国古代思想文化。中国古代建筑思想强调自然与人类和谐共存，从自然中得到启示，人和自然保持和谐的设计观，引起了当代建筑设计师的思考。

在当今全球性的生态危机面前，中国传统造物思想的共生设计原则对现代建筑设计无疑具有指导意义，耕读文化在古村落的建筑设计上表现出不凡的生态意识，充分显示出古人自觉地把生态保护意识内化为日常行为并绵延子孙后代的观念，这种生态解读，正是今天的设计师应该学习和借鉴之处。

从人考察自然，又从自然考察人的中国传统造物思想，即今日生态设计的整体性设计观，将设计的价值置于“人与自然”关系兼顾的基础之上，是中国一贯的传统设计思想。例如，在建筑设计生命周期内优先考虑其环境属性，除了考虑建筑的性能、质量和成本，还要考虑建筑的更新换代对环境产生的影响。

中国传统造物思想中的实用、惜物、节俭的设计观，是中国传统用物思想的有机组成部分。以用为本的思想，归根结底是传统造物的基本理念，指导着造物的原则，即实用是造物的根本目的。强调对自然资源的采伐要有节制，力求节俭，适用即可，不要过度，保持整个社会的发展的生态性。

中国古人造物以简约为美，提倡顺应自然，反对过多的雕饰。强调人们必须转变对生命的态度，即由“占有”和“利用”转向“生存”。中国传统的造物观体现了中国朴素节俭的传统价值观念，同时也体现了重自我、以人为中心、物为我用的传统哲学思想。而这些观念也是现代建筑设计中所必需和缺乏的。因此，发掘传统造物观念中的精神内涵并将之融入现代建筑设计之中，借鉴传统造物思想的人与物的关系、造物与自然的关系，在未来的发展远景上，节省能源、保护环境将成为人类活动的主导思想。在当前条件下，对发展本身提出要求，这是一种着眼于未来的大局观。我们反观中国传统造物文化，其中，“共生”的设计主张给现代建筑设计提供了可参照的设计守则。在这种生态哲学的指导下，以人与自然的和谐发展为原则，运用生态思维进行宏观、系统思考成为一种新的设计理念。在我国一些留存的古村落中，中国人追求人、自然、物和谐交融的境界仍在持续发展。这种发展不是无条件无限制地发展，而表现出一种数量方式，更表现出一种质量方式，以质量方式为主，要做到惜物、节俭的设计原则。遵循传统的实用、惜物、节俭的设计观，是对当代的建筑设计现象在哲学层面的反思。

中国人在农耕社会这个大背景下，不同时期的设计基本上都是与生活方式和谐一致的，没有产生与农耕社会的生活相背离的建筑设计。中国传统在人与设计对象的关系上，强调人在设计中处于主导地位，也就是强调实用和民生。那些讲求功能、关乎国计民生、保持人文关怀的建筑设计，才是建筑设计的主流。中国传统文化中的简约主义，提倡人在物质世界中的主体地位。中国道家学说主张不要人为地违背自然规律，这是一种人与自然同构的信仰，古人在审视建筑营造等生产实践与自然环境的效应关系时，对于自然资源大量消耗的生存危机表现了忧虑。中国传统造物文化关于功能和形式的外表、实质方面，强调内容和形式的统一、功能与装饰的统一，这要求人们在生活方式、行为准则及人造物和人的关系等方面，始终保持着形式与内容并重的价值取向。纵观中国古代历史的进程，传统建筑的发展基本上是正常且健康的，虽然在某些时期出现了一些过于繁缛的设计，但从大历史的角度看，它都与当时的生产力的发展相适应，表现出一定的节制意识。

二、中国传统设计思想重视生命本体

中国传统设计思想在人与设计对象的关系上，提出加强人与建筑的交流互动，使用者应该尽可能地参与到设计中来，真正达到对人性的关怀与体贴，使人在设计中处于主导地位。建筑应向人与环境和谐共存的方向发展，设计作为策划人们更为合理的生活行为的有效方法而深入人们的生活，它将在处理人类与社会、环境的关系上起到巨大作用。

（一）中国传统造物文化中注重人机尺度观念

设计的目的是为人服务的，那么在设计中最基本的技术因素和形式原则便是尺度和比例。据考，中国是世界上最早并真正在设计领域实现标准化和模数化的国度，尤其是在传统建筑领域。《考工记》中所记述的两千多年前的设计标准充分体现了人与物的和谐，重视人与物之间的有机关系，试图在人与物之间建立一种人性化的关系。一方面从人的生理结构出发，注重物的功能性，另一方面关注人的心理特征，注重人在使用物时的体验。中国传统的设计思想体现了朴素的人机尺度思想。

（二）强调物与物的和谐

物与物协调与否关系到建筑的功能性、审美性及人的生活质量。物与物组合构成建筑乃至我们生活的整个物质环境，物与物之间的和谐关系是非常重要的。

《考工记》中涉及到的不仅仅是一屋一亭的设计，而是上升到大的建筑系统以及此建筑系统与自然之间合为一体关系，即物与环境的和谐。建筑与自然环境的关系体现了人与自然的关系，因为人是建筑的创造者和使用者，建筑是沟通人与自然的媒介。建筑与自然关系的和谐与否，取决于人的造物活动和消费活动对环境的影响。古人尚知注重人与建筑和环境的完美结合，随着技术的进步、建筑设计的更新，人们在享受物质生活的同时，应更加注重建筑与环境、人的关系。

第二节　建筑设计思想的时代演变

一、可持续发展的时代命题

21 世纪建筑技术科学面临的新课题是必须符合可持续发展的要求。建筑技术科学应使建筑成为可持续发展的建筑，做到：智能运行、综合用能、多能转换、三向发

展、自然空调、立体绿化、生态平衡、弘扬文脉、文化熏陶、美感、卫生、安全、可持续发展。

建筑技术不只是工具和手段，也是建筑文化发展的原动力，极大地丰富了建筑艺术的表现力。密斯认为，技术远不是一种方法，它本身就是一个世界。钢铁结构所表现出的理性概念和建筑空间之中的结构技术美，体现了结构表现的合理性及其文化含义。钢铁结构从单纯的“结构支撑”变成“结构表现”，这种变化给建筑空间艺术打上了时代的烙印。

建筑中的声、光、热等物理现象的好与坏，影响着建筑的环境与功能。现代建筑对建筑的环境与功能设计提出更多更高的要求，促进了建筑物理学对声、光、热等环境的研究及营造。

（一）绿色建筑生态建筑

无论从全球高度重视发展低碳经济、遏制气候变暖的大环境来看，还是从中国发展循环经济、建立节约型社会的宏观经济大势来看，建筑节能问题都排进重要议程。我国建筑能源消耗量巨大。建筑用能能效低，单位建筑面积能耗高。与气候条件接近的西欧或北美国家相比，中国住宅的单位采暖建筑面积一般要消耗 2 ~ 3 倍以上的能源，而且舒适度较差。目前，我国建筑外墙热损失是加拿大和其他北半球国家同类建筑的 3 ~ 5 倍，窗的热损失约是 2 倍以上。

2005 年，建筑部颁发了《关于新建居住建筑严格执行节能设计标准的通知》，2005 年 7 月 1 日起，正式实施《公共建筑节能设计标准》。建设部设定了两个阶段的目标。第一阶段，到 2010 年，全国新建建筑争取三分之一以上能够达到绿色建筑和节能建筑标准。同时全国城镇建筑的总耗能要实现节能 50%。第二阶段，到 2020 年，达到节能 65% 的总目标。据专家们预测，到 2020 年，我国新建的建筑面积约 300 亿平方米，如果这些建筑全部达到节能标准，每年可以节约 3.35 亿吨标准煤；空调高峰负荷可减少 8000 万千瓦，相当于 4.5 个三峡电站一年的发电量，仅此一项就可以为国家节约电力投资近万亿元。

绿色建筑是指为人类提供一个舒适的工作、居住、活动的空间，同时实现最高效率地利用能源、最低限度地影响环境的建筑物。它是实现“以人为本”，“人、建筑、自然”三者和谐统一的重要途径。目前在设计建造绿色建筑方面，存在着许多误区：（1）片面地追求豪华与所谓的高科技，结果在“绿色”（可持续发展）、“人文”（以人为本）方面出现了许多问题，根本就不是绿色建筑。（2）简单片面地曲解绿色建筑的含义，真伪难辨。（3）认为绿色建筑就一定会大幅度增加投资，不可能真正推广应用等。今后 20 年将是我国城市化加速发展期，如果不能正确地加以引导与管理，大规模消耗常规能源、破坏园区微气候和恶化城市热岛现象的建筑，将带来严重的能源、环境与资源问题，影响我国经济社会的可持续发展。

生态建筑又称为绿色生态环保建筑，核心理念是以满足人的合理需求为中心，适度张扬文化个性、价值追求，人为建造科学、艺术、健康、和谐的生活环境，集约、节约、高效、循环利用资源，对生态环境产生良好的影响，促进生态文明建设。生态建筑是在建筑的规划、设计、建造、运行、拆除、再利用等生命周期的全过程中，不仅考虑建筑实体的舒适、安全、美观、耐用、经济等传统性能，还要考虑到环境保护、生态平衡和可持续发展等因素。基于更有效地利用能源和材料，基于积极适应当地的气候环境和风土人情，要充分利用在自然循环中可再生的材料建造出高质量、高性能、高舒适度、高度完美统一、高度和谐于生态环境的建筑。

由计划经济转向市场经济，我国民居建筑的投资机制、产权机制、交易机制都有根本改变，主旋律和大趋势始终是提升消费者的居住舒适程度与改善居住文化品位。宏观分析城市住宅变迁的主线，发现它大致经历了节约救急型、经济适用型、发展转变型、景观舒适型四代。第四代住宅产品正当其时，开发商着力完善住宅的物质生活层面，以求获得消费者的青睐。

第五代将是生态文明型住宅。减少对地球资源和负荷的影响，创造健康、舒适的居住环境，与自然环境相融合，是第五代住宅产品更新换代的目标。一些前卫设计师和精明的开发商已经把生态、文明特征作为个性化楼盘新“卖点”，把有关生态文明的“理念”作为差异化楼盘营销的主题。这就需要充分吸收传统建筑文化妥善处理物质文化层面和精神文化层面相互关系的设计意匠和营造手法的精华，集成现代绿色科技、建筑物理、精神家园营造技艺，满足现代家庭对身心和谐、社会和谐、生态和谐的追求，步入生态文明时代。

（二）生态城市

当我们的社会在技术方面变得越来越成熟时，它也变得越来越不符合生物学原理。“生态城市”强调了城市系统对自然世界提供的环境服务的依赖，按照“可持续发展”目标进行城市生态运行系统设计，建立良性循环，形成一种既可以满足当代世界人口需求，又不危及后代需求的发展模式。

运用有机类比方法，作为生物圈的一部分，我们需要一种城市设计与管理的生态学处理方案。沃尔曼提出了城市生态系统的概念和城市新陈代谢的概念，关注城市主要物质的流入与流出。“生态足迹”模型基于个人消费结构，将支持各种个体活动的需求聚合为单一的土地需求量。加拿大最早的生态足迹研究得出的结论是，以现有全球人口为准，我们将需要 3 个以上的“地球”才能支撑以富裕国家典型的消费水平为标准的当前数量的全球人口。通过人均占有较小的空间、谨慎地使用资源、仔细地处理残留物这些举措，城市具有使我们的居住地与生物圈之间形成和谐状态的可能性。

1994 年，欧洲超过 120 个城市与乡镇共同签署了《面向可持续发展的欧洲城镇宪章》，即《奥尔堡宪章》，认为人类必须重视现存都市生活模式所造成的环境问题。将生态城市定义为“一种不耗竭人类所依赖的生态系统，且不破坏生物地球化学循环，为人类居住者提供可接受的生活标准的城市”。

生态城市建设，鼓励人们设法减少破坏生态的行为，并建立与地球资源配置相协调的税收、市场结构和地方政府税费规制，鼓励循环利用废弃物，营造绿色人居环境生态系统。大多数的变化将发生于现有的人居环境，而非新发展区的新建城镇。因而，通过更新现有建筑、工厂与交通系统，改善人居环境的事业将得到推进。只要有可能，新建筑应该建造在已经城市化的土地，如工业废弃地，也就是所谓的褐土上。

2002 年，柏林第 21 届世界建筑师大会，主题为“资源建筑”，这是对城市建设可持续发展的新探索。我国是发展中国家，必须转变经济发展方式和人们的生活方式，大力发展循环经济，积极推行绿色消费，建设生态文明；从注重经济发展转变为关注经济社会的协调发展、城市人文精神、创造宜居环境、增强城市的活力，使城市特点突出，实现科学发展、可持续发展。这就涉及城市功能设计、城市形象塑造、城市品位养育、城市景观规划、城市营销策略、城市发展战略等重大问题。

早期追随现代主义美学的民居建筑，往往是一些缺少新鲜空气和自然光线的钢架玻璃盒子，它们的内部生态系统与周围环境脱离。建筑批评家已经把这样的建筑物称为天生霸道的建筑物，它使人们感觉没有地位、没有能力、微不足道和没有人性。方盒子现代建筑风靡世界之后，屋顶形体消失了。“建筑看顶山看脚”。屋顶反映建筑的性格特征，是城市天际轮廓线的重要组成部分，反映着城市特色。因此，无论是高层还是多层，第五立面的设计应该引起建筑师的注意。按照不同地域气候特点和民族习俗，合理规划、科学安排坡屋顶、太阳能板、标志性广告、树岛与绿茵的组合，是城市建设规划和形象营造的重要内容。

二、人文关怀和审美理念的时代演变

问题的严重性还在于今天生产力空前发展，科学技术水平不断在提高，建设量如此巨大，而建筑的规划决策、城市的整体规划与设计每每缺乏科学的论证。而土地一旦被占用，不合理的城市结构一旦摊开，就难以逆转，对未来将会造成极大的伤害。

痛骂之后，我们需要冷静地分析和研究怎样才能力挽狂澜。不是轻描淡写地追究谁的责任，而是深入地剖析毛病出在什么地方，深层次挖掘其根源，提出解决的途径和方向。中国的建筑艺术应该永远立足于本国、本民族的文化土壤和中国现代的多元生活之上，多元汲取，多元创造，多向量地满足生活对建筑提出的物质和精神要求。

（一）建筑理念的时代变化

西方在现代建筑盛行之后，便有适合更高口味的后现代建筑与多元化建筑思潮的出现。随着国力逐步强盛，随着国际地位的逐步提高，逐步富裕起来的国民有了多元化需求。如果国际式现代建筑不能适应新的更全面、更多样化的时代要求，现代建筑在中国也应当推陈出新。

历史证明，不与世界交流的建筑文化是没有希望的建筑文化，中外建筑文化交流是建筑文化发展的触媒。不理解对方文化而“胡作”、不尊重对方文化而“戏作”，是建筑文化交流中易犯的主要错误。作为城市规划建设的决策者、设计师，在中西建筑文化交流中，一要尊重世界，二要尊重自己，在引进的基础上加以创新，应当保持外来建筑最精彩的因素，又应当是这种因素的延伸，艺术地融会中国意趣。

我们在城市建设中继往开来、与时俱进，是以现代意识为准绳，使无比珍贵的优秀建筑传统重现光辉，以激发先天的潜力，创造出属于中华民族自己的“现代”。中国城市的现代化建设，必须摆脱两种有害的倾向：（1）无比眷恋汉唐强盛时期造成的民族历史优越意识，闭关锁国，故步自封，夜郎自大，盲目排外；（2）沉溺深陷百年屈辱史形成的民族现代自卑意识，食洋不化、自我矮化、崇洋媚外。我们说传统是一种历史惰性，它是一种无形的可怕而深沉的路径依赖。倘若仿古建筑铺天盖地潮水般地涌来，是一定会与现代生活的节奏、情趣以及实用性功利目的格格不入的。如果优秀的建筑传统有利于现代生活中新建筑美的创造，这种传统为何要一概抛弃呢？如果旧的建筑传统同新时代格格不入，又为什么要对它一往情深，依依不舍呢？

北京四合院的围城、闽南古厝的衰败、张公英村的无奈、贵州屯堡的寂寥、晋商大院的空旷、开平碉楼的人去楼空、客家土楼的萧条冷落，有人说是传统民居建筑文化的时代挽歌；那江南淳朴西塘、文气南浔、清雅乌镇、秀美同里、灵巧周庄、古老角直、新秀朱家角镇等古镇复兴；绍兴、苏州、丽江、大理那么令人留恋，不正是传统建筑文化强大生命力的佐证吗？这给我们的启示至少有三点：（1）不能适应生存需要的民族文化生态是衰亡的文化生态。（2）衰退的民族文化生态可以通过文化转型，创造出新的民族生态文化来获得新的生命力。（3）衰退了的民族文化生态，可以通过文字、音像的形式以历史的遗存保留下来，作为民族历史的一个部分来让后人了解。

从时空维度上看，当代全球化的文化背景有三个层面：在时间维度上，是前现代、现代、后现代的交错更替；在空间维度上，是不同民族和地域文化的交流、冲突与互动，是文化的一体化与多元化、国际化与本土化的对立统一；在内容维度上，是从物质文化到制度文化再到精神价值文化不断演进、深化的过程。

我们发掘中国传统建筑物质文化、制度文化、意识文化的民族根、地域魂，我们剖析建筑审美的时代演进，我们做建筑形式和语汇的时空比较研究，力图既要理性地传承博大精深的中国优秀建筑文化，又要勇敢地接受信息时代高科技成果带来的后发效应，站在巨人的肩膀上，踏在时代的列车上，进入全球化、现代化的历史洪流。民族性、地域性审美价值的把握，民族审美主体与生态环境审美的历时性与共时性的统一，在全球视野中丰富和完善中华民族审美文化的内涵和特色，点染宜居城市的神韵华章，浪漫情怀，勾勒山乡水廓的诗意栖居。

（二）人居环境的现代内涵

随着人本精神和可持续发展理念逐步深入人心，我国城市化的进程已经开始从量的激增和建筑景观创造的政绩冲动，进入质的追求和人居环境设计与改善的理性谋划。中国人居环境的建设原则是：正视生态环境，增强生态意识；人居环境建设与经济发展良性互动；发展科学技术，推动社会繁荣；关怀广大人民群众，重视社会整体利益；科学的追求与艺术的创造相结合。

国际人居环境专家认为，一个理想的人居环境要做到：（1）要以满足城市居民的生存、交流、发展等各方面的需要为尺度，最大程度体现以人为本的原则。（2）要以安全性为人居环境的突出要素，防洪、防震、防火、防交通事故、防突发事故等等，都是理想的人居环境不可缺少的。（3）要以文化为基石，构筑城市人居环境。（4）要以方便的公共服务来完善人居环境。改善城市人居环境，要从城市的总体规划着眼，在城市布局上将各种物质要素进行合理的空间分布和组合，作为建设和发展的依据，要从绿色空气系统、水资源系统、废弃物自理系统、清洁能源系统、道路交通系统、文化活动系统以及社区服务系统等方方面面着手，建设生态文明社区，尤其要更多地关注与人打交道的工作以及与生活密切相关的细节。

在 21 世纪中国城市环境建设中，热点正在逐渐地从解决单一的居住面积扩展转移到满足多重生存环境条件：洁净的空气、水源、绿化、户外活动场地，同时也是历史文化、文学艺术、富有精神文明的活动场地和外部环境。在走向可持续发展的 21 世纪，将技术（资源发展、环境保护、污染防治等）和艺术（大众行为、环境形象、精神文明等）融为一体，对于人类聚居环境进行保护、开发、改善及强化，其迫切性和紧迫感必将与日俱增，这正是现代景观建筑学理论实践的核心和发展趋势。

第三节　地域建筑文化的传承与创新

一、地域建筑文化的现代化尝试

世界建筑发展至今，已进入一个缤纷灿烂的多元化时代，现代技术文明赋予了建筑创作以广阔的天地。然而，与此同时，建筑界开始重新审视建筑的决定性因素——文化地域性的特殊内涵。中国现代建筑文化起步的时期，是中与西、新与旧、成功与失败、革新与保守交融的时期，充满传统与革新、碰撞与融合、理论的困惑与矛盾。我们珍视全球化背景下，中国地域建筑文化与城市设计理论现代化的研究与实践。

（一）全球化背景下的文化离散与地域建筑文化

建筑文化的地域性是指一个民族的历史、文化背景以及所属地区的地域特征等在建筑群体或个体、建筑空间方面的反映。而“地域性文化”由内核文化和外缘文化组成。内核文化具有强大的持续传递能力，当我们超越某个地区建筑的表象内容去追寻隐匿在其背后的渊源所在时，就会发现其本质的东西、精髓的东西是一脉相承的。

我国农耕文化经过五千年历史积淀，表现出巨大的独立性、纯正性和遗传性。以天人合一为内核的中华文化，始终以人与自然的和谐为本，在建筑上表现出对人的关怀，对情的理解和对心的倾诉。建筑服从于整体，追求的是局部与整体的完美统一。地域性文化，或靠内核的聚变裂变所产生巨大能量推动自身的更新进化，或靠外缘文化的碰撞、交融、渗透、转化。

对建筑界而言，顺应文化多元化发展大趋势，吸收、包容外来文化的精华，融汇于外缘，转化进内核，创造出更富有时代意义和生命力的新建筑文化。如何在继承中国文化内核的基础上，接纳外来文化的新技术文明、新文化理念转为外缘，并将其消化、吸收、革新创造，使之融化为中国文化内核的组成部分，城市规划建设的决策者、政府有关部门和设计师必须为此做出不懈努力。

经典建筑终究以其完美的形象、合理的功能显示它的魅力，获得人们的嘉誉，永存人间。它涉及一系列的哲学思想、文化内涵、环境意识、基础理论、总体观念、技术成就、实践体验等等。把握这些，方能使建筑创作具有深刻的意境、时代的心声、文化的品位、文脉的承传、技术的含量、形象的新颖，使之成为完美的佳作。具有广博的知识、时代的信息、系统的理论、深刻的哲理，方能有所突破。

吴良镛先生说，重要的是中国哲语概括的“一法得道，变法万千”：设计的基本哲理（“道”）是共通的，形式的变化（“法”）是无穷的。中国建筑文化现代化，一方面要追根溯源，寻其基本；另一方面要广采博收，随机应变，在新的条件下创造性地加以发展。宜从关系建筑发展的若干基本问题，例如聚居、地区、文化、科技、经济、艺术、政策法规、业务、教育、方法论等，分别探讨，再融为一体；以此为出发点，运用系统思想，整合现代理论，探索广义建筑学向广度与深度发展。宜将“时间、空间、人间”融为一体，有意识地探索现代建筑的科学时空观，包括建筑的人文时空观、地理时空观、技术经济时空观、文化时空观、艺术时空观，发挥建筑在发展经济中的作用，建设好地域性建筑，发扬文化自尊，丰富文化内涵，创造美好宜人的生活环境。

我们需要立足于我国传统文化的认同和回归，立足于传统建筑文化类型的比较分析，力图从组合成各类建筑形式的语汇和符号中，把握全球化、现代化语境下的民族根、地域魂，为城市规划建设的决策者和设计师提供一份总结历史遗产、启迪灵感，迈向新世纪新建筑的思维导图。

（二）国内外建筑学关注的新领域

在对建筑历史的研究中，最初的学者多注意单体建筑风格方面的研究。斯其摩苏开始以韵律与空间来解释建筑。穆德休斯把建筑的功能、理性与实用方面作为研究的重点。沃尔林戈是从人们的心理现象来解释建筑，强调人的主观感觉与建筑外在的形式的统一，对建筑审美中的“移情作用”做了分析。马勒认为，基督教教义为哥特建筑找到了一种理想的、自然的以及完美的表述。莱萨比强调，作为实用艺术的建筑，主要还是以适合于人的需求而发展的，与外部世界的结构构成的思想发展密不可分，开始研究建筑中隐含的象征意义。

西方建筑史学家把关注的对象，从建筑本身，移向建筑所产生的社会，移向由不同建筑所依托的不同的文化背景与不同的生活方式对建筑产生的影响。从古典建筑对艺术与情感的注重，到现代建筑对科学和理性的张扬，再到后现代建筑对多元化的强调和对传统的回归，西方现代建筑在走一条“之”字形的发展道路。每一次的否定和扬弃，都标志着一种全新的建筑审美观的开始。伴随着审美观念的转型，西方建筑在不断否定的发展道路上，引导着人们的审美意识发展到新的未知领域。

张法先生认为，中国文化从鸦片战争开始，就一直受到三种文化势力的影响：（1）有着几千年历史的传统文化；（2）同样有着几千年历史并率先进入现代化的西方文化；（3）融合马克思、列宁、斯大林思想的前苏联文化。中国建筑文化的现代转型也同样面临着这三种文化的影响。20 世纪 30 年代末，中西建筑文化开始了实质性的融合，促成了中国新建筑体系的产生，使“中国建筑由以传统木构架体系为主体的旧建筑体系直接转化为具备近代建筑类型、近代建筑功能、近代建筑技术、近代建筑形式的新建筑体系”。

对于中国建筑的传统，侯幼彬先生在其《建筑美学》中曾划分为“硬传统”和“软传统”两种形式。他认为硬传统是外在的、实体的，如西方古典建筑的柱式，中国古代建筑的斗拱等等。软传统是内在的、抽象的，但又是实实在在地存在着的。真正的民族传统，绝不仅仅是指通过建筑物质载体所体现出来的具体形态特征，更多的是指它的文化内涵，即隐藏在建筑形式背后的价值观念、思维方式、哲学意识、文化心态、审美情趣等等。只有从深层次来理解民族传统，才能抓住民族传统的真正内核，继承传统也并不是给现代建筑披上传统建筑形式的外衣，而是要继承传统建筑中所包含的审美意识、设计观念、哲学蕴涵等。但在传统的继承中，人们往往把注意力侧重在对硬传统的沿袭上，而忽视了软传统。那种曾反复出现的搬用大屋顶、贴琉璃瓦檐口、追求建筑形式上的绝对对称的做法，实际上就忽视了建筑的软传统。

在当今的信息时代，要继承与发展中国传统建筑文化，就必须大胆创新，赋予建筑新的形式。用现代技术体现出中国文化的审美内涵。正如吴良镛教授提出的“抽象继承”命题，把传统建筑的设计原则和基本理论的精华部分（设计哲学、审美观念等）加以发展，运用到现实创作中来，而对传统建筑形象中最有特色的部分，则可提取出来，经过抽象，集中提高，作为母题，赋以新意，以启发当前设计创作形式美的创造。只有这样，中国传统的建筑文化才能从一种地域文化转换、生成为具有世界性意义的建筑文化。

布罗德彭特主要研究建筑设计方法，提出建筑含义有四种深层结构：（1）建筑是人类活动的容器。（2）建筑是特定气候的调节器。（3）建筑是文化的象征。（4）建筑是资源的消费者。他提出四种设计转换途径：（1）实用型设计，对使用材料进行反复试验，直到出现一种符合设计者目的的形式。（2）类型设计，按照群众心目中共有的固定形象。（3）类比设计，通过视觉类比引出方案。（4）几何型设计，根据设计网格、轴线以及抽象比例体系进行设计。

时代发生了巨大的变化，人们的审美情趣和风尚也发生了巨大的变化，艺术家、建筑师力图寻找震撼人心的时代符号和语汇，开发商极力搜寻吸引客户眼球、刺激买家神经的广告创意，编故事、讲卖点已不仅是证券商的拿手戏，大家都在想：人间的上帝到底需要什么？

说到建筑如何体现“永恒感”“超越时代”“象征”和“想象力”这些精神层面上的东西，也许很玄妙，不好把握，特别是伴随着人与自然分裂的逐步加深而导致的生态的恶化，伴随着自我感悟，自然人和社会人分裂的逐步加深而导致焦虑，人们精神需求的日益增长。而现实世界越发难以满足而导致的空虚，人们努力寻找“归宿”，探寻本源，哲学式地思考着终极关怀。神灵崇拜与宗教信仰也就应运而生，滋长蔓延。于是，传统建筑逐步受到各种宗教文化的熏染，显得更是玄上加玄。然而，换一个角度来思考，从研究传统建筑如何体现身心和谐的精神美入手，分析传统建筑文化用哪些语汇和符号来表达信仰追求，也许就能把握怎样表现永恒以及超越时代的想象力。

二、建筑文化地域性的传承与创造

在中国现代建筑文化中，地域性建筑文化最具中国精神，最具创造性和现代性。地域性建筑是指以特定地方的特定自然因素为主，辅以特定人文因素为特色的建筑作品。地域性建筑适应当地的地形、地貌和气候等自然条件，运用地方性材料、能源和建造技术，吸收包括当地建筑形式在内的建筑文化成就，具有文化特异性和明显的经济性。我国的地域性建筑在不同的历史背景里，发挥这些特异性，不断赋予新的内涵。我国西部地区多样的地形地貌，多变的气候条件，多元的民族生活，多彩的传统民居，为现今的建筑创作提供了丰富的地域性建筑语汇和创作手法。改革开放以来，四川九寨沟宾馆、九寨天堂、景洪傣族竹楼式宾馆、兰州和延安新窑洞居住小区等地域性建筑的成功实例说明，从民居中寻求创作灵感，始终是中国建筑创作中最有希望也是最有成就的方向。

江南民居建筑粉墙黛瓦，清丽而朴实，与小桥流水相映成趣。江南地域风格建筑的探索，就从这粉墙黛瓦、马头墙、漏窗和园林等要素开始，逐步发展到把握总体环境以及注入现代气息，依然保持清雅的格调和文人意趣。改革开放以来，改造建设的杭州楼外楼饭店、上海西郊宾馆等作品集成南方民居建筑形式和园林手法，运用现代材料及技术，尽显经典建筑现代神韵。

福建地域性建筑特色，源于独特传统民居形式、建筑工艺和浓郁的侨乡文化。改革开放以来，福建武夷山庄、武夷山九曲宾馆等建筑吸收闽北传统村居空间形式布局的神韵，传承地方建筑文脉和结构，造型风格与自然环境融为一体，在建筑的形象处理和细部设计方面，反映出更强的现代精神。

新疆地区的民族形式建筑，主要是运用尖拱和伊斯兰风格的装饰。新疆现代建筑的民族性、地域性的探索，体现在20世纪90年代设计建设的吐鲁番宾馆新楼，建筑形式已经摆脱尖拱形式，建筑平面采用集中式布局，门厅吸取了民居的“阿以旺”天窗采光，敦实的台阶式体量处理暗喻向上的山势和生土建筑的体块，有几分温馨的古堡气息；拱窗、半月窗、滴水等细部朴实的处理，具有一定的现代感而又富于地方自然特色。

对地域性建筑的探索，中国建筑师积极引入、实践西方建筑理论和设计思路，逐步形成中国地域性建筑的一些基本特点，包括：地域性建筑融于周边环境的意识；集约节约、循环高效利用建筑材料的建筑创作思路；充分发掘地方的绿色建筑技术；鲜明生动地注入现代建筑技术和艺术；开拓城市公共建筑地域文脉的新领地；不失时机地展现现代艺术观念等等。如上海的龙柏饭店、广东的南越王墓博物馆、四川广元三星堆博物馆，有对局部地域性的深刻理解，同时关注当地的文化环境和建筑遗存的保护。一些地域性建筑规模不大、采用有机抽象、抽象表现主义等手法，比在建筑中引用现代雕塑等做法有本质的飞跃。

总结现代建筑如何传承地域性建筑文化，主要是：（1）城市中具备特殊自然环境的局部区域，建筑创作运用地域性建筑的一些创作原则。（2）一些有特殊使用要求的建筑组群，如主要领导人下榻的宾馆会馆、大学城和科技园等等，建筑的外观并不追求豪华壮丽，可以采用当地建筑材料和建筑形式，彰显地域的建筑文脉。（3）旧城危房改造工程中，传承城市机理和地域文脉，发挥设计创意，巧用自然条件和地方特色建筑，使用地方材料包括拆除旧建筑的旧材料，在花钱不多的前提下，完成有品位的作品。（4）在历史文化街区、名人故居和纪念性传统建筑相对集中的地区，优化交通组织、绿地营造、建筑密度和体量，处理好新老区之间过渡地带的建筑环境和建筑文脉的衔接。

本章小结

建筑现代化的大趋势是适应性强，灵活性大；关心人的多元需求，注意构筑优美的环境；采用新材料、新技术；有鲜明的个性。现代城市、景观园林、建筑设计考虑的环境不仅包括地形、气候等自然环境，还包括人流、车流、信息流、意识流等人文社会环境。建筑文化是以建筑为基本原型而发展起来的人文理论。在当今生态危机的背景下，中国传统设计思想能为现代建筑设计在我国民族文化的深厚土壤中找到新的契合点。世界建筑发展至今，已进入一个缤纷灿烂的多元化时代，现代技术文明赋予了建筑创作以广阔的天地。此时，建筑界更加要重视建筑的文化地域性，实现地域建筑文化的传承与创新。

第八章　现代建筑人文内涵的营造与实践

第一节　营造建筑人文内涵的基本原则

一、“生态性”原则

所谓“生态性”原则，就是指建构现代建筑人文内涵要以现代生态科学为前提，所提出的人文理念必须体现尊重自然、尊重生态规律和维护我国及全球生态系统动态平衡的客观要求。

“生态”是指生物在自然界的生存状态。“生态学”一词由希腊文“oikos”衍生而来，意思是“住所”或“生活所在地”。1869 年，德国生物学家 E. 海克尔最早对生态学下了定义：生态学是研究生物有机体与周围环境（包括生物环境和非生物环境）相互关系的科学。简言之，生态学是研究生物及其环境关系的科学。生态学大体经历了经典生态学（18 世纪初—20 世纪 40 年代）、试验生态学（20 世纪 50—80 年代）和现代生态学（20 世纪 80 年代至今）三个发展阶段。

现代生态学已经形成了自己独有的理论体系和方法论，日益发展为一种以天——地——生为支点，以自然科学与人文社会科学相融合为重要特征的综合性科学体系。它对全球变化、可持续发展、生物多样性、生态系统健康与管理等方面的研究成果正在成为人类正确认识自然和处理人与自然关系的科学依据；它所提出的一些重要理念和所揭示的生态规律为绿色建筑实践提供了重要的科学前提。特别是一些应用生态学，如污染生态学、景观生态学和城市生态学等，可以直接成为绿色建筑和生态城市建设的科学基础。

“生态性”原则至少包括以下内容。

（1）体现现代生态学的一些重要理念。现代生态学提出了许多对绿色建筑具有指导性的理念，如“适应”理念、“共生”理念、“协同进化”理念、“生态阈值”理念、“生态系统平衡”理念、“生态系统健康”理念、“生态系统生产力”理念、“生态系统服务功能”理念、“生物多样性”理念、“可持续发展”理念、“社会—经济—自然复合生态系统”理念等。在绿色建筑实践和营造建筑人文内涵的过程中我们都应当以这些理念为重要的理论基础。

（2）遵循生态学的基本原理和法则。生态学不仅揭示了生物个体、种群、群落、生态系统等不同层次、范围的生态规律，而且提出了不少应用生态学的原理和规律。因此，在营造现代建筑人文内涵时我们应从建筑的实践需要出发，注重对应用生态原理和规律的把握。

1971 年，美国著名生态学家巴里·康芒纳在《封闭的循环——自然、人和技术》一书中提出了生态学的四个法则：（1）每一种事物都与别的事物相关；（2）一切事物都必然要有其去向；（3）从自然界懂得的是最好的；（4）没有免费的午餐。1982 年，Walker 在《应用生态学分析》中曾列举了应用生态学的 32 条原理，我国生态学研究员戈峰等人强调其中的七个主要原理：生态系统结构和谐原理、生态系统的能流功能原理、物质循环原理、群落的演替和生态系统发展理论、食物链原理、种群增长原理和限制因子定律。

上述这些生态学理念、法则和原理，虽然表述各异，但它们从不同的角度反映了自然生态系统和社会生态系统发展的客观规律，对于绿色建筑实践和人文内涵的营造具有重要的指导意义。

首先，“和谐共生”“协同进化”是我们从生态学得到的最重要的启示之一。生态学揭示了物种之间相互作用存在的两种类型：一种是正相互作用，即“和谐共生”类型；另一种是负相互作用，即竞争、捕食、寄生等类型，而竞争的客观结果则是“协同进化”，甚至一些精明的捕食者，能够形成自我约束能力，对猎物不造成过捕。我们人类自称为“万物之灵”，更应当改变我们对自然的态度，由以往的对立、征服、统治的态度转化为追求与其他物种和自然生态系统“和谐共生”“协同进化”的态度。“和谐共生”应该成为绿色建筑追求的价值理想。

其次，我们要牢记“从自然界懂得的是最好的”。一方面，在建筑设计中应当效法自然，从自然界获得艺术灵感；另一方面，必须认识到，任何一种非自然产生的人造物，都有可能是有害的。我们的建筑活动不仅要考虑经济上是否合理、技术上是否可行，而且要考虑生态上是否有益。

再次，生态平衡是生态系统长期进化最重要的规律，也是人类和其他生物存在与发展的基础。将人类的建筑活动限制在“生态阈值”之内，维护生态动态平衡，应当成为绿色建筑的行为准则和根本的社会责任与环境责任。

二、“科学性”原则

现代建筑人文内涵的营造不仅要以现代生态学为前提，而且必须弘扬科学精神，遵循建筑科学理论，即坚持“科学性”原则。

科学精神是人们在科学活动中形成的，反映科学发展内在要求，体现于科学知识、科学思想、科学方法中的一种观念、意识和态度，是源于对具体的科学活动过程的提炼和升华，在本质上它表现为约束科学家及其活动的价值和规范的综合。尽管人们对科学精神的内涵有各种看法，但科学精神的实质就是实事求是的理性精神、不畏艰险大无畏的探索精神、不盲从任何权威、不相信任何迷信的怀疑精神和批判精神以及团队协作精神、民主讨论精神等。归根到底就是“求真”“创新”精神。有学者认为，科学精神是科学发生之源，是科学的灵魂和科学活动的理想原则，是科学知识的客观性、科学思想的合理性以及科学方法的有效性的根本保障，是推动科技进步乃至社会发展的“第一动力”。我们营造建筑的人文内涵必须弘扬科学精神。坚持“科学性”原则的具体要求有如下几点。

（1）我们在绿色建筑实践和人文理念建构过程中，坚信建筑科学发展的进步性和日臻完善性。把绿色建筑和生态城市建设建立在现代建筑科学技术的基石之上。

（2）要坚持实事求是的科学精神。一方面，要客观地评价世界建筑发展的历史，肯定和继承古今中外建筑的一切优秀成果；反思现代建筑在处理人、建筑与自然关系问题上的失误和教训。另一方面，从我国的国情出发，从我国目前建筑业的实际出发。目前，我国建筑安全问题、健康问题、房价过高问题，城乡贫困群众住房困难问题都相当突出；这些问题应当在我们推进绿色建筑的过程中得到有效解决。因此，在营造建筑人文内涵的过程中，应当反映安全、健康、经济、适用、“以人为本”“住有所居”等客观要求，增强绿色建筑人文理念的针对性和实效性。

（3）坚持创新精神。创新是科学的主要特征，是科技进步的根本途径。创新精神就是锐意进取、敢于冒险、敢于标新立异、勇于探索、宽容失败的精神。对于建筑来说，也必须树立创新意识，努力提高自主创新能力。一方面，要大力创新建筑中的绿色技术，这是推动绿色建筑发展的根本动力；另一方面，在吸收外国建筑中绿色理念的同时，应当有民族自信心，敢于尝试，敢于创新，打造有中国文化特色的绿色建筑的人文内涵。

三、“民族性”原则

“民族性”，就是要求所提出的建筑人文内涵既要反映世界建筑的基本理念，又要具有“我们民族的特点”。从内容上看，它既要吸收从 20 世纪 60–70 年代以来外国建筑实践所提出的一切先进的人文理念，但不能照搬照抄；又要注重挖掘我国古代建筑朴素的绿色观念，如因地制宜、建筑节俭、崇尚自然、人杰地灵等思想观念，更要总结我国当代节能建筑、绿色建筑的新鲜经验，要把我们的建筑人文内涵建立在民族传统文化的优秀成果的根基之上。从形式上看，要有“自己的民族形式”，即用中华民族的思维方式和语言表达，这样才符合我国国情的绿色建筑人文理念。

坚持“民族性原则”的主要要求是：无论是中国古代建筑朴素的绿色思想观念，还是现代西方建筑的绿色理念，都与环境文化密切相关，或者说它们都是在环境文化的基础上提出来的。因此，从文化源头上讲，我们要坚持“民族性”原则，至少要做好三件事：其一，以马克思主义的辩证自然观为指导；其二，借鉴、吸收西方现代环境文化的先进思想；其三，总结、继承中国古代环境文化中的优秀传统。

目前，我国学术界对马克思主义环境哲学和西方现代环境文化都有深入的研究，但对中国环境文化的研究较少，因此，我们尤其要在这方面下功夫。中国古代不仅形成了环境哲学思想、环境伦理思想、资源持续利用的法学思想和自然美学思想，而且涌现了许多感人的事迹，如商汤“网开三面”的事迹传颂千古；汉代黄征君“乐鱼之乐”、“忧鱼之忧”关爱生命的情操；唐代杜甫“筑场怜穴蚁，拾穗许村童”；宋代苏东坡“爱鼠常留饭，怜蛾不点灯”的诗句和周敦颐“窗前草不除”的“仁及草木”的事迹都感人至深。更值得注意的是，中国古人提出了“成己成物”的命题。用今天的话说，就是要求人们的一切行为要人我兼顾，天人兼顾，既成就人，又成就其他生命存在物。这个思想非常适合建筑的绿色实践需要。绿色建筑既要以人为本，满足人生存和发展的需要，又要关怀大自然，不能以牺牲环境和浪费资源为代价。我们应当将建筑的人文内涵建立在中国环境文化的基础之上，才有可能创造出有中华民族气魄和风格的现代绿色建筑人文内涵。

四、“大众化”原则

建构绿色建筑人文理念应该坚持大众化的原则。对于现代建筑来说，坚持“大众化”原则，就是要使我们凝练的建筑人文内涵，在内容上反映人民群众的根本要求，反映人民群众在住房问题上的社会公平和正义的呼声；在形式上，要用人民群众喜闻乐见的形式、生动活泼的语言来阐述建筑深邃的人文理念，使建筑人文内涵雅俗共赏，易于传播，便于记忆。

具体来说，一方面，我们应当反对建筑“贵族化”，提倡建筑“平民化”“大众化”，这是关系到建筑发展成果是否能为全体人民共享的大问题，关系到建筑是否坚持“以人为本”，即以大多数人民的居住需要为本的问题，也关系到联合国“居者有其屋”的人居目标能否实现的问题。目前，我国既存在少数富人住房消费过度的问题，又存在许多城乡低收入群众买不起房和无房可住的问题；商品房在2006–2007年轮番涨价之后，一直在高位运行，即使在全球金融危机的影响下的2009年下半年，许多城市的房价仍然增长过快，如深圳某楼盘2009年12月份的开盘均价是每平方米38 000元，一套175平方米、楼层较高的房子，要价超过了700万元。这种状况不改变，发展绿色建筑对多数人是没有意义的。我们必须坚持“以人为本”“适度消费”“经济适用”“住有所居”等理念。国际建筑师协会第20次代表大会通过的《北京宪章》号召：“建筑师作为社会工作者，要扩大职业责任的视野，理解社会，忠实于人民，积极参与社会变革，努力使‘住者有其屋’，包括向如贫穷者，无家可归者提供住房。”有志发展绿色建筑的建筑师更应当承担起这个庄严的社会责任。另一方面，要面向人民群众，用通俗易懂的语言阐释绿色建筑理念。老百姓的语言生动形象，如群众用“楼歪歪”“楼垮垮”来形容建筑质量问题，用“房奴”来形容住房异化形象，这些语言反映了群众的感受和心声。因此，要用人民群众喜闻乐见的形式和生动活泼的语言来阐述现代建筑深邃的人文内涵。

第二节　绿色建筑人文内涵的营造理念

绿色建筑是对全球性环境危机反思的结果，是实现人类和地球生态系统可持续发展的重大举措。因此，重新审视人、建筑和自然的关系，改变人对自然的态度，建立科学的自然观和价值观是营造建筑人文内涵的逻辑前提。

一、安全健康，经济适用

从古罗马建筑师维特鲁威到19世纪初，西方建筑师提出了：“适用”“坚固”“稳定”“美观”“愉悦”“经济”“健康”等建筑理念。中国在20世纪50年代提出“经济、适用、在可能条件下注意美观”的基本方针；在这两千多年的探索中，有一组概念是最基本的理念，即“坚固”“安全”“经济”“适用”“健康”；借鉴这些研究成果，并针对目前中国建筑行业存在的突出问题，我们认为“安全健康、经济适用”是对一般建筑的基本要求或基本底线。

（一）“安全”“健康”是对绿色建筑质量最重要的要求之一

“安全”“健康”不是什么新概念，但却是我们不得不勇于面对的严重的现实问题。20 世纪 80 ~ 90 年代以来，中国建筑安全、健康问题比较突出。在建筑室内装修方面，因使用了劣质材料，造成有害成分、有害气体严重超标，致使住户患病的问题也时有发生。鉴于这些现实问题，我们在推进绿色建筑的过程中，应当高度重视建筑安全、健康这条底线。

1. 质量为本，“安全第一”应当是绿色建筑最基本的理念

质量是指产品或工作的优劣程度。安全，是指主体没有危险、不受威胁、不出事故的客观状态。建筑安全，至少包括两个方面的内容：一是建筑工程的质量、安全性能，即建筑工程勘查、设计、施工活动是否符合国家建筑工程质量、安全标准；二是环境安全，即建筑物的室内安全及对周边生态环境是否有负面影响。

（1）绿色建筑工程安全。

建筑工程质量、安全性能不达标，直接威胁着人民生命和财产的安全。古罗马建筑师维特鲁威把“坚固”作为建筑的第一原则。“坚固”即是建筑质量问题，也是建筑安全问题。质量为本、安全第一是中国建筑工程的首要原则。《中华人民共和国建筑法》明确规定：“建筑工程勘察、设计、施工的质量必须符合国家有关建筑工程安全标准的要求。”中国《建设工程质量管理条例》《建设工程勘察设计管理条例》《建筑工程安全生产管理条例》等法规对建设单位、勘察单位、设计单位、施工单位、工程监理单位确保建筑工程质量和安全的法律责任和义务做出了详细的规定。严格执行这些法律、法规是绿色建筑质量与安全的根本保证。

要确保绿色建筑质量和安全，应当做到以下几点：

第一，绿色建筑工程勘察、设计单位必须对其勘察、设计的质量、安全负责。勘察单位提供的地质、测量、水文等勘察成果必须真实、准确。设计单位应当根据勘察成果文件进行设计，要遵循《绿色建筑技术导则》的规定：“场地环境应安全可靠，远离污染源，并对自然灾害有充分的抵御能力。”在原生灾害，如地震、火灾、风灾、洪水、地质破坏频发的地方，要提高建筑物设防的等级；使自然灾害的损失风险降低到最低程度，最大可能地保证人民的生命安全。设计选用的建筑材料、建筑构件和设备的质量要求必须符合国家规定的标准。建筑的布局也要科学合理。建筑物是人类从事生产、生活活动的主要场所与空间，它的布局不仅影响到周围环境和人们的生活，而且对建筑物自身及相邻建筑物的使用功能和安全都将产生较大影

响，因此，建筑物的总平面布置应服从城市的总体规划和城市消防规划要求，根据建筑物的面积、长度、高度、使用性质以及耐火等级等，合理确定其位置、防火间距、消防车道和消防水源等。特别是对于重要的高层公共建筑、厂房、仓库和人员密集或火灾危险性大的建筑物，更应认真进行调查研究，经过综合分析，科学、合理、安全地进行平面布局。

第二，绿色建筑工程施工单位，必须坚持“安全第一、预防为主”的方针和质量为本的理念，规范操作、安全生产。建筑施工是指工程建设实施阶段的生产活动，也可以说是把设计图纸上的各种线条，在指定的地点变成实物的过程。它包括基础工程、主体结构、屋面工程和装饰工程施工四个方面。目前，建筑事故频频发生的原因固然有管理、设计、监理方面的问题，但野蛮施工、偷工减料、粗制滥造、人员素质差、纪律松散、压缩工期、监督失当等不良建筑行为是造成质量隐患、工伤事故及环境污染问题的主要原因。因此，为了确保绿色建筑质量、减少伤亡和保护环境，一方面，施工单位必须按照建筑工程设计要求和施工技术标准施工；对建筑材料、建筑构件和设备进行检验，不合格的不得使用；确保建筑物在合理使用寿命内，地基基础工程、主体结构的质量；建筑工程竣工时，屋面、墙面不得留有渗漏、开裂等质量缺陷。另一方面，应当在施工现场采取维护安全、防范危险、预防火灾等措施。

第三，绿色建筑工程监理单位必须严格履行监理职责。监理是有关技术人员对建筑施工过程中的材料控制、技术规定、施工程序、施工质量，进行科学检验，严格执行设计规范，确保建筑在设计、管理和施工过程中的万无一失，是保证建筑安全的最后一道防线。但是目前中国建筑工程监理行业中存在着竞相压价的恶性竞争行为和资质挂靠的责权不明非法现象，由此导致监理单位虽然承担了在建项目投资、进度、质量控制、合同管理、组织协调等服务活动，但业主很难放弃对项目施工队伍的选择、物资采购、进度款的拨付、工期进度的要求等一系列管理权限，不仅造成资金重复使用的浪费，也使建筑质量难以保证。因此，健全监理机制、责任分工明确，在建筑业迅猛发展的今天显得尤为重要。

第四，切实加强绿色建筑工程建设过程中的安全质量管理是确保绿色建筑质量、安全品质的关键。根据国家发展改革委员会在 2009 年 12 月发出的文件——《关于加强重大工程安全质量保障措施的通知》的精神，应当做到：① 建设单位要全面负起管理职责。建设单位是项目实施管理总牵头单位，要根据事前确定的设计、施工方案，组织设计、施工、监理等单位加强安全质量管理，确保工程安全质量。② 加强设计服务，降低工程风险。设计单位要加强项目实施过程中的驻场设计服务，了解现场施工情况，对施工单位发现的设计错误、遗漏或对设计文件的疑问，要及时予以解决，同时对施工安全提出具体要求和措施。要根据项目进展情况，不断优化设计方案，降低工程风险。③ 加强施工管理，切实保障工程安全质量。施工单位要按照设计图纸和技术标准进行施工，严格执行有关安全质量的要求，认真落实设计方案中提出的安全质量防护措施，对列入建设工程概算的安全生产费用，不得挪作他用；要加强对施工风险点的监测管理。④ 加强工程监理，减少安全质量隐患。监理单位应认真审查施工单位的安全技术措施，确保专项施工方案符合工程建设强制性标准。要发挥现场监理作用，确保施工的关键部位、关键环节、关键工序监理到位。⑤ 建立施工实时监测和工程远程监控制度。建设单位应委托独立的第三方监测单位，对工程进展和周边地质变形情况等进行监测、分析，并及时采取防范措施。⑥ 强化竣工验收质量管理。要严格按照国家有关规定和技术标准开展竣工验收工作，将工程质量作为工程竣工验收的重要内容。工程质量达到规定要求的，方可通过竣工验收；工程质量未达到要求的，要及时采取补救措施，直至符合工程相关质量验收标准后，方可交付使用。

（2）绿色建筑环境安全。

绿色建筑环境安全包括两个方面：一是室内环境安全；二是周边生态环境安全。具体来说：

第一，必须重视绿色建筑物室内外数理指标是否合乎要求。从室内环境在物理、化学、生物等数理指标方面讲，室内空气质量应符合人类安全起居的需要。在物理性上，要注意室内微小气候、噪声、光污染、总悬浮颗粒物是否影响人们的生活；在化学性上，装修材料释放出来的甲醛、三苯（苯、甲苯、二甲苯）、氨、挥发性有机污染物（vocs）、放射性氡、一氧化碳、二氧化碳、氮氧化物、臭氧、二氧化硫、二异氰酸甲苯酯、酚类物质、环氧树脂、重金属离子铅、石棉等有害元素是否超标；在生物性上，“霉菌”、尘螨污染是否得以尽快消除。以上数理指标如果控制得不好，这些潜伏在我们身边的“定时炸弹”将会对人类的生命安全构成威胁。绿色装修，是减少装修污染和维护室内环境安全的关键。据世界卫生组织公布：全世界每年有 10 万人因为室内空气污染而死于哮喘，而其中 35% 为儿童。我国的流行病学统计，白血病自然发病率每年约新增 4 万名患者，其中 50% 是儿童，而且以 2 ~ 7 岁的儿童居多，这与家庭装修导致室内环境污染有直接的关系。

第二，必须重视建筑活动对周边生态环境的影响。建筑从设计规划到拆除重建的全生命周期对环境影响极大。传统的建筑业是大量耗费资源、污染环境、破坏生态系统平衡的关键行业之一。在建筑的全寿命周期内，最大限度地保护环境和减少污染、与自然和谐共生，是绿色建筑的本质要求。根据《绿色建筑技术导则》《绿色建筑评价标准》和《绿色施工导则》的有关要求，绿色建筑确保周边生态环境安全的具体要求可以归纳为三点：① 保护自然环境和人文景观。尽量保留和合理利用现有适宜的地形、地貌、植被和自然水系；建筑风格与规模和周围环境保持协调，保持历史文化与景观的连续性。② 尽可能减少对自然环境的负面影响。一方面，避免建筑行为造成水土流失或其他灾害；另一方面，降低环境负荷，减少建筑产生的废水、废气、废物的排放；减少建筑外立面和室外照明引起的光污染；选用可降解、对环境污染少的建材；减少对生态环境的破坏。③ 加强环境管理，建立 ISO14000 环境管理体系；编制绿色施工方案，制定环境保护措施、节材措施、节水措施、节能措施、节地与施工用地保护措施，最大限度地节约资源，改善环境质量。

2. 健康建筑的基本内涵

建筑安全与健康是一个问题的两个方面，建筑安全性能是否优良，直接关系着人们的身心健康。按照世界卫生组织的定义，“健康”应具备四个层次，即人的躯体器官无病，精神智力正常，有良好的人际交往和社会适应能力，道德观念和行为合乎社会规范。以此来看建筑，健康建筑应以人为本，满足居住者在生理、心理、社会适应和道德规范等多层次上的合理需求。为落实这一目标，2009 年，国家住宅与居住环境工程技术研究中心制定出了一部行业标准——《健康住宅建设技术要点》，从居住环境的健康性和社会环境的健康性两方面对健康住宅做了要求。

（1）从居住环境的健康性看。

《健康住宅建设技术要点》规定：住区环境、住宅空间、空气环境、热环境、声环境、光环境、水环境、绿化系统、环境卫生等自然环境的九大指标应能做到适用性、安全性，这是健康建筑的第一个层次。适用，就是上述指标要适宜人类的使用，如住区环境的建设用地，要通过物质空间的人性化设计，以满足居民的感觉舒适度和增强居民间的凝聚力。住区交通，应做到人车分流、方便出行、动静相宜，不能因车辆的无序停放、流动而影响住区居民的生活休息。视觉环境由表及里，由动到静，公共空间和私有空间要做到建筑群体组合得当，空间的封闭开敞要合理，比例尺度要协调，序列层次要适度。住宅空间的套型设计、私密性、交往空间、灵活性和日常安全应体现以人为本；安全就是室内外的生态环境，如声环境（包括住区噪声、室内噪声、隔声）、光环境（日照、采光、照明、光污染）、热环境（气温、空气湿度、风速与风向、降水、日照与太阳辐射、蒸发）、水环境（上水的合理利用、中水的重复使用、下水的排污处理）、绿化环境（立体绿化、降噪降尘、美化环境）和环境卫生（城市街巷、道路、公共场所、水域等区域的环境整洁，城市垃圾、粪便等生活废弃物的收集、清除、运输、中转、处理、处置、综合利用）等应能促进人的健康发展。

为实现“健康”的第一层次需求，应坚持以下原则：

① 保护性原则。住区的诸环境在景观和视听感觉上，应保持宁静、清洁、美观、协调，即住区的环境既具有个性特征，又具备文化性和传统性。

② 整体性原则。如住区诸环境的规模、内容、功能、结构、布局以及住宅建筑的密度、高度、造型、色彩、材质与风格等都应纳入整体环境关系中去思考。

③ 多样性原则。通过人类居住基本功能单元的生态重叠，在狭小的空间内创造出多样性的住区空间环境来。

④ 方便性原则。住区环境的内外交通、公共设施配套与服务方式能满足人们的需要。

住区环境只有从满足住区居民的生理需求、安全需求、休闲需求、社交需求和审美需求出发，才能算是一个健康的建筑。这种住区环境作为城乡环境的重要组成部分，将直接或间接地影响城乡环境的健康发展，关系着社会环境的文明、进步，关系着生态环境的可持续发展。

（2）从社会环境的健康看。

《健康住宅建设技术要点》同样从住区社会功能、住区心理环境、健身体系、保健体系、公共卫生体系、文化养育体系、社会保险服务、健康行动、健康物业管理等人文环境的九大指标做了要求，以舒适性和健康性作为健康建筑的第二个层次。舒适，是在适当强调以物质建设满足生理需要的基础上，以精神关怀关注心理安慰。如住区建设和管理应当注重社会风尚、邻里关系、安全防范等方面，既要为住户提供物质上的服务，又要提供精神上的互助，情感上和思想上的交流，以及休闲娱乐等环境。随着城市居住密度的提高，住区环境、社区交往、服务设施、公共交通等正成为当下迫切需要面对的问题。绿色住区应当有完善的健身体系、保健体系和健康的物业管理体系以满足居民多层次的健康需求。

（3）实现健康建筑的途径。

确保绿色建筑成为健康的建筑，按照《绿色建筑技术导则》和《绿色施工导则》的有关规定，应当做到：① 使用绿色环保的建筑材料。选用蕴能低、高性能、高耐久性的本地建材，减少建材在全寿命周期中的能源消耗；选用可降解、对环境污染少的建材。特别要注意选择绿色装修材料。装饰材料对人的身体健康影响很大，如装饰材料在颜色、光泽、透明度、表面组织及形状尺寸等美感方面直接作用人的心理健康，而其环保、强度、硬度、防火性、阻燃性、耐水性、抗冻性、耐污染性、耐腐蚀性等特性对人的生理要求也产生不可忽视的影响，特别是某些建筑专用材料（包括防水材料：憎水剂、霉菌祛除剂、高分子砂浆防水剂、脂肪酸砂浆防水剂、弹性防水涂料、无机防水胶浆、三元乙丙防水涂料、水泥基渗透结晶防水涂料、彩钢瓦专用防水胶带、止水灵)、锚固材料(无机锚固植筋胶、CGM 钢筋锚固料、CGM 高强无收缩灌浆料、CGM 高强抢修料、CGM 自流坪砂浆、H-60 预应力管道压浆剂、H-100 高强耐磨料、H-101 耐磨地坪硬化剂、H-501 钢筋阻锈剂、RG 高强聚合物砂浆)、聚合物砂浆(抗裂抹面砂浆、黏结砂浆、瓷砖黏结剂、勾缝剂、高档外墙耐水泥子、高档内墙耐水泥子、高档钢化仿瓷泥子、弹性泥子)和混凝土外加剂(岩砂晶、砂浆王、早强剂、防冻剂、抗裂剂、缓凝剂、养护剂、H-501 钢筋除锈剂、CGM 抗渗剂、CGM 界面各种胶粘剂:塑钢棒、塑钢胶、白乳胶、CGM 界面剂、多功能建筑胶更是与人的健康密不可分。因此,每一种建筑材料的选用,都应坚持以人为本,不能让建筑材料表面的风光遮蔽了其对人身体、心理健康的维护。② 保护施工场地。减少施工对场地及场地周边环境的扰动和破坏;保护地表环境,防止土壤侵蚀、流失;恢复植被。③ 降低环境负荷。减少建筑垃圾;控制建筑扬尘;施工废弃物分类处理;避免或减少排放污染物对土壤的污染;施工结束后应恢复施工活动中被破坏的植被和补偿地貌造成的土壤侵蚀等损失。④ 保护水文环境。保护场地内及周围的地下水与自然水体,减少施工活动对其水质、水量的负面影响;优化施工降水方案,减少地下水抽取,且保证回灌水水质。

(二)“经济”是培育绿色建筑市场的客观需要

1.绿色建筑“经济”理念的含义

“经济”作为绿色建筑的理念,其含义主要包括两个方面:一是自然资源和社会资源投入最少;二是经济效益、社会效益和环境效益最佳。目前,特别需要强调:绿色建筑造价应当最适合大多数人的购买能力。

一般意义上的经济效益是指产出与投入比。绿色建筑的产出就是功能的实现,因此,绿色建筑的经济效益就是绿色建筑的功能与成本之比。绿色建筑的功能主要包括容纳活动的能力和环境优化的程度与环境的舒适度等。绿色建筑的成本应包括私人成本、环境成本与社会成本三个方面。私人成本包括生产成本和使用成本两个方面。环境成本是指建筑活动所产生的环境治理成本。社会成本是指建筑活动在社会内产生消极的影响、对社会成员利益的损害。环境成本和社会成本又称为外部成本,因为它是某一地区所有人和生态系统所要付出的成本,对私人来说,具有外部性。以相对小的私人成本和外部成本来充分实现绿色建筑环境的容纳度、舒适度和环境效益、社会效益的最大化,应当是绿色建筑追求的理想目标。

2. 绿色建筑坚持“经济”理念的意义。

（1）控制成本是房地产开发企业生存发展的基础。

一般来说，房地产项目的开发成本主要由以下几项组成：地价、资金成本、工程成本、销售推广费、预备费、住宅使用专项基金等。作为一个开发企业，地价、预备费和住宅使用专项基金是不可控制的，因为随着经济投入的加大，市政配套设施的完善，原材料价位的走高及人们要求舒适程度的提高，房屋成本必然增加，所以只能从控制资金成本、工程建设成本和销售推广费等方面厉行节约，才能降低成本。从控制资金成本来看，主要是降低负债率、贷款利率和缩短开发周期、加快资金回笼，避免资金不必要的浪费；在工程建设运行阶段，设计规划、施工建设、运营管理方面的开源节流，定量节能，才能降低房屋的成本。具体来说，在建筑规划设计阶段，要注重地方性、历史性、文化性的传承，采用简单易行的被动式能源策略，树立循环使用意识。按国际上一些统计数字计算，设计费一般只相当于建设项目总投资的 1% 以下，但正是这少于 1% 费用的设计工作对工程造价的影响程度占 75% 以上。适应当地地理环境的建筑（外部环境、建筑构造、技术装备）可以在实际运行时节能 65%，由此可见，设计工作是整个工程建设成本控制的一个关键环节，对于项目的工程造价、建设工期、工程质量以及在建成以后能否获得较好的经济效益起着决定性的作用。在施工建设阶段，避免环境破坏、资源浪费和建材浪费，最大限度地使用可再生材料。

需要注意的是，在成本管理中，切忌一味追求降低成本，而弃社会效益、国家和人民利益于不顾。需要在坚持质量为本、安全第一原则的前提下，降低成本。否则，很容易出现“豆腐渣”工程。不但葬送了工程，也断送了企业的前程，这方面的教训是惨痛的。

（2）控制成本让所有消费者享受实惠。

房地产商必须考虑到消费者愿意付出的意愿和能够付出的能力，才能得到消费者的回应，否则就会出现一厢情愿的“有价无市”的尴尬局面。消费者的购房动机是一个极其复杂而涉及面很广的问题，但承受能力、生活品位、地段位置和环境状况是普通消费者选房首先考虑的因素。当前，由于开发商不考虑中国普通消费者购房的实际情况，一味地在“高、新、奇”等新材料、新技术、大景观上下功夫，一方面导致房价居高不下，另一方面加剧了资源能源的浪费，造成新一轮的环境污染。绿色建筑必须改变这种局面。把注意力放在廉租房、经济适用房、中小户室的建设上来，以满足经济尚不宽裕的普通群众的住房愿望。从优化设计方面来看，房子虽小，但功能齐全，能够满足人们生活和工作的需要；从产业化方面来看，房建所需的构件，应当以集约化的方式在工厂完成，避免现场不必要的浪费和污染；从循环经济方面来看，尽可能地使用可再生材料、能源。当然，控制房价仅仅依靠建筑企业自身的节约是不够的，更依赖于中国住房制度改革和对绿色建筑的政策保障。

（3）抑制过高房价是培育绿色建筑市场的客观需要。

在中国社会主义市场经济条件下，绿色建筑只能走市场化发展之路。培育绿色建筑市场是绿色建筑发展的基础。从总趋势看，绿色建筑的市场前景是光明的。美国著名咨询机构麦格劳·希尔建筑信息公司在《全球2009绿色建筑趋势市场发展和前景报告》中预测："全球性金融危机在多国造成的经济衰退，难挡绿色建筑工业的快速增长。"这个预测说明，绿色建筑的市场发展前景是光明的。《2009中国绿色建筑市场调研报告》也认为，种种迹象表明，绿色建筑市场在当下有其实现的可能，其原因在于：一方面是这类产品的售价虽高，而其生命周期成本及运行费用较低，最终，社会、个人受惠；另一方面，建筑商和消费者从健康、政府新法规的限制及来自全球的竞争压力等因素考虑，发现这是一个朝阳产业。总而言之，这些因素加速了绿色建筑市场的形成。但从我国目前住房市场的现状看，绿色住宅房价过高是影响市场发展的关键原因。抑制过高房价是培育绿色建筑市场的客观需要。

（三）"适用"是绿色建筑的基本功能

"适用"是古罗马建筑师维特鲁威提出的第二个建筑原则，意大利建筑师L·B·阿尔伯蒂将"适用"提升为建筑的第一原则。此后，"适用"便成为世界建筑界长期遵循的基本原则。

"适用"，从字面意思看，"适"是切合，"用"是发挥功能。建筑的适用可以理解为包括住房设计、单套面积设定及其建筑标准方面强调住房的实用效果。吴良镛先生认为，"适用是个社会性问题：从一间房间，一所房屋，一所工厂或学校，以至一组多座建筑物间相关的联合，乃至一整个城市工商区、住宅区、行政区、文化区……的部署，每个大小不同，功用不同的单位的内部与各单位间的分隔与联系，都须使其适合生活和工作方式，适合于社会的需求，其适用与否对于工作或生活的效率，增加居住及工作者身心的健康是有密切关系的。"把建筑的适用性与人们的安居乐业、生产效率的提高相联系，吴先生揭示了建筑的目的和社会意义。因此，发展绿色建筑必须树立"适用"的理念，使人民大众的生活与工作环境得到更好的提高和改善。

"适用"应包括设计适用功能、采用适宜技术、树立适度消费观念等内容。

1.设计和实现"适用"功能是绿色建筑的根本任务

"适用"就是适合使用，有实际使用的价值。"适用"是包括绿色建筑在内的一切建筑的根本功能。绿色建筑的"适用"功能至少包括三大功能：一是"庇护所"的功能、方便生活起居的功能和舒适的功能。美国建筑师伊恩·里奇说："人类寻找庇护所，因此，这种庇护所是一种功能。我们考虑庇护所，它可以由墙提供（挡风），由圆柱上的屋顶提供（遮雨和阳光），以及由墙上的屋顶提供（遮雨、阳光和挡风）。”这也就是中国古人所说的“以待风雨”“以待雪霜雨露”功能。二是方便生活起居的功能。三是适度舒适的功能。在这里强调的是，我们设计、营造的绿色建筑功能必须“实用”“方便”和“适度”。也就是说，要从满足人们理性的生活需要，即最基本的生活需要出发，而不应当从人的一切感性需要出发。因为，人的许多感性需要是不合理的，甚至是有害的；无限制地满足人的所有感性需要恰恰是造成建筑资源浪费、环境污染的重要原因。绿色建筑也只追求“适度舒适”，而不是过度舒适。追求过度舒适是造成建筑高耗能的重要原因。建筑面积的大小一定要适当，布局一定要合理，室内装饰和微气候控制一定要适宜。那种面积过大、装饰过度豪华的建筑与经济适用的精神是相违背的。

2. 采用适宜技术是绿色建筑实现“经济适应”功能的根本策略

“适宜技术”理论是20世纪60年代由西方学者提出来的，近几年受到国内外学术界的关注。“适宜技术”理论强调发展中国家从发达国家引进技术要与本国的特点相一致。林毅夫、张鹏飞等人明确指出“发展中国家最适宜的技术一定不是发达国家最先进的技术”；“它们所采用的技术大部分应该是成熟的技术，而不应该是发达国家的最先进技术。”“相反，如果发展中国家不顾自己的比较优势而一味选择高、精、尖的技术，不但不能发挥自己的后发优势，反而不可能实现快速的经济增长。”尽管人们对“适宜技术”的界定差异较大，但也有一些共识：其一，“适宜技术”是符合本国特点的技术；其二，“适宜技术”是发达国家成熟的技术，而一定不是最先进的技术；其三，引进“适宜技术”可以以更加低廉的成本来实现本国的技术升级；其四，发展“适宜技术”需要本地化的技术创新。

中国是世界上最大的发展中国家，中国的绿色建筑也不能盲目引进发达国家的高、精、尖绿色建筑技术，应当从中国自然资源和资本相对稀缺，劳动力相对丰富和熟练工人不足等实际出发，选择“适宜技术”发展策略。绿色建筑总是带有一定的地域性特点，绿色建筑适宜技术也必然应当具有本土化、地域化特征。对于一个国家来说，技术选择要与本国特点相一致；对一个地域的绿色建筑来说，也不例外，技术策略必须与当地的自然环境和社会环境相适应。特别应当注重以乡土建筑技术为母体，吸收、消化发达国家成熟的绿色建筑技术，中西结合、土洋结合，集成创新、地方化创新，形成最适宜于地域特点的绿色建筑技术体系。一方面，解决西方绿色建筑技术“不服水土”的不适宜问题；另一方面，赋予乡土建筑技术以新的生命力，这是降低绿色建筑的技术成本、经济成本和环境负荷的技术选择策略。

3. 倡导适度消费观念是坚持绿色建筑“经济适用”理念的思想基础

中国正在以历史上最脆弱的生态环境承载着历史上最多的人口，担负着历史上规模空前的资源消耗和经济活动，并面临着历史上最为突出的生态环境的挑战。因此，我们必须强调“适度消费”观念，这是坚持“经济适用”绿色建筑理念的思想基础。

适度消费，就是指与生产力发展相适应的消费。什么是与生产力相适应的消费呢？简单来说，就是要把消费增长建立在生产发展、经济效益提高的基础上，并依此确定职工的货币收入增长速度和消费品生产增长速度的正确比例，使人们真正树立起适度的生活消费观。中国自新中国建立到改革开放，社会财富不断增加，人民的生活逐步改善，但是在衣食住行方面，还没有培养起以可持续发展的眼光看问题的态度，在生产与消费方面都出现了偏差，比如在人民关注度极高的居住方面，新中国成立前三十年，一味向苏联学习，建筑形式单调、缺乏色彩；后三十年，又盲目模仿西方，风格各异的建筑遍地开花，不仅将中国传统建筑的精髓丢失殆尽，也压抑了个性的发展，而且给环境带来了压力。而绿色建筑它不屑于简陋也不追慕豪华，它立足于本土、以低能耗为核心、走低成本的精细化设计之路，不仅保护了环境，节约了能源、资源，也为老百姓带来了实惠。

第一，坚持适度消费概念就应当改变盲目攀比心理。

假如我们为了今天的奢华，而透支未来，那么我们将愧对后代子孙。我们当代人有责任和义务根据实际所需、经济状况、资源环境条件进行适度的开发建设，历史经验告诉我们，这是一种理智的行为。因为发达国家用耗费世界资源的 50% 完成了现代化，所造成的大环境污染、资源能源浪费已向人类敲响了警钟，因此，大到国家的基础设施，小到个人的居住情况，都应该本着节约、环保、适宜人居的原则。特别是土地后备资源已近枯竭，但耕地减少速度仍然有增无减，这对拥有 13 亿人口的大国来说，无疑是一种压力。所以，国情决定了中国必须顺应世界潮流，以节能和环保的绿色建筑为目标，切不可盲目攀比。

绿色建筑在居住的舒适度上应当是环保的，在房价的承受力上应当是合理的，在社会资源、能源的利用上应当是节约的，在生活的方便性上应当是便捷的，在人际交往上应当是和谐的。这样一来，它可以极大地提升人们的幸福指数。我们在住房方面，只有追求与经济发展水平相适应的适度消费，才能对经济和社会发展有促进作用。中国正处在经济发展的重要时期，高档住宅的耗费比经济实用住房平均每平方米高出 50%，超出支付能力的消费，产生一批批“房奴”，尽管身体舒服了，但心灵却背上了沉重的经济负担，这种为购房所累而带来的整体消费水平的降低，不仅不利于人的全面发展，更不利于社会的发展。因此，要提倡健康文明的消费理念，以平常心态对待住房问题，把“安身立命”之所需的住房定位在“俭而有度，合理消费”的位置上；处理好资源节约与扩大内需的关系，实现经济合理发展与伦理合理适用。

第二，坚持“适度消费”概念，必须崇尚节约，反对浪费。

“节”是节制，“约”是约束，节约；倡导一种适度、节用、合理的生存方式和发展状态。从《尚书》教诲“克勤于邦，克俭于家”，到李商隐咏叹“历览前贤国与家，成由勤俭败由奢”，千百年来，节俭一直被我们民族看作是持家之宝、兴业之基、治国之道。正是这种克勤克俭精神，让我们的文明以震惊世人的方式在延续。今天，中国的现代化建设，是在能源资源严重紧缺、人均占有量大大低于世界平均水平的条件下进行的，因此，勤俭持家的思想仍是我们建设发展的宗旨。我们要在经济和社会发展的各个方面，切实保护和合理利用好各种资源，提高资源利用效率，以尽可能少的资源消耗获得最大的经济效益和社会效益。这里需要明确的是，节约不是限制消费，而是杜绝浪费。节能降耗会压缩一些资源支出，但不会限制正常的资源消费，它会通过技术进步提高资源利用效率，可以更充分地满足和保障人民对资源的合理消费。还要清楚的是，消费不等于浪费，当前扩大内需，发展经济，不仅允许消费，还积极鼓励正常消费，大力提倡绿色消费。中国曾以占世界不到 10% 的耕地解决了占世界近 22% 的人口的吃饭问题，创造了奇迹。今天，又提出加快建设节约型社会，用有限的资源能源实现科学发展，推进现代化进程。这展现了一个负责任大国的胸襟，必将为建设一个持久和平、共同繁荣的和谐世界做出新的贡献。

二、地域适应，节约高效

绿色建筑是对现代一般建筑体系的扬弃与超越，它除了继承一般建筑的安全健康、经济适用的价值之外，还必须具有一般建筑所不具有的新价值——“地域适应”“节约高效”。“地域适应”是绿色建筑尊重自然、适应自然条件、融入自然环境和保护自然环境的根本要求；“节约”资源是绿色建筑的基本特征和基本评价标准；“高效”利用资源是绿色建筑应遵循的基本原则。

（一）“地域适应”是绿色建筑尊重自然、融入自然的基本设计理念

从本质上讲，建筑就是一个处理人与气候、环境关系的“环境过滤器”。处理人、建筑与自然环境的关系是建筑实践永恒的主题。然而，自然环境和建筑都是具体的，而不是抽象的。绿色建筑尊重自然，实际上就是要尊重地域自然环境，融入地域自然环境。离开对地域环境的尊重和适应，“尊重自然”就只能是一句空话。因此，1999 年，第 20 届世界建筑师大会发表的《北京宣言》指出：“建筑是地区的建筑”，建筑师应树立“建筑的地理时空观”。美国建筑师南茜·杰克·托德和约翰·托德把

“设计必须反映生物区域性”作为绿色建筑设计的重要规则；马来西亚建筑师杨经文非常强调建筑设计适应气候的意义，他认为：“地方主义建筑试图在设计中融入建筑所处场所的‘精神’。这样做的目的，是要建造能够自然而然地与当地环境相适应的文本主义建筑。它应该具备敏锐的洞察力，充分考虑到场所的现实，而不是注重追赶国际上的趋势和潮流。”英国建筑师罗伯特·马奎尔认为，“适应”既是乡土建筑的传统，也是当代建筑师面临的最主要的考验之一。他说：“设计中，当我们实践自己的选择时，所面临的最主要的考验之一就是适应，既然地方建筑在很多方面都会长期适应它们所处的一般境况，那么如果传统方式没能在我们的设计中频繁出现，我就会感到非常惊讶”。中国颁布的《绿色建筑技术导则》强调绿色建筑“适应自然条件，保护自然环境”的重要性，指出：“发展绿色建筑，应注重地域性，尊重民族习俗，依据当地自然资源条件、经济状况、气候特点等，因地制宜地创造出具有时代特点和地域特征的绿色建筑。”“发展绿色建筑，应注重历史性和文化特色，要尊重历史，加强对已建成环境和历史文脉的保护和再利用。”《绿色建筑评价标准》也强调：“评价绿色建筑时，应依据因地制宜原则，结合所在地域的气候、资源、自然环境、经济、文化等特点进行评价。”由此可见，“地域适应”应当成为绿色建筑的基本设计理念，“因地制宜”应当成为绿色建筑设计的基本方法。

1.“地域适应”的内涵

“地域”是一个自然区划或文化区划概念，而不是一个行政区划概念。“地域”通常是指在气候特征、地理条件或文化传统等方面具有明显的相似性和连续性的区域。如从气候角度划分，可将中国的建筑气候划分为：严寒气候区、寒冷气候区、夏热冬冷区、温和地区、夏热冬暖区等地域。从文化角度划分，可将中国传统文化分为：三秦文化、三晋文化、齐鲁文化、荆楚文化、巴蜀文化、吴越文化、青藏文化、陇右文化、燕赵文化、关东文化、岭南文化、台湾文化等地域。“地域”有时也指特定的地方、乡土，有本乡本土之意。

“地域适应”理念具有丰富的内涵：

其一，尊重地域性自然环境的价值和效法自然、顺应自然。“地域适应”的核心是“适应”。“适应”本身就意味着对地域性自然环境的“敬畏”和“尊重”；意味着对地域性自然环境的“顺应”与“融入”；意味着“结合”，“这包含着人类的合作和生物的伙伴关系的意思”；也意味着对地域特殊自然条件的“合理利用”与“改造”。总而言之，“地域适应”体现着绿色建筑追求“天人和谐”的理想和“环境友好”的态度。

其二，“地域适应”的理念作为一种方法论，就是“因地制宜”。“因地制宜”通常是指根据各地的具体情况，制定出适宜的办法。对于生态城镇和绿色建筑的规划、设计活动来说，必须把绿色建筑的一般理念、一般方法与当地的气候条件、自然和人文环境有机地结合起来，制定出独特的适应环境的方案，建设具有地方特色的绿色建筑和生态城镇。

其三，“地域适应”应当成为绿色建筑形式的标准。麦克哈格认为，绿色建筑应当“回到自然去寻找形式的基础”，“适应是一个恰当的标准”。他解释说：“选择适应为标准而不选择艺术为标准，这是因为适应既包括了自然的也包括了人工的，就能使人联合一切事物集中精力于创造。选择适应还有另一个好处，和适应相关的还包括有意义的形式。因此，有意义的形式不只是属于人和他的工作，而是属于所有事物和所有生命的。”他的意思是说，形式的产生和占有不是人独有的特性，而是包括所有物质和生物；生物与人一样在进化过程中也创造了最有利于它们生存的形式，生物的形式正是它们最好的适应环境的表现。因此，建筑形式应当以“适应”为标准，创造出能适应周围自然环境的人工形式。

其四，“地域适应”应当是绿色建筑的基本属性。这种适应环境的属性应包括：

（1）顺应当地的气候条件。18 世纪，法国著名思想家查理·路易·孟德斯鸠认为，“气候的影响是一切影响中最强有力的影响”。气候条件（日照、降水、温度、湿度、风等）是直接影响建筑的功能、形式、朝向、围护结构的主要因素之一。中国地域辽阔，气候复杂，横跨五个气候带（温带大陆性气候、温带季风气候、高原山地气候、亚热带季风气候和热带季风气候）。住房和城乡建设部颁布的《建筑气候区划标准》将我国建筑气候区分为 7 个一级区，20 个二级区。各个气候区的差异很大，如第一建筑气候区，冬季漫长严寒，夏季短促凉爽；冰冻期长，冻土深，积雪厚；太阳辐射大，日照丰富；11 月至次年 5 月多大风天气。这个区域的建筑物必须充分满足冬季防寒、保温、防冻等要求，夏季可不考虑防热。而第二建筑气候区，夏季闷热，冬季湿冷，气温日差较小；年降水量大；春末夏初为长江中下游地区的梅雨期，多阴雨天气，常有大雨和暴雨出现；夏季，沿海和长江中下游地区常受热带风暴和台风袭击，易有大风暴雨天气。这个建筑气候区域的建筑物必须满足夏季防热、通风、降温要求，冬季应适当兼顾防寒。西藏的部分地区和黑龙江属于“无夏区”；广东沿海一带的雷州半岛、海南、台湾和云南南部属于“无冬区”；而昆明地区，夏无酷热，冬无严寒，“四季如春”。在差异如此大的区域开展城乡建设活动，就必须从当地的特殊气候条件出发，因地制宜，充分利用气候资源，防止气候对建筑产生不利影响，才有可能创造出合格的绿色建筑。

（2）保护当地的自然景观，巧妙利用当地的地形、地貌。中国地势呈西高东低的特点，地形、地貌复杂多样，有高原、山地、丘陵、平原、盆地等不同的地形地貌和生态系统。城镇及建筑选址、规划应当保护当地的自然景观，并因形就势，巧妙地安排建筑布局，这有利于节约土地、建筑材料和劳动力。

（3）就地取材。中国各地区的建筑材料资源禀赋差异较大，如东北、西南、东部地区木材丰富；湘、桂、闽、浙、赣等地区盛产毛竹；长白山区、燕山山脉、山东丘陵、东南丘陵、太行山、秦岭、云贵高原、天山山脉、五指山区石材丰富。绿色建筑应当就地取材，充分利用当地的建筑材料，减少建筑材料的运输，减少能源消耗。

（4）注重当地的植物种类。花草树木是当地生态系统不可缺少的重要因子，是在自然选择的作用下，经过长期变异进化所形成的最具地域适应性和生命力的植物品种；因此，城镇绿化、建筑绿化应注重选择当地特有的花草树木，谨慎引进外地植物，保护当地的生态平衡。

（5）适应当地的经济发展状况和继承当地的传统建筑技术与艺术。经济是发展绿色建筑的基础，忽视当地的经济发展状况，建设过高标准的绿色建筑注定是行不通的。经过千百年的经验积累，各个地区都形成了独特的建筑技术。如陕北的窑洞、贵州的石板房、客家的土楼、藏族的碉房、傣族的竹楼、土家族的吊脚楼等民居都有一套成熟的传统技术，这是一笔宝贵的财富，深入发掘、总结、提高和利用这些传统技术，有利于降低绿色建筑成本，有利于适应当地居民的经济承受能力。

（6）继承和发展地域建筑文化。吴良镛教授指出，“文化是有地域性的，中国城市生长在特定的地域中，或者说处于不同的地域文化哺育中。”“地域文化是人们在特定的地理环境和历史条件下，世代耕耘、经营、创造、演变的结果。”建筑是各地人民思想感情、理想及风俗习惯的具体表现方式，凝结着当地的历史和传统，是地域文化的重要组成部分。“地域建筑文化内涵较为广泛，从建筑到城市，从人工建筑文化到山水文化，从文态到生态的综合内容。”吴先生强烈批评一些地区在城市“大建设”高潮中对传统文化的“大破坏”现象；明确指出“欧陆风”建筑到处兴起，盲目崇拜西方建筑文化，漠视中国文化，无视历史文脉的继承和发展，放弃对中国历史文化内涵的探索，“显然是一种误解和迷茫”。他呼吁，“我们在全球化进程中，学习吸取先进的科学技术，创造全球优秀文化的同时，对本土文化要有一种文化自觉意识，文化自尊态度，文化自强的精神。”吴先生为绿色建筑继承和发展地域文化指出了方向，我们在绿色建筑实践中应当以“一种文化自觉意识，文化自尊态度，文化自强的精神”去保护、再生地域建筑文化和创造地域绿色建筑文化。

《绿色建筑技术导则》将“适应自然条件，保护自然环境”的内涵概括为四个方面：（1）充分利用建筑场地周边的自然条件，尽量保留和合理利用现有适宜的地形、地貌、植被和自然水系；（2）在建筑的选址、朝向、布局、形态等方面，充分考虑当地气候特征和生态环境；（3）建筑风格与规模和周围环境保持协调，保持历史文化与景观的连续性；（4）尽可能减少对自然环境的负面影响，如减少有害气体和废弃物的排放，减少对生态环境的破坏。这是对“地域适应”“因地制宜”理念的具体规定和诠释。

2.“地域适应”“因地制宜”是中国古代建筑深邃的智慧

从观念上看，中国在春秋战国时期已明确提出了“因地制宜”的建筑思想；从实践上看，地域适应、因地制宜是中国古代建筑实践始终贯穿的一个基本原则、基本经验。据沈福煦教授研究，中国古代建筑与周围环境总是有机地结合在一起。村舍前面有场地，宜用于农事，村舍后面有树林、竹园，能够调节环境。有水的地方，建筑临水而建，水能供人饮用、洗涤，还能作为水巷交通。有山的地方，建筑建于山坡，结合地势，建成各种形式，建筑多面南，达到最佳的环境条件。因地制宜，是中国古代建屋的一条基本原则。南方湿润多雨，气候温和，因此，建筑往往高耸，有良好的通风，也有良好的排水系统。北方建筑则正好相反，建筑材料以就地取材为原则，而且加工方便，木、石、砖、瓦、石灰、油漆等，一般都可以就地解决，只有少量的需向别处置办。他在这里所概括的“建筑与周围环境总是有机地结合在一起”“因地制宜”“建筑材料以就地取材为原则”都属于中国古代建筑适应地域自然环境的具体经验。如中国新疆地区由于干旱少雨，木材缺乏，因而维吾尔族的传统民居多以生土建筑为主，外墙厚实，少窗或所开窗洞较小；多为单层或双层平顶建筑，呈现出浑厚、粗犷的风格。藏族的碉房多依山而建，靠近水源。“房皆平顶，砌石为之，上覆以土石”，门窗均较小，具有坚固、保暖、御盗等特点。黄土高原的窑洞民居多依黄土高坡而建，十分适应黄土高原的地形、地貌、土质、气候等自然环境和社会经济条件。再如，云南省元阳县境内有一种特殊的房顶——水顶，平平的屋顶上又多了一汪水面，屋外阳光热辣，屋里却十分荫凉。台湾兰屿岛，距台风策源地近，台风强度大，破坏性极强，因此，岛上居民雅美族人（高山族一支）创造性地营造了一种“地窖式”民居，房屋一般位于地面以下 1.5 ~ 2m 处，屋顶用茅草覆盖，仅高出地面 0.5m 左右，迎风坡缓，背风坡陡，室内配有火堂以弥补阴暗潮湿的缺点，还在地面上建凉亭备纳凉之用。这些传统民居都具有适应当地气候等地域条件、与自然融合、就地取材、节地、节能、施工简便、经济实用、形态多样、污染物排放量小、有利于保护自然生态环境等优点。这些成功的历史经验值得绿色建筑珍惜和借鉴。

3.“地域适应”是当代绿色建筑实践的成功经验

“尊重地域环境”“设计结合自然”“设计结合气候”是当代绿色建筑的基本理念

和成功的经验。1963 年，奥戈雅在《设计结合气候：地方主义的生物气候研究》一书中，提出了“生物气候主义”的设计理论，认为建筑设计应当遵循气候—生物—技术—建筑的设计过程。布兰达威尔和罗伯特·威尔合著的《绿色建筑：为可持续发展的未来而设计》一书，将“设计结合气候”和“尊重基地环境”作为绿色建筑的两条基本原则。

美国卡罗琳女士和她的两个儿子，在美国亚利桑那州图森附近的沙漠中，充分利用当地的草资源，建造了用草砖（草捆扎成包）作承重墙的房屋，其目的是为了将人类活动对地球生态系统的危害减少到最低的程度。埃及著名建筑师哈桑·法斯在设计中，十分重视对当地的建筑材料、建造技术和方法的挖掘和利用，他设计的 New Baris 市场，针对沙漠高温不易储存农产品的问题，通过在阴影下建市场存储库和运用自然通风，使其温度降低 15℃。深陷的拱门和透雕的拱形屋顶既实用又美观。风从成排的风挡进入，经过内循环，最后进入储藏易腐烂食物的地下室。马来西亚著名绿色建筑师杨经文提出了一套“生物气候设计”和“生态设计”理论，认为城市的场所气候是最不可变的因素，强调在生物气候设计和生态设计中，“适应气候”“适应环境”“自然调节”的重要性。他在马来西亚、中国、德国、英国成功地设计了不少绿色建筑，受到国际建筑界的关注。西安建筑科技大学绿色建筑研究中心在 20 世纪 90 年代，以绿色建筑、生态建筑和人居环境可持续发展的基本原理为指导，通过大量的调查测试、模拟分析优化和设计创作研究，试验成功一种建立在黄土高原地区社会、经济、文化发展水平与自然环境基础之上，继承了传统窑居生态建筑经验，适合黄土高原乡村地区现代生产生活方式的新型绿色窑居建筑体系，从理论和实践上解决黄土高原人居环境的可持续发展问题。

21 世纪以来，刘加平教授和他带领的国家级创新团队，先后完成了“云南永仁彝族绿色乡村生土民居示范工程”“四川彭州市通济镇大坪村‘乐和家园’规划建筑设计方案（灾后重建）”“西北生态民居形村镇小康住宅技术集成与示范”等研究项目；他们规划、设计的绿色民居、绿色村镇，高度重视适应地域性气候、地形地貌、经济条件，注重对地域性、民族性传统建筑技术的整理、挖掘和再生，注重保护地域性建筑文化，取得了良好的生态效益、社会效益和经济效益，受到当地群众的欢迎和国内外建筑界的好评。

正是由于“地域适应”既是对尊重自然，融入自然，追求天人和谐的具体体现，又是传统建筑经受长期历史考验的深邃智慧和当代绿色建筑的成功经验，所以，我们应当坚持将“地域适应”作为绿色建筑设计的基本理念。坚持这一理念是绿色建筑从源头上最大限度地减少人类建筑活动对生态环境的负面影响的客观需要；是绿色建筑因地制宜，节地、节能、节水、省工省料和降低成本的必由之路；是增强绿色建筑的地域特色，为各地人民创造出风格多样、美观、适用、舒适的绿色家园的基本方法论原则。

（二）“节约”资源是绿色建筑的基本特征和评价的基本标准

发展绿色建筑的目的就是要改变当前高投入、高消耗、高污染、低效率的建筑发展模式，使建筑工业承担起可持续发展的社会责任和义务。《绿色建筑技术导则》和《绿色建筑评价标准》都将“在建筑的全寿命周期内，最大限度地节约资源（节能、节地、节水、节材）、保护环境和减少污染”作为界定绿色建筑的核心内容。“四节一环保”已被人们看作是对绿色建筑的简约表述或绿色建筑的代名词。绿色建筑，节约是关键。

绿色建筑节约资源包括四个方面，即节地、节能、节水、节材。《绿色建筑技术导则》《绿色建筑评价标准》两个规范性文件对“四节”做出了明确的规定：其一，“节地”的基本要求：（1）保护土地。建筑场地建设不能破坏当地文物、自然水系、湿地、基本农田、森林和其他保护区；避免建筑行为造成水土流失或其他灾害。（2）节约用地。建筑用地适度密集；限制人均居住用地面积；合理开发地下空间；合理选择废弃场地进行建筑；实现土地资源集约化利用和高效利用。（3）绿化建筑场地。住区的绿地率不低于30%，人均绿地面积不低于lm²。（4）降低环境负荷。减少建筑产生的废水、废气、废物的排放；控制建筑施工、居住产生的大气污染、土壤污染、水污染、光污染和噪声影响。“节地”的关键在于统筹城乡建设布局，不占或少占耕地，提高土地利用的集约和节约程度。其二，“节能”的基本要求：（1）减低能耗。充分利用自然通风和天然采光及遮阳措施，减少使用空调和人工照明；提高建筑围护结构的保温隔热性能，减少采暖能耗；优化建筑供能、用能系统和设备，最大限度地降低能耗。（2）使用可再生能源。充分利用场地的自然资源条件，开发利用可再生能源，如太阳能、水能、风能、地热能、海洋能、生物质能、潮汐能以及其他自然环境的能量。可再生能源的使用量占建筑总能耗的比例大于5% ~ 10%。其三，“节水”的基本要求：（1）保水。采取有效措施避免供水管网漏损；采用多种渗透措施增加雨水渗透量；降雨量大的缺水地区，合理确定雨水积蓄及利用方案。（2）节水。采用节水设备，节水率不低于8%；绿化灌溉采用高效节水灌溉方式。（3）水循环使用。设置水循环利用系统，形成自我循环；绿化、景观等非饮用水注重利用再生水、中水和雨水，非传统水源不低于10%~30%。其四，“节材”的基本要求：（1）建筑体量与形式节材。采用高性能、低材耗、耐久性好的新型建筑体系；建筑体量“越小越好”，建筑形式朴素简约，无大量装饰性构件；提高建筑质量，延长建筑物使用寿命。（2）建筑材料循环使用。

减少不可再生资源的使用，选用可循环、可回收和可再生的建筑材料；可再利用建筑材料的使用率大于5%；使用以废弃物为原料生产的建筑材料，其使用量占同类建筑材料的比例不低于30%。（3）使用本地材料。施工现场500km以内生产的建筑材料重量占建筑材料总重量的70%以上，避免生产、运输建筑材料过程中的能源消耗及污染并降低成本。

节约资源的关键在于建立和完善资源节约的约束和激励机制，为建筑节能和绿色建筑发展创造良好的政策环境；同时要改变传统的城乡规划和建筑设计、施工的思想观念和人们的居住方式；大力开展绿色建筑技术创新。只有如此，建筑业才有可能走上节约之路、绿色发展之路。

（三）“高效”应当是绿色建筑遵循的基本原则

节约资源不是绿色建筑的最终目的，绿色建筑的最终目的在于获得最佳的生态效益、社会效益和经济效益，为住户提供高效的利用空间。因此，绿色建筑不仅要最大限度地节约资源，而且要高效地利用资源，并提供“高效的利用空间”。“高效”应是绿色建筑遵循的重要原则。

1.高效是绿色建筑应当坚持的基本原则

绿色建筑的基本原则就是高效益，用美国建筑师富勒的话可以概括为四个字“少费多用”，即少消费，多利用。德国建筑师英恩霍文将其具体明确为：“用较少的投入取得较大的成果，用较少的资源消耗来获得更大的使用价值。”还有人把绿色建筑的高效益归结为4“R”，即“Reduce”，减少建筑材料、各种资源和不可再生资源的使用；“Renewable”，利用可再生能源和材料；“Recycle”，利用回收材料，设置废弃物回收系统；“Reuse”在结构安全允许的条件下使用旧材料。可以说，只有实现绿色建筑的高效益，才能为人们提供更加舒适优美的居住环境，才能改善生态环境、减少环境污染、延长建筑物的寿命，才能使人、建筑与自然生态环境之间形成一个良性的循环系统。因此，应当把“高效”这一绿色建筑的基本原则贯穿于建筑设计、选材、运营直到寿命终结的全过程。

绿色建筑的“高效”要求，主要体现在两方面：一是高效利用自然资源和社会资源；二是为住户提供“高效使用空间”。高效使用资源包括：高效利用能源、高效利用土地、水、建筑材料等自然资源和高效利用资金、劳动力等社会资源。提供“高效使用空间”也是“高效”不可或缺的重要内容。所谓“高效使用空间”，是指建筑的空间设计要适用、方便、使用率高。目前，我国很多家庭是“核心家庭”，只有三口人居住，没有必要设计面积过大的住宅，避免建筑空间浪费。

2. 绿色建筑实现节约高效的主要措施

绿色建筑要实现节约高效，需要采取多种措施，但关键要解决好以下三个问题。

（1）要提高人们对节约、高效问题的认识。

其一，要使人们认识到节约、高效是由中国的基本国情决定的。人口众多、资源相对不足、环境承载能力较弱，是中国的基本国情。中国既是世界上少数几个资源大国之一，又是世界上人均资源占有水平较低的资源小国之一。今后几十年，人口持续增长，耕地不断减少，供水能力紧张，能源紧缺愈加深重，矿产资源不足，后备资源基础薄弱，资源总需求迅速扩大，各类资源供应长期紧缺，是中国人口与资源、经济增长与资源供给矛盾的基本格局。建立资源节约型国民经济体系是摆脱资源危机的唯一出路，也是符合中国国情的现代化长期发展模式的较佳选择。对于建筑业而言，也不能例外，在建筑的全寿命周期内，强调节约和高效利用资源也是唯一出路和最佳选择。

其二，要使人们认识到只有走节约、高效之路，中国建筑业才能持续发展。目前的中国建筑业耗能高、污染严重、资源使用效率低的问题比较突出。中国既有建筑的95%是高耗能建筑，单位建筑能耗比同等气候条件下的先进国家高出 2 ~ 3 倍；新建建筑中 80% 以上达不到节能标准。在用地方面，粗放用地十分普遍，集约和节约使用土地，保护耕地的任务十分紧迫。一些城市兴建工业项目时大量圈占土地，有的还在大量建设占地多的别墅，开发建设大户型住宅，村镇农民建房分散无序，新旧住宅双重占地现象普遍存在。在用水方面，问题也十分严重。一些地区供水管网老化漏损严重，对节水和污水再生利用重视不够，生活污水排放量逐年递增，再生利用率低，仅为 15.2%。在水资源利用上，因推广措施不力，家用节水器具使用不普及，不节水器具比节水器具多耗水 30%；一些城市污水收集管网不配套，污水处理设施不能发挥作用，2003 年，全国城市污水处理率为 42.39%，其中，污水处理厂集中处理率仅为 27.48%。污水处理工艺简单，严重影响中水的回用，造成水资源浪费。在建筑用能用材方面，中国建筑用钢比发达国家高出 10% ~ 25%。建筑建造中普遍使用低性能钢材，新型和可再生建筑材料使用率低，循环利用率低，浪费资源。我们必须充分认识节约能源资源的重要性和紧迫性，增强危机感和责任感。另外，我国建筑业节约资源的潜力大。2010–2020 年，如果中国建筑平均节能率达到 65%，建筑能耗可减少 3.35 亿吨标准煤，这相当于 2002 年整个英国能耗的总量，我们空调高峰负荷可减少 8000 万 kW · h，相当于 4.5 个三峡电站的满负荷发电量。如果大力推进绿色建筑节约资源、能源，提高利用效率，那么，中国对世界的绿色贡献将更大。英国戴维斯勋爵指出，“没有什么比中国的智能绿色和节能建筑解决方案以及最佳实践更重要了”。中国的绿色建筑节约和高效利用资源具有重要的世界意义。

其三，要使人们认识到节约和高效利用资源是中华民族应承担的保护地球生态系统动态平衡和实现人类可持续发展的责任与义务。我们在思考绿色建筑节约和高效利用资源的意义时，不应仅仅从中国经济、社会和建筑发展的视域去思考问题，还应当从地球生态系统和人类可持续发展视域思考问题。一方面，从人与其他生命存在物的关系看，人类不过是地球生命大家庭中的普通成员，而且是非常晚才出现在地球上的后来者。绿色建筑所要节约的土地、能源、水和建筑材料，它们不只是人类的资源，更重要的是，它们同时是构成生态系统的最重要的因子，是整个生命共同体赖以存在的基础。它们并非仅仅属于现代人类，同时也属于未来人类、属于一切生命存在物、属于地球生态系统这个最大的共同体。因此，无论从人类代际平等原则出发，还是从敬畏生命和维护地球生态系统的完整，稳定和美化环境的伦理出发，我们都必须最大限度地节约各种资源，最大限度地提高资源利用效率，最大限度地减少对环境的负面影响。任何浪费资源的行为都是对子孙后代的犯罪，都是对其他生命存在物的剥夺，都是对生态系统的破坏。另一方面，从人类自身发展来看，地球生态系统是人类的诞生地，是人类生命的支持系统。正如马克思、恩格斯所指出的那样，“人本身是自然界的产物，是在自己所处的环境中并且和这个环境一起发展起来的”。人是自然存在物，是自然的一部分。自然界“是人的无机的身体”。浪费资源就是在浪费“人的无机身体”，就是在破坏人类持续存在和发展的基础。清代学者李光地在《榕村语录》卷十八中提出“天地生物，非要你美衣丰食，驱使万类，暴殄天物，要你赞助天地耳。用现代的话语说，自然界创造的万物都有自己存在的权利；不是让人类去任意消费、驱使、糟蹋和浪费的，人类的责任就是更好地实现自然界的繁荣。现在已进入21世纪，我们更应当从保护地球生态系统动态平衡和实现人类可持续发展的高度来认识绿色建筑节约和高效利用资源的意义。

（2）走循环经济之路是绿色建筑实现节约、高效的基本模式。

循环经济是一种以生态规律为依据，以“3R”，即减量（Reduce）、再使用（Reuse）、再循环（Recycle）为基本原则，以物质循环利用为核心的新型经济体系。从本质上看，它是一种可持续发展的生态经济模式。它要求按照生态规律组织生产、消费和废弃物处理，将传统的由“资源—产品—废弃物排放”等环节构成的单向开环式经济流程转变为“资源—产品—再生资源—再生产品”闭环式经济流程。走循环经济之路，可以彻底改变传统工业“三高一低”，即高开采、高消耗、高排放、低利用的弊端，使整个经济系统从生产到消费的全过程基本上不产生或少产生废弃物，最大限度地把资源浪费和废弃物污染消除在生产过程之中，以最小的资源投入和环境代价取得最大的经济和环境效益。可以说，循环经济是人类经济发展方式的划时代变革，标志着以越来越高的强度开发和加工资源为依托，以牺牲生态环境为代价的“黑色”工业时代，向以生态规律为准则的“绿色”工业时代的历史性跨越。它是解决发展经济与节约资源和保护环境之间的两难问题的最佳路径。

建筑材料的使用有两种模式，即线性使用模式和环形使用模式。线性使用模式是指物质材料的单向流动，大致过程是：从地球资源中获得原料—加工—使用—废弃；环形使用模式是借鉴自然生态系统基本的物质材料使用模式，通过再利用、再生和循环利用等恢复作用，以最小资源输入为代价，使得各种物质材料都可以得到一定程度的回收利用。循环使用建筑材料，既可将资源消费、废弃物的产生及行为过程中的损失减至最小化，又不会产生额外的环境损害，能够保持生态环境的稳定性。这里，我们强调的是加强资源的再生利用，使资源利用潜力得到充分挖掘。建筑材料理想的情况是有很长的寿命，可以在不同的建筑中不断重复使用。有专家测算，每回收 1t 废旧物资，可以节约自然资源 4.12t，节约能源 1.4 吨标准煤，减少 6 ~ 10t 垃圾处理量。中国的现实情况是建筑材料往往不能得到充分使用。目前，除了高价的铝、钢筋的回收率在 80% ~ 95% 之外，混凝土、瓷砖、玻璃、木材、塑胶等几乎不回收使用，这不仅造成资源的严重浪费，而且严重污染环境。我们要尽量使用占用较少不可再生资源生产的建筑材料，积极使用如钢材、玻璃、石膏板、刨花板、塑料、人工速生林制造的木制品等可回收利用的材料，真正做到物尽其用。从旧建筑物中拆除的建筑材料，如砖石、钢材、木料、板材和玻璃等，尽可能保护好，力求回收利用，并积极利用其他工农业废弃物料，促进资源的综合利用。

另外，还要注意一点，我们这里的“废弃物”是一个广义的概念，不仅指原材料，也包含旧建筑本身。对旧建筑加以改造再利用也是一项有很大潜力的资源再利用的课题。近年来，这种做法在国际上几乎成了一种时尚。目前，西方国家已经一改过去大拆大建的做法，旧建筑很少拆除，而是尽量对其进行改造再利用。不少建筑师将自己的才能专注于建筑再利用的设计与研究上，并涌现出了不少优秀的作品，如巴黎奥赛艺术博物馆就是建筑再利用的成功之作。该建筑原是为 1900 年的世界博览会而建的火车站，1984–1986 年，米兰建筑师盖亚 · 奥兰蒂将其改造成了奥赛博物馆。博物馆面积达 4.5 万 m^2，外观保留原有建筑形式，内部根据新的功能进行整改。拱顶上原有的一千多个圆形雕饰重新粉刷成黄色，墙壁配以绿色，家具简单典雅，给人以既辉煌壮观，又朴素高雅的感受。它与巴黎的卢浮宫和蓬皮杜中心构成一个整体，展示出法国艺术发展的辉煌全貌（参见图 8–1）。

图 8-1 巴黎奥赛艺术博物馆

绿色技术创新和进步是实现绿色建筑节约、高效的关键。科学技术是解决当前和未来发展重大问题的根本手段，加强绿色建筑技术创新，用先进的绿色建筑技术改造提升建筑业是实现节约、高效的关键所在。绿色技术，亦称生态技术。从技术效应的角度看，绿色技术就是资源节约技术、高效利用技术、环境友好技术。对自然生态系统不产生或少产生负效应或者有益于保护与恢复生态平衡是绿色技术的基本内涵。判断绿色技术的价值标准应当是：节约、高效、健康、环保。也就是说，凡是有利于节地、节能、节材、节水，并且有利于提高资源利用效益，有利于人的身体健康和环境保护的技术就是绿色技术。

绿色建筑技术是绿色技术体系的重要组成部分。绿色建筑技术不是独立于传统建筑技术的全新技术，而是用“绿色”的眼光对传统建筑技术的重新审视，是传统建筑技术和新的相关科学的交叉与组合，是符合可持续发展战略的新型建筑技术。它主要包括：可再生自然能源直接转化为建筑与生活用能技术、建筑节能技术和物理环境控制技术等几大类。只有这些技术创新和进步，我们才有可能既节约，又为住户提供“高效利用空间”，实现环境效益、社会效益和经济效益的最大化。

三、以人为本，诗意安居

我们将“以人为本、诗意安居”确定为绿色建筑人文内涵的重要内容，是从绿色建筑所应当承载的社会价值和审美价值角度进行考虑的。绿色建筑作为人的社会实践活动的一种产物，是人所创造的，并且是为人所利用的。就其根本而言，它的一切活动都离不开人。“以人为本”就是将人作为绿色建筑的根本出发点和归结点。这里所说的“人”，是指“人人”，即所有的当代的和未来的人。“实现人人享有适当住房”是绿色建筑的根本目标之一。也就是说，绿色建筑是基于社会、人类之安居而思考问题的。其中，最为重要的一点，那就是要让老百姓共享绿色建筑发展的成果，解决“住有所居”的住房公平问题。人类生存之需求是多层次的，绿色建筑应当满足人类生存不同层次的需求。“诗意安居”作为人类生存的一种理想化的审美境界，自然是绿色建筑所要追寻和达到的最高境界。也就是说，绿色建筑不仅要实现人类“安其居”，而且还要于“安其居”中，使自己的生命情感找到归宿，并于途中得到生命的升华，从而进入到人类生存的最高境界，即审美的境界。

（一）“以人为本”是绿色建筑的根本出发点之一

1.“以人为本”的含义

“以人为本”是一个社会政治理念、政党的执政理念；它是从政府处理国家与民众关系上而言的，而不是从人与自然的关系上立论的。从人与自然的关系而言，人是一种双重属性动物，即自然属性和社会属性。人与其他生物一样，都是大自然的产物，与其他生物处于平等的地位，并没有什么特殊权利和地位，与其他生物一样，必须遵循自然法则。因此，也就不存在什么“以人为本”，或者以人类为中心的问题。我们处理人与自然关系的“根本方法是统筹兼顾”，追求的理想是“人与自然和谐发展”。

从社会层面而言，坚持“以人为本”，首先，必须尊重每一个人的生存权。为每个人提供基本的生存环境和生存条件，这是实现社会公平的最起码的要求。其次，要尊重人的发展权。应当使每个人都有从社会获得自由、平等、公平、公正发展的机会。再次，必须尊重每个人享有社会公共资源与自然资源的权利。实现人们公平的生存和发展权利必须要有一定的物质条件和手段，离开了对人们公平享有社会公共资源与自然资源的权利的尊重，所有的公平、公正都是空话。社会公共资源和自然资源不专属于某一社会团体或者个人，而属于整个社会的所有人。当某一社会利益集团或者个人占有超越其应得的份额时，那便是对别人的资源拥有权力的侵犯。这不仅有违于社会公平原则，而且是有违于“以人为本”的基本价值取向的。“以人为本”是绿色建筑的根本出发点之一。这是因为包括绿色建筑在内的所有的建筑，都是人的实践活动的产物，其目的是为了创造一种“以待雪霜雨露”的适宜于生存的人工环境。所以，无论何种建筑，特别是绿色建筑，都必然是以人为根本出发点的；但是，我们还应当清醒地意识到，绿色建筑又不能仅仅以人为出发点，同时要将维护生态系统平衡也作为根本出发点；这正是绿色建筑与一般建筑在根本理念上的重大区别。

2.绿色建筑坚持“以人为本”的基本要求

从绿色建筑的角度来看，“以人为本”应包括两方面的要求：其一，绿色建筑必须以人的生存为本。“宅者人之本，人者宅之主”。绿色建筑，必须把人的生存和满足人的基本需要作为根本的出发点和归宿。其二，绿色建筑必须以“住有所居”或

“居者有其屋”为本。即以满足所有人，特别是低收入者和贫困人口的居住需要为本，“实现人人享有适当住房”。离开了对最广大人民群众居住需要的满足，绿色建筑是没有意义的。

（二）“住有所居”是绿色建筑体现社会公平的基本理念

唐代大诗人杜甫有这么两句诗：“安得广厦千万间，大庇天下寒士俱欢颜。”当代有一首歌唱道：“我想有个家，一个不需要多大的地方。”如果说大诗人的诗句是从社会角度来表现他的一种现实期待，那么，当代歌词则是从个体角度抒发自己的愿望。但是，不论从何种角度来表达理想愿望，他们均表现出对于居住的渴望。这也可视作一种社会期待：人人有房安居。

这里引出一个建筑上的社会伦理问题，即社会公平、正义问题。如果不从社会公平、正义角度去考虑建筑问题，那杜甫所期望的“安得广厦千万间，大庇天下寒士俱欢颜”的理想，依然是难以实现的。坦率地讲，中国改革开放以来，尤其是进入新世纪，建筑业得以迅猛发展，广厦何止千万间，但为何依然有寒士无法尽欢颜呢？这恐怕与建筑市场在社会公平、公正方面仍存在着某种问题有着密切关系。绿色建筑应当关注社会公平问题，应当把“住有所居”作为修建绿色建筑的战略目标。

1.“住有所居”的含义

“住有所居”是党的十七大报告明确提出来的。胡锦涛同志在报告中将“努力使全体人民学有所教、劳有所得、病有所医、老有所养、住有所居”作为加快推进以改善民生为重点的社会建设的重要目标。“住有所居”既体现了党中央“以人为本”的执政理念，又反映了联合国人类住区大会“居者有其屋”的精神。

1996年6月，联合国在土耳其伊斯坦布尔召开第二届人类住区大会，探讨两个具有同等全球性重要意义的主题：“人人享有适当住房”和“城市化进程中人类住区的可持续发展”。通过了《伊斯坦布尔人居宣言》和《人居议程》。《宣言》呼吁“为实现人人享有适当住房而采取行动”；倡导“使每个人都有个安全的家，能够过上有尊严、身体健康、幸福和充满希望的体面生活。”《宣言》强调要优先考虑“无家可归问题”；使所有人“平等地得到经济上可承受的适当住房”；在解决城市住房困难的同时，“还要努力消除农村贫困并改善农村生活条件”。关于“人人享有适当住房”的第一个主题，《人居议程》认为，获得安全而有益于健康的住所和基本服务，对一个人的身心健康、社会和经济福利都是不可或缺的；我们的目标是通过一种可行的办法建设和改善无害于环境的住房，实现人人（特别是城市和农村的贫困者）享有适当住房。关于“城市化进程中人类住区的可持续发展”的第二个主题，《人居议程》认为，对于可持续发展，人是关切的中心，包括要使人人享有适当住房和建立可持续的人类住区，务必使人类有权享受与大自然和谐的健康而充实的生活。

党中央提出的“住有所居”和联合国提出的“居者有其屋”的内涵是基本一致的。“住有所居”或“居者有其屋”的基本内涵就是“使人人享有适当住房和建立可持续的人类住区”，满足人的所有的基本生存需要。它的核心内容有两点：第一，帮助城乡贫困者享有适当住房；第二，“适当住房”是指“经济上可承受的”“无害于环境的”“安全而有益于健康的”住房。前者反映了社会公平、正义的要求；后者反映了“可持续”和“与大自然和谐”的绿色理念。

客观判断，我们已经走过了严重的“房荒”阶段，已经解决了“大多数人有房子住”的问题，从总体上已经基本实现了住房“脱困”的目标。但由于起点的住房水平过低、发展历史短、城镇化速度不断加快、发展不平衡等原因，低收入群体住房困难状况仍然普遍存在，城镇化过程中向城镇聚集人口的住房需求远未满足，普通工薪阶层住房改善的迫切要求面临收入和房价的尖锐矛盾。住房和城乡建设部部长姜伟新指出：“安居”是中国百姓自古以来的朴素愿望，如今，住房问题成为最重要的民生问题之一。不少省市的低收入家庭，仍然住在破旧的甚至是20世纪30～40年代建造的房子里。下雨灌水、没有独立的厨房卫生间，功能环境极差。目前，大约有1500万户低收入家庭住房困难，占城镇户数的8%左右。可见“人人有适当住房”仍然是当前及今后一段时间中国建筑住宅业发展的基本目标。要实现这一目标，首先有赖于中国住房制度（包括住房保障制度、房地产制度及土地供应、财政税收、信贷资金等制度）进一步地深度改革。没有符合绝大多数人民意愿的住房制度的深层次的改革，这一目标将难以实现。绿色建筑业也应承担起实现这一目标的社会责任。

2. 绿色建筑实现“住有所居”的主要要求

绿色建筑要实现“住有所居”，首先要反对“贵族化”倾向，倡导“平民化”“大众化”。建筑师应当乐于设计脱困型、适度改善型需求的绿色住宅；乐于设计绿色廉租房、经济适用房、限价商品房、小户型房；乐于为进城的数千万农民工和农村设计绿色住宅。其次，建筑师应当充分发挥自己的聪明才智，勇于创新，在保证功能的前提下，尽最大可能降低绿色建筑造价，使普通老百姓买得起，使普通老百姓共享绿色建筑发展的成果。中国有9亿农民，2亿～3亿的城市低收入者，是否愿意为他们设计经济上可承受的物美价廉的绿色住宅，不是一个技术问题，也不是一个兴趣问题，而是为谁服务的问题，是建筑师的社会良知问题，更是一个关系着绿色建筑发展方向的问题。再次，我们必须改变住房观念，倡导过一种物质生活节俭、适当，精神生活丰富的新的居住方式。我们发展绿色建筑的目的在于发展“无害于环境”和有益于实现“与自然和谐”的建筑体系，使“人人享有适当住房”，从而实现人人“安居”。

因此，绿色住宅面积应当适宜。住房和城乡建设部政策研究中心主任、中国住房和城乡建设经济研究所所长陈淮教授认为，按照全面建成小康社会的要求，我国城镇居民户均居住水平达到建筑面积 90 平方米是适当的。这就要求控制建设享受型、遏制建设奢侈型的住宅。我们必须认识到不仅传统的高耗费、高污染、低效率建筑影响生态环境，而且大面积的豪华的绿色建筑仍然有害于环境。因为即使绿色建筑完全使用可再生材料和能源，也会带来环境问题。众所周知，一方面，地球可再生能力是有限的；另一方面，使用可再生能源也是要消耗较大的人力、物力和财力的。所以，发展绿色建筑也应当提倡物质上的适度消费。

马斯洛早就揭示了人的需要的多层次性，生理需要及物质需求只是人的低层次需要，而精神需要才是人的高层次需要。随着人们物质生活水平的普遍提高，精神需要将更强烈、更突出。因此，绿色建筑在为人们建造适当住房的同时，应当且有可能为人们创造诗情画意的良好居住环境，使人们过一种物质生活节俭、适当，而精神生活丰富多彩的美好生活，实现“诗意安居”的最高理想。

（三）诗意安居——绿色建筑追寻的永恒理想

1.安居与诗意安居

生存是人类存在的第一要务，安居则是人类基本的生存方式，首要的便是要有房子居住。居住在房子（建筑）里，也就成为人类存在的一个本质特征。因此，安居，就成为人类生存追求的一个永恒目标，这也就必然成为绿色建筑所首先建构的一个基本的价值理念。

“安居”具有层次性。第一层次是从物理学意义上满足人之生存的生理需求，亦即我们通常所说的避风挡雨的场所；第二层次是从社会学层面上满足人的生活之需求，于此不仅可以“安其居”，还可从事“甘其食，美其服，乐其俗”以及生产交际等社会性活动；第三层次是满足人之精神情感的需求，这是处于审美层面的安居。当然，就层次而言，安居自然可从不同的理论视野分为更多层次，就像马斯洛将人的需求分为生理、安全、归属和爱、自尊、自我实现、审美等一样。为更加概括与方便，我们将安居分为如上三个层次。当然，就安居而言，这三个层次间又有着诸多的交叉或交汇之处，从中生发出诸多的内涵来。

绿色建筑价值观念之建构，均包含着上述人之安居三个层次的内涵。绿色建筑自然首先要满足人的生理需求，正如海德格尔所言，安居之意，首先体现在为人提供一个“庇护所”，遮风避雨，抵御自然侵害和“繁衍生息”的要求。因此，绿色建筑与一般建筑在价值意义上是相叠加的。绿色建筑的价值观念建构在第二个层次上，与一般建筑之间存在着诸多的差异性。这种差异性不在于满足上，而在于如何满足以及以什么样的角度去满足。这一方面，有关章节已做详细论述，在此不再赘述。其根本点在于对自然的基本立场和人与自然关系的处理上。与此同时，如果说一般建筑更多考虑社会性需求，那绿色建筑则不仅如此，还强调人之道德情感等精神方面的需求。在第三层次，绿色建筑之思想观念，更符合海德格尔“诗意安居”的哲思。一般建筑并非不讲审美需求，而主要是从技术和形式层面去理解建筑之审美特性及其对于人的满足。绿色建筑之人文理念，在审美价值内涵的建构上，强调自然美与人文美的融合，强调精神文化与生命情感在建筑上的融会建构，亦即在物我同境的建构中，实现着人与物的同构与超越，从而进入到审美境界。可以说，“诗意安居”，基础是居，重要的是居中的“诗意”实现。

“诗意安居”，我们可视为是人类在居住上所追求的最高境界，体现的是精神情感价值。安居，当然与居住的空间结构有关，比如居住的面积、空间结构以及建筑的材质等。但更重要的是，它与人的精神情感有着更为内在的关系，甚至可以说，这就是一个人的内在精神情感及其价值建构在建筑问题上的体现，亦即使建筑价值通向人类生存最高境界——审美境界的通道与目的地。

对于当代而言，重要的不仅是对“诗意地安居”的憧憬，更重要的是怎样才算“诗意地安居”，如何才能“诗意地安居”。在此，我们认为绿色建筑是人类通向“诗意安居”的最佳渠道。我们从安居对于人存在的生命情感、精神文化方面的价值角度来探讨建筑的审美价值，首先需说明的是，这里所说的审美价值，绝非仅仅局限于形式表现层面，更为重要的是指向文化思想层面。这是因为，正像丰子恺在谈建筑艺术时所说的那样：“人类的思想，时代的精神，常在建筑中作具体的表现。”“凡有建筑，总是为某种社会事业的实用而造，故建筑与事业有表里的关系。”

2. 绿色建筑应当成为人的情感归宿

绿色建筑人文理念强调在物质上适度消费，限制人们在物质享受方面的奢侈需求，倡导一种物质生活俭朴，而精神生活丰富的新的生活方式。因此，我们应当注重绿色建筑对人的精神满足，换一句话说，绿色建筑应当成为人生命情感的最佳寄寓场所，成为人生命情感的最佳存在形式，成为人内在生命情感的最佳表达形式和交流方式，成为人生命情感的根本起点与归结点。

（1）绿色建筑应当成为人生命情感的最佳寄寓场所。

绿色建筑，从人文理念角度看，就是要为人的生命情感建造一个寄寓的场所。而且这种寄寓生命情感的场所，不应当是对于生命情感的切断或者割裂，而应当是一种延续。审美情感，并非仅仅源于人与自然的生命融合之中，它亦源于人在居住的过程中所积淀下来的生命情感记忆。从现代理性角度看，建造一种体现现代文化精神的建筑，是一种审美生命情感的新的建构。但是，恋旧或者怀恋，亦是一种审美情感的体现。甚至可以说，怀恋与思念的情感，更能表现人的审美情感价值。但是，其间所体现的熔铸于绿色建筑中的生命情感审美价值，却是应当引起我们的深思。

绿色建筑之所以能够成为人生命情感的最佳寄寓场所，形成因素是多方面的，在此主要从如下方面加以说明。

第一，绿色建筑强调回归自然的安居观念，这更利于人审美情感的寄寓。绿色建筑不是与自然隔离，而是在回归自然中，实现着与自然的融合。在此，我们对于建筑的理解，显然并非将其视为“用限定和组织空间的方法，形成的空间形式的结构与排列，”我们将其视为一种有意味的空间建构。而生命情感，特别是审美情感，就是这空间建构中重要的、不可或缺的“意味”。绿色建筑在实现与自然环境的一体化建构中，不仅于形式上完成着审美情感建构，更为重要的是，在与自然相融汇中，为安居者的情感建构起更为广阔的境域，审美的升华使得人的审美情感走向更为高远的审美境界，进而使人的精神情感有所寄托，实现着审美化的寄寓。一般建筑虽亦可实现人精神情感的寄寓，但是，由于在与自然融合的过程中存在着某种通道的阻隔，因而难以更好地进入审美情感的更高境界。

第二，绿色建筑倡导一种朴素的安居观念，这与人质朴情感的审美建构之间存在着某种同构性。不同类型的建筑都能够给人以生命体验，并进而生发出情感来。但问题是这种建筑令人产生的是怎样的情感，是否能给人以审美的享受及怎样的审美享受。绿色建筑是以朴素、自然为审美特征，与之相适应的是朴素简约的生活思想观念。人们在朴素、简约的建筑中安居，质朴的生活情感之中，蕴涵着一种返璞归真的生命情感体验，也正是于这种返璞归真的生命情感体验中，进入到一种本真的审美境界。

第三，绿色建筑实现着适意健康的安居观念，极易与人之生命情感实现审美化的建构。适意、健康的生活观念，应当作为人们安居的一种基本观念加以倡导。这种安居观念，也是与今天人们对于生活的希求相一致的。适意、健康地安居，实际上就是对于生命珍视的一种体现。也就是说，绿色建筑适意、健康的思想观念建构，其间蕴含着人之生命价值的内涵。因而人之生命所具有的审美情感也就自然而然地熔铸于其中。也就是说，绿色建筑之美与人的生命情感之美，在适意、健康的安居过程中，实现了审美同构。

当然，安居是一个过程。在这个过程中，人的情感自然而然地进行着积淀。故而，可以说安居实则也就是一种人的情感的过程。我们在建筑中居住，其实质就是在建筑中生活。而生活的过程，也就是生命情感积淀的过程。我们对童年时所居住过的房子，富有其他房子所无法替代的情感，那是因为我们在那所房子里生活过，积淀着我们最初始、最为纯真的生命情感。当我们经过奋斗，终于有一个适于生活的新房子，但是，我们居住到里面时，却只有一种陌生的感觉，反而对过去的小房子充满了眷恋。根本原因就在于，旧房子在我们过去生活的过程中，积淀了我们的生命情感，而新房子还未将我们的生命情感积淀下来。因此，与其说我们对房子的感觉，不如说是我们对自己生命情感的感觉。

居住，还是一种情感记忆回味的过程。回忆，实际上是人的生命曾经存在的一种思想情感的现在时呈现。我们从出生开始就有了生命情感的记忆，与此同时，回忆也就开始了。记忆与回忆，也就成为人生命的一种存在状态。其中，居住及其居住物，则成为人记忆与回忆的主要对象。

（2）绿色建筑应当成为人的生命情感的最佳存在方式。

从哲学层面来看，在建筑中安居就是人的一种存在方式。在这种存在方式中，自然蕴含着一种建筑与人之生命情感的对应关系。比较而言，绿色建筑则更为强调人的生命情感与建筑之间存在着一种对应关系。

“在中国的文化里，建筑并没有客观存在的价值；它的存在，完全是为了主人的使命。除了居住的功能外，建筑是一种符号，代表了生命的期望。”这话虽然说的有些绝对，但却道出了建筑与人的生命情感之间的内在关系。建筑作为人类生存过程中的创造物，首先是为人类提供了一个安身之地。更为重要的是，在建筑的物体上，凝聚着人类的文化，凝聚着人类的生命情感，是人类精神活动的产物。因此，在它的身上，体现的是人类生命存在的价值和期待。有人讲建筑是石头的史书、凝固的音乐，等等。我们还应当看到，建筑其实也是人类生命情感建构与发展的历史。我们从建筑的发展历史过程中，首先认知到的是人类居住的发展演变。除此之外，它还体现着人类的科技发展的内涵，体现着人类社会思想意识、生命情感、审美期待等诸多方面的价值和内涵。

从建造角度看，建造者将自己的生命情感凝注于建筑之中。人的创造，不仅满足了人的生存的客观需求，而且满足了人的情感需求。人的生存首先需要物质满足，但是，精神情感的满足，同样是必不可少的。“以人为本”观念下的建筑，或者绿色建筑观念下的建筑，不仅体现着建设者的理性价值，更体现着他的情感价值。最为简单的现象就是，当一个人通过自己的辛勤努力完成一件事情后，于心理上可以得到极大的满足，会产生一种满足感和自豪感。从某种意义上讲，人的回味，更为主要的是情感的记忆，以期得到一种心理情感的满足。这也是人的生命价值对象化的自我体认。

从居住的角度讲，建筑实际上已经成为居住者生命情感的寄寓之所、安妥之地。人的本质力量，总是要以对象化的形式方能体现出来。建筑作为人本质力量的一种对象化体现方式，寄寓着人的生命情感建构。居住是生命情感存在的过程，在这个存在过程中，居住者的情感也就自然而然地凝聚在了居住物上。因为人居住的过程，也是一个物我对话的过程、物我情感交流与交融的过程。也就是说，建筑实际上已经成为诉诸人的情感的对象物和存在方式。如果我们不将谈论问题的视野局限化，而是从更为广阔的视域来看问题，那么，我们是否可以说，所谓的生态建构，也就是一种人与物之间的对话建构。人存在的过程，就是与我们存在的环境以及创造物，一直在进行着对话。不可否认，截至今天，人类依然无法证明纯粹客观的物质具有人类似的情感。但是，我们所说的对话，实际上是指我们人类生命情感对于客观事物的一种寄寓方式，也可视作我们人类自我生命情感的一种表达方式。

我们同时感觉到，居住过程，实质上是人存在过程中的一种生命情感建构形态。人居住于建筑之中，不仅是与建筑建立起一种生物意义上的物质关系，更为重要的是，人与建筑及其环境之间建构起基于生活意义上的意识关系。这种关系具有互动性。建筑因其被赋予的社会生活与文化内涵，作为一种供人活动的场所，创造出一种氛围，正是这种氛围，才使得人在进入建筑时，建构起特定的情境。而这个情境便对人的生命情感具有了建构的价值和意义。也正是在这种物我互动中，建构起人的生命情感结构形态。这样，我们在居住，实际上也是我们在生活，在建构我们的生命情感及其价值意义。

3. 绿色建筑应当成为人的生命体验的场所

建筑从诞生之日起，便与生命建立起共构关系。建筑因生命而富有了人文价值，生命因建筑而得以安居；建筑作为人生命价值意义对象化实现的一种存在方式，生命也就赋予了建筑活的生命和灵魂。人居住于建筑之中，实质上就是人类生命心态建构及其发展演化的一个历史过程。由此可以说，安居是一种人生命体验的建构形态，人安居于建筑的过程，亦是人之生命体验的过程。

绿色建筑就其价值取向来看，它是在为人类提供一种更具人性化的生存空间，亦即更适合于生命的安妥，并使生命获得更具审美价值的体验意味。生命体验是一种主客体双向交流融合的过程，体验过程及其形态的建构，自然既取决于体验者，也取决于体验的对象——建筑。其间，具有决定作用的是体验者生命精神情感建构和体验对象所具有的价值内涵张力。就此而言，绿色建筑不论是就其外在表现形态，还是它的内在价值意义结构，都应当为人的生命存在提供更为广阔的体验空间。

绿色建筑所提供给人的生命体验，首先是一种现实生活的体验。这方面的生命体验，与社会、经济、政治，以及科学文化等诸多方面都有着密切的关系。可以说，它是诸多因素在生命体验中的综合表现。对于更为广大的普通公民来说，经济适用、健康环保，是其考虑的首要因素，也是其安居于建筑之生命体验的主要感知指标。

人对于绿色建筑的生命体验，更为重要的是一种情感体验。这是因为建筑与人建构起生命情感存在之关系，具有社会生活与文化生活等诸多方面的内涵建构。也正因为如此，才使得建筑更具超越物体客观属性的审美特质，具有了审美内涵价值。审美价值体验，最为重要的是审美情感体验。建筑具有一种情感的亲和力。这亦如丰子恺先生所言："建筑最富有一种亲和力，能统一众人的感情。……建筑的富有感情的亲和力，是为了建筑由纯粹的（无意义的）形式和色彩构成，不诉于人的理智而诉于人的感情缘故。"对于绿色建筑而言，这种"富有感情的亲和力"，既源于绿色建筑材料与材质更适合于生命的健康怡情，更源于绿色建筑从间架结构到整体结构布局，对于自然与人之生命融合，因而也就更符合于人的本质属性。对于生命情感的审美建构，也就成为绿色建筑不可或缺的价值建构。

对于绿色建筑的审美体验，并非仅仅在于建筑的形式。建筑学领域对建筑进行审美研究时，将视野更多地投向了建筑的形式美，比如结构、线条、色彩、造型等等。毫无疑问，建筑形式体现着建筑的审美价值，甚至可以说，建筑之美，首先从其形式上表现出来。这一观点在西方建筑审美研究中似乎具有厚实的传统，也影响到中国当代的建筑审美研究。但是，形式美绝非建筑美的全部。建筑的形式，只是因为人的审美意识、审美理想、审美情感、审美价值等的建构与追求，方才具有了审美的内涵。绿色建筑并非不重形式，但更强调它的自然美，在与自然的同构中，将建筑的人工形式与人文内涵、生态内涵相融合，实现人、建筑、自然之间的审美意义同构。

另外一个问题，那就是基于建筑功能视域下，主要甚或仅仅关注于建筑的实用性或者实用价值。正如苏珊·朗格所言："由于建筑的实用价值如此明显和重要，所以它的'幻象'极易消失。建筑的实用价值包括遮蔽、舒适、保险。由于这些实际作用如此根本，甚至使得建筑师本人也经常颠倒各种因素的主次关系。……以此来迎合实用的低级要求。"于此暗含的便是建筑的审美需求问题。人的需求是多层次的，最高层次的需求是审美需求。因此，满足人的审美生命情感需求，也就成为建筑所追求的最高境界。人在建筑中居住，能够体验到美的感受，使得自己的生命情感得到一种美的愉悦和升华，方才算得是所谓的"诗意地安居"。就此而言，人安居的过程，也就是一种生命情感进行审美体验及其建构的过程。人作为审美主体，只有在对于审美对象——建筑的审美体验中，方能实现生命情感的美的升华，进入审美的境界，使其审美价值得以实现。

4. 绿色建筑应当回归自然，进入物我同境的最高境界

（1）绿色建筑致力于回归自然。

人类要想“诗意地安居”，就必须亲近大自然，回归大自然，与自然建立一种亲密和谐的关系。不仅要实现“朝霞开宿雾，众鸟相与飞”，而且还应创造一种“翩翩来新燕，双双入我庐”的景象。要获得这种天然适意的生存状态，首要的就是与大自然相融合，建构起我们生存的最高境界——审美境界。

从绿色建筑角度讲，回归自然，应当是建立在如下层面之上的。

首先，以自然生态的法则建造我们的居住建筑。自然的法则，首要的就是自然界各种要素之间的平衡原则，就是整个地球生态系统内在的平衡规律。为保持生态平衡，自然界就会生成一种自我调节机制。每一个物种或者要素，在自然界均有自己的位置，并在自己所应当处于的位置上，按照其内在规律生成、发展。自然为它们规定了不可逾越的界限。而且，每一个物种要获取生存的所需，都要必须适应自然环境的变化，都必须付出代价；否则就难以存活，直至被毁灭。所以，“这一法则警告人们，每一次获得都要付出某些代价。因为地球生态系统是一个相互联系的整体，在这个整体内是没有东西可以取得或失掉的，它是受一切改进的措施的支配，任何一种由于人类的力量而从中抽取的东西都一定要放回原处。要为此付出代价是不可避免的，不过可能被拖欠下来。”

于是，人类首先要摆正自己的位置。我们人类面对大自然，不是要高昂矜持的头，而是要虔诚地向自然躬身，感谢自然对于我们人类所恩赐的一切。我们必须清醒地认识到，“人在大自然中所占据的并不是最重要的位置；大自然给人类最重要的教训是：只有适应地球，才能分享地球上的一切。只有最适应地球的人才能其乐融融地生存于环境中。但这不是以不自然或不近人情的方式屈服于自然；它实际上是为了获得爱和自由——对自己栖息环境的爱以及存在于这个环境中的自由——所做的冒险。从终极的意义上说，这就是生命的进化史诗所包含的，现在又被环境伦理学高度概括了的主题：生存就是一种冒险——为实现对生命的爱并获得更多的自由；这种爱和自由都与生物共同体密不可分。这样一个世界，或许就是所有各种可能的世界中最好的世界。”

自然的法则，给予绿色建筑的最主要的启示是：按照自然的规律进行建造活动。在建造活动中，首先要尊重自然，在与自然的协调中寻求二者的平衡，在二者的平衡中去实现互惠互利，达到人与自然的双赢。这就要求我们人类以一种平等的态度来对待自然界每一个物种、每一种要素。我们只有为自然付出我们的爱心，付出我们的努力，去关爱保护自然，以此来从自然界获得更多的恩赐，获得更为适宜的生存环境。

其次，绿色建筑和自然生态环境之间建立起一种亲和的关系。或者用一种比喻的说法，我们人类与自然应当建立一种恋爱的关系，而不是敌对关系。因此，绿色建筑要求我们在与自然的交往中，用自己的真心与真诚去换取自然的芳心。目的是与自然共同建立起一个熔铸着双方生命情感的生存之地。就此而言，我们人类所建立的家园也应当是自然的家园。最少也应当是，我们人类在建造自己的家园时，是以不破坏自然的家园为前提条件。而理想的境界是，我们人类所建立的家园与自然的家园是合二为一的。这就是绿色建筑所确立的一个基本的人文思想理念。自然的家园，说到底，它是我们人类家园存在的环境基础。

但现在的问题是，我们在建造自己的家园时，不仅无视自然的存在，而且严重地破坏了自然的家园。得到的结果是，我们的家园因自然家园的严重破坏而面临着严重的存在危机。我们的家园存在的合理性也受到了前所未有的质疑。我们的家园在脱离自然中，被自然隔离、悬置。“现代性将人摆在自然之巅的一个玻璃盒子里，坚持人与自然界其他事物彻底分离的态度。它脱离地球共同体这一更大的故事来构思人类的故事。”因此，我们必须想方设法，“打开盒子把我们重新放回到更大的背景，即地球、宇宙、神圣的整体中去。”

这里所要阐发的建筑理念是：绿色建筑是以自然共同体为依据，以更大的地球、宇宙，以及人类精神为整体，来构思和叙述我们人类的故事。而建筑是作为我们人类故事叙述的一种载体和方式，自然融入地球、宇宙和神圣这一整体之中的。由此可见，绿色建筑思维，是一种融地球、宇宙与神圣为一体的整体性思维。

再次，我们必须是安居于自然之中，而非独立于自然之外。自从人类从自然界脱离出来，以万物之灵长自居，无视自然界其他物类的存在，以一种役使的态度对待其他物类。自然也就以与人类同样的态度来对待人类。绿色建筑的观念，就是要将人类从脱离自然的迷途中召唤回来，使之重新回到自然之中。

因此，绿色建筑，实际上就是存在于自然之中的建筑。这里可能遇到一种质疑：又有哪座建筑不是建造于自然之中呢？确实如此，地球是我们人类生存的家园，我们人类的一切活动，基本上都是在地球上实施的。任何一座建筑都没有离开自然。但问题是，当我们建造起建筑物时，我们武断地将自然的某一区域空间据为己有，使之成为一个自然界其他物类不得共享的禁区。从这种意义上讲，我们的建筑已经脱离了自然，它不在自然之中，而在自然之外。建筑存在于自然之中，就是要依据自然的法则，将建筑生长于自然之中，而不是堆放于自然之上；融入自然之内，而不是游离于自然之外；建构的是一种自然之境，而非超自然之境。“假物不如真，假色不如天然。”这是我们在建筑活动中应当深入体会的。

“自然无往而不美。”自然之中蕴含着丰富的创造美的智慧启迪，我们回归自然，实际上也是在回归一种美的境界。建筑之美，不仅仅在于实用之美、技术之美，更在于自然之美。对于自然之美的追寻与创构，应当说是绿色建筑所创造的建筑之大美、真美。“自然，我们被他包围，被他环抱，无法从他走出，无法向他深入。他未得请求，又未得警告，就携带我们加入他跳舞的圈子，带着我们动，直待我们疲倦极了，从他臂中落下，他永远创造新的形体，去者不复返，来者永远新，一切都是新创，但一切也都是老的。”自然之中充满了创造的想象，充溢着生生不息的生命活力。自然之中存在着美的因子，自然能够为人的审美提供无穷的对象，给人以启迪。“凡物皆有可观。苟有可观，皆有可乐，非怪奇伟丽者也。”我们存在于自然之中，我们只有随着自然之生命节拍起舞，方能彰显出生命自然之律动。也只有在这个时候，我们也才能寻回迷失的自我，回归我们的本性。

最后，在与自然和谐共处中，以获得无尽的生命活力。“宇宙是无尽的生命、丰富的动力，但它同时也是严整的秩序、圆满的和谐。在这宁静和雅的天地中生活着的人们却在他们的心胸里汹涌着情感的风浪、意欲的波涛。但是人生若欲完成自己，止于至善，实现他的人格，则当以宇宙为模范，追求生活中的秩序与和谐。和谐与秩序是宇宙的美，也是人生美的基础。”歌德在这里所表述的，虽然是一种诗人的情怀，却不仅道出了自然伟大而富有魅力的生命活力和建构形态，而且也道出了人与自然所应当建立的和谐关系，更提醒人类要以自然为楷模，按照自然的秩序去建构我们人类的秩序，建构人与自然的秩序。他告诉我们，和谐与秩序，不仅是自然和人类存在的基本情态，而且是美之为美，以及美得以存在的基础——自然美与人类之美。

回归大自然，就是重新激活我们人类的天然属性，建构一种自然而然的生存状态，即顺乎自然的生存状态。为此，我们人类与大自然必须建立起一种和谐共处的关系。

（2）物我同境。

在谈到人生安居的理想审美境界时，人们常常会敬慕晋代大诗人陶渊明“采菊东篱下，悠然见南山”的那种超然洒脱的境界。这种境界已经成为人生神话般的超然审美境界。可以肯定，对于现代人来讲，陶渊明的安居境界，是极难达到的。但是，作为一种人生理想境界，则是许多人所向而往之的。其中一个非常重要的原因，就在于现代建筑难以实现“物我同境”的价值建构，而绿色建筑则可以帮助我们走向安居之理想审美境界——“物我同境”的境界；换一句话说，“物我同境”应当成为绿色建筑追寻的最高境界。

我们将建筑之境界归为三种，即满足物质生理之境界、人世生活演化之境界、文化情感精神之境界。而最高的境界应当是自然与人合二为一的审美境界。这里所谈似乎均处于艺术层面，实际上它亦是建筑的境界问题。建筑从其功能角度看，它应当满足人的生理需求、生活需求、情感精神需求。这实际上就是建筑的三种境界。绿色建筑，不仅能够满足前两种需求，而且在追求满足人的情感精神需求的审美境界上，呈现出更为广阔的审美空间。

就此而言，绿色建筑既作为物质建构，又是现代人主体精神情感的投射对象，自然首先要满足人之生理需求。可以说满足人之生理需求，是绿色建筑的第一境界，也是基础之境界。这一方面，现代建筑科学技术，尽其能事而为之，达到了前所未有之高度。可以说，现代建筑在满足人居住的生理舒适度上，追求着效应的最大化。但与此同时，也带来现代科技病，这除了生理疾病之外，还有着心理精神之疾病。其根本原因就在于，由于对自然状态的改变，将自然的适应与调节变成人为的适应与调节，使得人在得到某种生理舒适满足的同时，又带来了新的不舒适问题。这实际上造成了人与自然的另外一种“隔”的状态。不仅如此，舒适从另外一种角度看，它是一种生命体验，这就不仅是人的生理条件反射，更是情感心理感受。因此，模拟自然，创造一种仿真化的自然环境，使得建筑具有了仿真化自然之境。这样，从物理上看，物我处于一个空间，但并未能处于物我同一境界，或者说于同一建筑居所，却未能实现物我同构，那自然也就难以达到“物我为一”的审美境界。由此可见，物我同境，绝非物质客观意义上的人与建筑物的同境，而是更高层次意义上的人与自然的同一建构。而恰恰就在这些方面，绿色建筑不仅矫正着现代建筑科学技术所带来的弊端，而且尽其力去实现“物我为一”的审美境界。

当然，绿色建筑并非不去考虑建筑对于社会整体生活需求的要求。社会的需求，说到底依然是人的需求。人生存需求的多面性与多层次性，决定了建筑功能的多面性和多层次性。于此，我们所说的物我同境，还有着另外一层意义，那就是社会建构层面上的人与自然的同一建构问题。群体性、族类性，现实性、历史性，生活性、精神性，等等，也就成为建筑建造必须考虑的问题。人要进行生产，就须有厂房；人要购买商品，就需要有商店；人要学习，就需要有学校；人要有文化娱乐，就需要有影院剧场以及其他文化娱乐场所；人需要休闲，就需要广场景观等。这些不同类型的建筑，其功用不同，建构空间及其环境自然也就各不相同。但是，在追求物我同境这一生存理想上，却应当是共同的。这实际上就是绿色建筑所追求的人居环境——自然环境与人文环境的同一建构。绿色建筑正因为充分考虑了社会各种因素，而在规划设计以及建造使用的过程中，实现着社会效应的最大化的同时，完成着人与自然同构共生的建构。

从审美境界角度来说，绿色建筑所追求的最高境界应当是一种审美的“化”境。

这里所说的“化”境，就是人与自然的融会之境。“天人合一”是对这种审美“化”境的高度概括。在这里，人与自然实现着一种“物我同境”的审美建构。也就是庄子所说的“天地与我并生，万物与我为一”。绿色建筑这种有别于一般建筑的审美化境的创造，从审美艺术的角度来看，那是与艺术审美之境的创造更加一致。如果说审美创造属于一种审美体验，那么，我们在进行建筑构思设计时，也必然是对自然与社会人生进行着一种源于生命情感的审美体验。这种体验，我们应以一种大境界，“仰观宇宙之大，俯察品类之盛，所以游目骋怀，足以极视听之娱，信可乐也。”也就是在与自然的感应中，获得物我两忘、物我为一的审美境界。

从审美价值建构角度来看，绿色建筑追求着真善美高度统一。坦率而言，有关审美价值的理解，于学界有着多种阐释。在此，我们仍然愿意以最为基本的真善美作为审美的价值观念。绿色建筑之真境，自然体现为物理空间与生活空间的建构。这两种空间的建构，既是对于材料与技术的把握与运用，对自然环境和人文环境的理解与把握，又是对人生理、行为、习惯的准确理解与把握，在此前提下，为人的生存而提供一种适用、怡情的生活空间。绿色建筑在这些方面，更加强调自然和人融为一体的真实建构，亦即绿色建筑是一种人与自然相容的建造物。绿色建筑之善境，首先，自然与一般建筑所追寻的善境相一致。建筑所建造的居住空间，究其根本来说，是一种合目的性的生存空间，其间熔铸着人类社会伦理、道德、价值观念的内涵，并且是合乎人的本质属性的。绿色建筑对善境的追求，为人提供的生存空间，不仅仅合乎人之目的性，合乎人之社会伦理、道德、价值观念，而且还必须合乎自然的发展趋向，合乎生态道德法则。真境与善境的有机融合所创造出来的境界，就是一种美的境界。当然，这种真境与善境有机融合，并以合乎美的规律的形态给予表现，达到建筑之形式与内容的完美统一。这种美的境界，正符合绿色建筑对于美的追求。

现实地讲，绿色建筑就其真境的创造而言，难以实现的不仅仅在于建筑材质和技术的把握和运用，更为重要的是，在建筑过程中，如何使建筑物的真实存在与自然、人的真实存在达到人、建造物与自然的融合，使他们的真实性得以有机融合。容易出现的问题是，在实现建筑之真时，忽视了自然之真，造成建筑之真与自然之真的隔离状态，因而也就难以实现审美意境。这也正是绿色建筑所致力解决的问题。

审美意境的创造，自然追求着独特性。也正因为如此，从古到今，建筑的艺术风格在不断地发展变化，建造者也总是在建筑物上熔铸着自己的审美理想和审美个性。建筑从审美角度看，它也是忌讳雷同的。正如我国清代人李渔批评模仿复制别人的建筑，推崇建筑之“新异”时所言：“性又不喜雷同，好为娇异。常谓人之葺居治宅，与读书作文同一致也。譬如治举业者，高则自出手眼，创为新异之篇；其极卑者，亦将读熟之文移头换尾，损益字句而后出之，从未有抄写全篇，而自名善用者也。乃至兴造一事，则必肖人之堂以为堂，窥人之户立为户，稍有不合，不以为得，而反以为耻。”但是，我们必须清醒地认识到，绿色建筑之独特的审美意境之创造，不是以与自然相对立、相隔离、相损害为条件的，恰恰相反，而是以人与自然的融合为基础的。这种独特的审美意境，也就自然不是物我两相离，而是物我两相交融，处于物我同境之中。也只有物我同境中所创造出来的建筑审美特性，才具有真正的审美意味，具有真正的审美境界。

第三节　现代建筑实践中的人文内涵分析

一、人文苏州：艺术自然、演绎和谐

在苏州的规划中，古城的职能定位是文化、旅游和居民民居住。在古城之外，新城区承担中心城市的职能，包括商务、交通、物流。而现代工业则集中在工业园区。条目明晰的城市职能分工，分解了古城的人口压力。自20世纪80年代以来，苏州政府严禁古城及附近兴建高层建筑，把古城划成54个街坊，严格按规划改造修复，并修复古城里的100多座古建筑。从源头切断污水直接排入河里的途径，同时从太湖和长江引水，引进生态理念治水，古城水质已达到景观水标准，“三纵三横一环”水系全部流动起来，水乡苏州被誉为“东方威尼斯”。

苏州市走出了一条依托世界遗产，弘扬经典建筑文化，依靠理念创新，实现可持续发展的新路：

（1）以进入世界遗产的古典名园为中心，全面铺开对所有历史名园的修复性保护。从总体上维护了苏州园林的完整性和真实性，为苏州古典园林的可持续发展创造了重要条件。

（2）深入进行挖掘性保护。一些“隐性”的文化内涵得到显性的物化表现，拙政园再现了明代文徵明所绘《三十一景图》，沧浪亭重现了林则徐留下的珍贵遗迹。保护世界遗产成了深入人心的公众道德。

（3）建设中加强外环境保护。结合古城改建，加强了古典园林周边的环境保护，每个园林外围都增加了一个大保护圈。

（4）实施网络化接轨性保护。用最现代的科技手段，数字化管理着最独特的古典私家园林，是现代化的苏州保护古迹的又一个创新之举。

（5）总结提炼传统建筑文化鲜明的地方语汇和符号，珍贵的人文精神、生态审美意识，生动灵秀的建筑意匠，精湛的环境营造技艺，有机结合新材料、新工艺、新技术、新结构的集约运用，满足老城改造、新城建设中乡土建筑现代化、现代建筑乡土化的新功能需求。

二、西安新唐风：传统与现代的结合

从哲学思潮来看，当代城市建设体现了科学主义思潮和人文主义思潮的汇合。越来越多的建筑师认识到当代城市艺术的最大特征是综合美。这种美具有多元性和多层次性，其最重要的特性是和谐。优秀的建筑应该促进人与人的和谐，人与城市的和谐，人与自然的和谐。“和谐建筑”的理念包含两个层次。第一个层次是“和而不同”，第二个层次是“唱和相应”。在国际化的浪潮中，一方面，勇于吸取来自国际的先进科技手段、现代化的功能需求、全新的审美意识；另一方面，善于继承发扬本民族优秀的建筑传统，凸显本土文化特色，努力通过现代与传统相结合、外来文化与地域文化相结合的途径，创造出具有中国文化、地域特色和时代风貌的和谐建筑。

西安有深厚的唐代建筑传统，但遗存不多，张锦秋等一批建筑师在复原研究的基础上，做出有开拓性的仿唐建筑，开地区唐式建筑之先河。西安陕西历史博物馆，体现复杂多样的现代博物馆功能，以简约的平面构图概括表现传统宫殿建筑群体的“宇宙模型”。以“轴线对称，主从有序，中央殿堂，四隅崇楼”的章法，取得了恢宏的气势。由于注重诸多传统因素与现代的结合，体现了古今融合的整体美。西安大雁塔风景区唐华宾馆、唐歌舞餐厅、唐代艺术博物馆，运用传统空间和园林手法，发掘唐代建筑形式，并使之与现代化的公共建筑功能、设施、材料等结合起来，形成西安地区特有的“仿唐”建筑，是西安建筑继承传统、注入现代性的共同成就。

新唐风建筑创作的探索大体分为三种类型：（1）现代建筑创作的多元探索。（2）在有特定历史环境保护要求的地段和有特殊文化要求的新建筑创作。（3）古迹的复建和历史名胜的重建。在传统方面，侧重于环境、意境和尺度；在现代方面，则侧重于功能、材料和技术。

（1）盛唐故事“曲江新区”。今日的“曲江新区”是西安市政府为整合旅游文化资源而新设立的一个经济区域，已建和在建遗址公园有青龙寺、曲江池和唐城墙遗址公园。而真正体现西安创意的文化开发，当属由张锦秋担纲设计的唐风建筑主题公园——大唐芙蓉园，它与大雁塔景区和曲江海洋世界一起，于2006年通过国家4A级景区评审。“大唐不夜城”为市民提供文化艺术和休闲生活的场所；以西安曲江国际会展中心为核心，建成会展产业集群和商务港。

据统计，《全唐诗》收入的500多名诗人中，一半以上曾吟咏曲江。现在的曲江新区已经形成以盛唐文化为特色，以旅游、文化、商贸、居住为主导产业的城市新区。2007年，国家授予曲江新区“国家级文化产业示范园区”的荣誉。

西安解决文化遗产保护与发展问题的曲江模式要点是：

第一，现代城市如何在空间上满足人们的回归感。曲江模式在景区建起规模巨大的广场，恢复了大型水景园林，政府为市民提供富有创意的大型公共空间，使市民的历史自豪感、文化认同感和地域精神得到回归。

第二，现代城市文化创意产业能够改变增长模式。世界银行指出，文化是经济发展的重要组成部分，文化也将是世界经济运作方式与条件的重要因素。曲江的模式是，区域内体现盛唐文化风貌，完成的是“盛唐故事”，满足的是“城市记忆”。曲江在会展、影视演艺、出版、广告等创意方面也开始全面介入。一个文化开发区的能量正在极大地释放。

第三，历史文化名城可以有保护地开发，留有余地。小雁塔、市博物院和公园三位一体设计作品，突出小雁塔的主位，气势优雅壮观的博物院的位置被处理得十分收敛。大明宫的含元殿是中国宫殿建筑的杰作，异地复建，以满足人们对盛唐想象的需求，不去破坏遗址。不能什么都不做，也不能一做就成千古憾事。

有人批评西安花那么多钱建仿古建筑，不如搞旧城的街区保护。张锦秋认为旧城要保护，仿古建筑也要建，一是营造城市特色，改变“千城一面”，二是历史文化传承需要载体。城市是有生命的东西，这么多人在此安身立命，危房区不动是不行的。不能把一座城市当成一件文物来对待，该保护的要保护，但不能什么都不让动。

西安市《唐皇城复兴计划》有这样一段结语：历史西安，唐城的意象已远，但它辉煌、伟大与多元的文化内涵，仍深刻地影响着现代西安与未来西安。也许，这是西安最后一次的机会，最后一次重返世界中心的机会。

（2）新唐风民居群贤庄。1993年，西安市对老城区的古旧民居进行过一次全面普查，遴选了30余处具有历史文化价值的传统民居并发文予以重点保护。7年后，这30处民居所剩无几。专家们忧虑，传统民居作为历史文化名城的重要组成部分，一旦拆毁将永远不能复生，这样做无异于拿传世字画当纸浆，把商周青铜器当废铜。旧城改造和房地产开发对西安古城形成了难以挽回的建设性破坏，对古城西安的破坏超过了自然的风蚀和战争的摧残。

按照建造面向21世纪的中国换代住宅的要求，力图在大城市之中营建具有良好居住性能的绿色家园，在更全面地提高住宅性能，更大幅度地改善住宅装备，更合理地增加住宅功能，更明显地改善住宅环境，更有效地延长住宅寿命五个方面，新唐风民居群贤庄进行了有效的探索。

群贤庄的设计重点考虑之处：（1）适应居家生活的套型。根本之点是突出“以人为本”，吸取我国传统四合院住宅内外有序、动静合宜的布局精神。（2）节能、环保、智能化的努力。（3）具有中国情趣的绿色家园。结合基地条件，绿化景观设计与建筑设计自始至终密切结合，设计吸取了中国传统城市里宅旁屋后园林的设计经验。在总体布局上，设置了中心花园、环岛花园、后花园三个大型绿化环境。（4）体现城市文化特色的居住小区。群贤庄位于盛唐长安王公贵族、文人雅士聚居的群贤坊遗址之上，人杰地灵、文化渊源积淀深厚，这座现代小区沿用了“群贤”之名。着意寻求小区的风格取向，使这群多层建筑在高楼林立的环境中独树其有个性的轮廓线，在暮色苍茫中与时隐时现的南山相呼应，有群山起伏之感。整个小区建筑群质朴、典雅而又显高贵，符合古城西安的基本色调和风格；建筑具有雕塑感与层次感，体现出现代的审美意识。

群贤庄住宅的造型没有用一个唐代建筑的符号，也没有其他的附加装饰，建成之后却被西安人广喻为“新唐风”，这实在是取其精神的缘故。值得探索、总结的成功经验主要有：（1）住宅在城市中具有无可取代的重大的社会意义。居住环境有着倡导文明、愉悦身心的作用。城市中六成建筑是住宅，住宅的格局、风格、色彩的设计不能被看成是投资者或设计者的个人好恶，而是应该在创建和谐城市的前提下“和而不同”。（2）一个住宅项目建设的成败，有赖于城市总体规划准确定位、合理布局、有社会责任感和文化品位的投资者与有社会责任感而技艺精湛、任劳任怨的建筑师的密切配合，使城市地域性文脉传承、商品住宅差异化营销策略、建筑师富有特色的创意设计有机结合，合作双赢。（3）细节决定成败。细节设计是建筑设计方案的深化和优化，是建筑文化的展现，是技术、材料、工艺水平的表现，同时也是工程质量的体现。

本章小结

营造现代建筑人文内涵应当坚持正确的原则。我们应坚持生态性、科学性、民族性和大众化原则。构建建筑理念是世界建筑师长期探索的一个非常重要的理论问题，为了推进现代建筑的健康发展，我们选择了从绿色建筑及建筑业发展的实践需求出发，带着“问题”意识，聚焦绿色建筑价值观，从价值观的视域来凝练出绿色建筑的人文内涵。可持续发展思想在强调科技与文化创新的同时，更强调社会的人文特色、文化品位与生态平衡，不仅要求整体精心规划设计，让传统与现代理念相互融合，更要努力营造可持续发展的人居环境，以生态建筑、绿色建筑面向未来。

参考文献

[1] 傅筱，陆蕾，施琳 . 基本的绿色建筑设计：回应气候的形式空间设计策略 [J]. 建筑学报，2019(01): 100–104.

[2] 汤诗嘉 . 国内外绿色建筑评价标准研究及其展望 [J]. 居舍，2019(02): 8.

[3] 束江涛 . 绿色节能施工技术在现代房屋建筑施工中的应用分析 [J]. 住宅与房地产，2018(36): 132.

[4] 张崎峰 . 现代建筑设计中绿色建筑设计理念的运用分析 [J]. 山西建筑，2018, 44(29): 17–19.

[5] 陈曦 . 绿色设计理念在建筑设计中的应用 [J]. 中国新技术新产品，2018(18): 103–104.

[6] 严一凯 . 湿热气候条件下的建筑立面节能设计策略 [J]. 住宅科技，2018, 38(09): 65–69.

[7] 邓新喜 . 现代建筑绿色节能施工技术的优势 [J]. 中国新技术新产品，2018(14): 87–88.

[8] 支勇华 . 现代建筑表皮材料语言研究 [J]. 建材与装饰，2018(33): 62.

[9] 刘素芳，姜秀娟，王靖 . 生态环境保护视角下建筑绿色塑料工程可持续化发展 [J]. 塑料工业，2016, 44(3):157–160.

[10] 蔡家伟，刘素芳 . PMMA 塑料板在降低城市道路噪音中的应用 [J]. 塑料工业，2017, 45(11):121–124.

[11] 江向阳 . 不同气候区外窗对建筑能耗的影响分析 [J]. 节能，2018, 37(07): 6–8.

[12] 李群 . 绿色建筑评估体系对建筑节能管理的指示作用 [J]. 建筑技术开发，2018, 45(13): 119–120.

[13] 赵鹏瑞，鱼欣媛 . 新风系统在居住建筑类被动房中的应用探讨 [J]. 建设科技，2018(13): 48–53.

[14] 张丽洁，白雪莲，朱哲慧 . 长江流域不同气候条件下被动式技术应用效果研究 [J]. 暖通空调，2018, 48(06): 54–60.

[15] 马立群，岳巍，宋雪梅．青海民居气候适应性在绿色建筑中的应用 [J]. 建筑技术开发，2018, 45(10): 111–112.
[16] 杨秀旭．建筑设计中绿色建筑设计要点分析 [J]. 工程建设与设计，2018(09): 47–49.
[17] 高皓然．试论建筑设计中的绿色建筑设计 [J]. 工程建设与设计，2018(06): 16–17.
[18] 伊金霞．绿色建筑设计理念在建筑设计中的应用 [J]. 科技经济导刊，2017(33): 32.
[19] 翟宇．绿色建筑发展与评估体系 [J]. 河南建材，2017(03): 77.
[20] 朱智博．绿色建筑节能在现代建筑设计中的应用探讨 [J]. 数码设计，2017, 6(11): 91.
[21] 任海洋，蔡家伟．聚丙烯 / 稻壳粉复合材料在建筑模板中的应用 [J]. 塑料科技，2016, 44(5):42–45.
[22] 刘鹏跃，文丽丽．当代建筑创作的材料技术语言 [J]. 低温建筑技术，2016, 38(09): 37–39.
[23] 王心源．建筑语言对场所精神的诠释：以中国新乡土建筑为例 [J]. 重庆建筑，2016, 15(07): 10–12.
[24] 刘素芳，石磊，郑方园．聚苯乙烯泡沫塑料在建筑设计中的应用 [J]. 塑料工业，2016, 44(12):95–98.
[25] 赵星．寒冷地区绿色建筑标准体系研究 [D]. 西安建筑科技大学，2015.
[26] 苑翔，李本强，刘刚．基于气候和建筑类型的绿色建筑标准体系 [J]. 工程建设标准化，2014(07): 52–59.
[27] 胡玉然．贝聿铭苏州博物馆设计对当代建筑创新的影响 [J]. 美与时代 (城市版), 2019(01): 19–20.
[28] 赵甜．传统建筑材料在现代建筑设计中的应用分析 [J]. 建材与装饰，2018(51): 48–49.
[29] 董丽娜，张晓敏．地域文化与现代建筑设计 [J]. 居舍，2018(33): 83.
[30] 叶俊东．木塑材料在现代建筑景观设计中的应用 [J]. 绿色科技，2018(19): 20–21.
[31] 刘欣，王柏龙．传统建筑材料在当代环境艺术设计中的运用与研究 [J]. 中国建材科技，2018, 27(05): 70–71.
[32] 王艳君．现代建筑设计风格的本土化探讨 [J]. 山西建筑，2018, 44(29): 43–44.
[33] 张崎峰．现代建筑设计中绿色建筑设计理念的运用分析 [J]. 山西建筑，2018, 44(29): 17–19.
[34] 周毅．中国传统文化在建筑设计中的传承分析 [J]. 建材与装饰，2018(40): 67–68.
[35] Cai J W , Sun J . Brief Discussion on Green Building Materials[J]. IOP Conference Series: Materials Science and Engineering, 2014, 62:012010.

[36] 秦首禹，徐子懿．中国传统建筑材料在现代建筑设计中的传承与创新 [J]. 住宅与房地产，2018(24): 108.

[37] 化春雨．现代建筑设计风格的本土化探讨 [J]. 科技资讯，2018, 16(20): 35–36.

[38] 柯家利．传统元素在现代建筑设计中的传承 [J]. 居舍，2018(14): 98–176.

[39] 梁超凡．砖在当代建筑设计中的艺术表现研究 [D]. 东南大学，2015.

[40] 胡恬．西安当代建筑本土性研究 [D]. 西安建筑科技大学，2015.

[41] 刘素芳，任海洋．新农村发展中美丽乡村建设的模式及做法：以河南省为例 [J]. 农业经济，2016(1):63–65.

[42] 蔡家伟，任海洋．有机聚合物太阳能电池在建筑中的应用 [J]. 合成树脂及塑料，2016, 33(4):88–92.

[43] 谭征，蔡家伟．关于矿区实行可持续发展的规划方法研究 [J]. 煤炭技术，2013(6):240–242.

[44] 任海洋，蔡家伟．玻璃纤维增强塑料在建筑门窗中的应用 [J]. 塑料工业，2016, 44(9):91–94.

[45] 姜秀娟，刘素芳．传统村落古河道与场所叙事耦合机制探索：以柏石崖为例 [J]. 现代城市研究，2017(6):101–105.

[46] 刘素芳．塑料管材在建筑中节能性应用分析 [J]. 塑料工业，2015, 43(10):142–145.